高职高专土建类专业系列教材
普通高等学校省级规划教材

主　编　孙桂良　陈月萍
副主编　许　晨　刘　莉　石雪洁　尤　凯
参　编　欧阳彬生　胡孝华　蒋先智　陆飞虎
孙　希　徐　锋　张文武　魏雅光

建设工程监理概论(第4版)

图书在版编目(CIP)数据

建设工程监理概论/孙桂良,陈月萍主编.—4版.—合肥:合肥工业大学出版社,2023.8
ISBN 978-7-5650-6075-5

Ⅰ.①建… Ⅱ.①孙… ②陈… Ⅲ.①建筑工程—监理工作 Ⅳ.①TU712.2

中国版本图书馆CIP数据核字(2022)第175756号

建设工程监理概论(第4版)

孙桂良 陈月萍 主编

责任编辑	张择瑞
出版发行	合肥工业大学出版社
地　　址	(230009)合肥市屯溪路193号
网　　址	press.hfut.edu.cn
电　　话	理工图书出版中心:0551-62903204 营销与储运管理中心:0551-62903198
开　　本	787毫米×1092毫米 1/16
印　　张	17.25
字　　数	357千字
版　　次	2009年2月第1版 2023年8月第4版
印　　次	2023年8月第8次印刷
印　　刷	安徽昶颉包装印务有限责任公司
书　　号	ISBN 978-7-5650-6075-5
定　　价	48.00元

如果有影响阅读的印装质量问题,请与出版社营销与储运管理中心联系调换。

前　言

（第 4 版）

近年来，我国工程建设领域法律法规政策陆续修订出台，工程监理实践经验不断丰富，工程监理规范、标准不断补充完善，本书之前版本中的很多内容已不能完全适应新形势的要求，有必要对此进行修订。本书是在结合高职高专课程教学要求、近年来课程理论教学经验及对建设工程项目监理工作调研的基础上，对涉及建设工程监理的专业知识、实践操作技能要求，进行了科学、合理的划分，使书中内容力求做到由浅入深、重点突出。本书知识介绍全面、系统、先进、实用；内容做到编排形式生动、易理解、可读性强，能使学生在学习过程中提高实际工作能力，在将来从事工程监理工作中能熟练运用专业技术知识。

1. 本书的特色

（1）本书采用了最新法律法规及监理规范，如 2014 年 3 月 1 日实施的《建设工程监理规范》（GB/T 50319—2013）、2021 年 1 月 1 日实施的《中华人民共和国民法典》和 2021 年 3 月 1 日实施的《中华人民共和国刑法修正案（十一）》对安全事故责任的处罚办法，以及 2021 年 9 月 1 日实施的《中华人民共和国安全生产法》、2020 年 3 月 1 日实施的《建设工程文件归档规范》（GB/T 50328—2019），它们都会对建筑行业尤其是监理行业带来深远影响。

（2）本书对近年来出现的新的施工承包模式及施工技术（3P 项目模式、装配式建筑、装配式装饰）及新出现的监理发展趋势（全过程咨询、基于云台技术的监理信息化）进行了介绍。

（3）本书采用了较新的监理实用技能方法。

（4）本书对章节进行优化，增加了监理的安全管理工作、合同管理及风险管理等方面的内容。

2. 本书保持了前版的优点

（1）对每章节教学目标及知识链接进行说明。

（2）在课程进行过程中设计“想一想”“问一问”等模块，便于课堂互动。

（3）设置了课后思考题。

本书由宿州职业技术学院孙桂良、安庆职业技术学院陈月萍担任主编，宿州职业技术学院许晨、重庆市城市建设高级技工学校刘莉、安徽职业技术学院石雪洁、芜湖职业技术学院尤凯担任副主编；江西现代职业技术学院欧阳彬生，滁州职业技术学院胡孝华，安徽建工技师学院蒋先智、陆飞虎，安徽水利水电职业技术学院孙希，安徽交通职业技术学院徐锋，六安职业技术学院张文武和安徽省水利水电勘测设计院魏雅光参编。

本书修订过程中得到有关单位领导及出版社领导的大力支持，在此表示感谢。

编　者

2021 年 10 月

前　言

（第2版）

20世纪80年代末期，我国开始试行建设工程监理制度，历经二十多年，建设工程监理制度在建设工程中发挥了重要作用。随着监理工作的规范化及其在建设领域中产生的积极效应，建设工程监理制度引起了全社会的广泛关注和高度重视，并得到了人们的充分认可。目前，我国已形成建设工程监理的行业规模，随着社会主义市场经济体制逐步完善和建设工程管理体制改革的进一步深化，工程项目的建设和开发速度在不断加快，社会对监理人才的需求日趋增长。

然而，当前我国工程监理人才的培养还不能完全满足社会需要，因此，在土建类专业中开设“建设工程监理概论”课程就显得十分必要，而本书正是为培养土建类专业高职高专学生的监理工作能力而编写的。

本书的特色是为教材的使用者——学生着想的：第一是让学生更好地掌握知识的要点，搞得清楚、弄得明白；第二是为了更好地提高学生的职业技能与动手本领，学得会、用得上，到了工作岗位后能够很快上手；第三是为了方便学生应对在校时、毕业后的各种考试与考证，使之取得好成绩。本书以最新颁布的法律、法规及相关文件为依据，使教材内容与当前形势结合得更加紧密，适用于高职高专院校土建类各专业，也可供相关的工程技术人员参考。

本书主要讲述了建设工程监理的概念、监理工程师、监理企业、目标控制、组织协调、监理文件等内容。本书的第七章精选了8个典型的工程案例，对其进行了深入分析。这可使学生在学习本课程时能理论联系实践，提高解决实际问题的能力。在书后的附录中，一是列出了常用的项目监理机构文件、资料编号分类表和各类建设工程监理文件的样本，这些样本都具有实用性和指导性，也可以当作实训作业布置给学生，让他们结合实际工程实践活动熟知其内容、掌握其格式；二是在附录中还有每一章案例分析题的参考答案以及考证训练题。

本书由陈月萍和孙桂良担任主编，参编人员有陈月萍、孙桂良、欧阳彬生、胡孝华、蒋先智、张文武、尤凯、魏雅光等老师。参编的学校包括安庆职业技术学院、宿州职业技术学院、江西现代职业技术学院、滁州职业技术学院、安徽建工技师学院、六安职业技术学院、芜湖职业技术学院和安徽省水利水电勘测设计院。

由于编者水平所限，在编写过程中，难免出现疏漏甚至错误之处，恳请读者批评指正。

编　者

2013年6月

目 录

绪　论

一、本课程的性质与任务

建设工程监理是一种高智能的工程管理服务，从1988年开始，我国建设工程监理相继经历了试点、稳步发展和全面推行阶段，经过三十多年来的建设工程监理实践，监理事业在我国目前已经得到健康稳步发展。

“建设工程监理概论”属于土建类专业管理课程，目的在于使学生了解建设工程监理的基本概念、任务、意义，建设工程各方的关系和责、权、利及建设监理的有关基本内容，以便使学生在今后工程项目建设中，能够顺利地胜任建设工程领域专业群的工作。

通过本课程的学习，学生将适应建设工程监理工作，具备编写监理工作的有关文件资料、进行建设工程文件和档案资料管理等技能，同时具备制订监理工作方案技能，培养和提高应用监理知识在实际工作中发现问题、解决问题的能力等。

本课程内容将面向监理员、施工员及资料员等岗位人员的培养，同时为将来成为监理工程师等高层工程建设管理人员提供一定的理论及实践基础。

二、本课程的主要内容

为满足高职院校建筑系列专业人才培养目标的要求，编者在该课程教材编写过程中，既注重建设工程项目管理理论发展的跟踪，又注重建设工程监理实践能力的培养；既注重建设工程监理概念与方法的阐述，又注重监理人员职业道德的教育。全书共分为八章，第一章主要介绍建设工程监理与相关法律法规及标准，第二章主要介绍工程监理企业与监理工程师，第三章主要介绍建设工程监理招投标与合同管理，第四章主要介绍建设工程监理组织，第五章主要介绍建设工程监理工作内容和主要方式，第六章主要介绍建设工程安全生产管理的监理工作，第七章主要介绍建设工程监理文件及信息档案管理，第八章主要介绍建设工程项目管理服务。

三、本课程的学习要求

本课程的重点是使学生了解有关建设工程监理的基本内容、基本程序与方法，明确建设三方的责、权、利及监理工程师的主要任务，能够适应新的项目建设管理体制和更好地完成建筑工程领域专业群工作。学生应当具有土木工程方面的基本专业知识和初步专业修养。本课程应当在学生修完土建类专业基础课、建筑施工技术、工程概预算等课程，并经过一定的认识及实习之后再开始讲授。通过本课程的学习，学生应当了解关于建设工程监理、监理工程师、监理单位、监理规划等建设工程监理的基本概念，熟悉我国建设工程监理法律法规标准体系和制度的基本内容，了解监理规划的内容和基本构成，以及建立项目监理组织的基本原理、工程项目目标控制的基本理论和建设项目目标控制、安全生产管理工作的监理职责、风险管理，以及合同管理、信息管理的方法。

四、本课程的学习方法

通过本课程的学习，学生应了解建设工程监理的基本知识和一般工作方法，为以后从事及配合建设工程监理工作打下基础。

本课程的内容广泛、实践性强，因此，学生在学习中应注重理论联系实际，在掌握专业理论的基础上，必须进行实际经验的积累，要做到学练相结合，在老师的指导下熟知建设工程监理工作的各个环节。学生只有反复练习、学以致用，才能真正成为动手能力强的应用型人才。

本书中设置了问一问、想一想、说一说、做一做模块，以加深理解，章后设有思考题，书末设有综合练习题，可以使学生巩固所学知识。

思 考 题

1. 建设工程监理这门课程的特点是什么？研究的对象和任务是什么？
2. 本课程相关课程的联系有哪些？
3. 本课程应掌握的主要内容有哪些？
4. 本课程的重点和难点是什么？如何做到学以致用？

第一章 建设工程监理与相关法律法规及标准

【教学目标】

1. 了解：建设工程监理的含义、发展趋势，建设工程法律法规体系。
2. 熟悉：建设工程监理相关制度，现阶段建设工程监理的特点。
3. 掌握：建设工程监理的性质和作用，工程建设程序。

【知识链接】

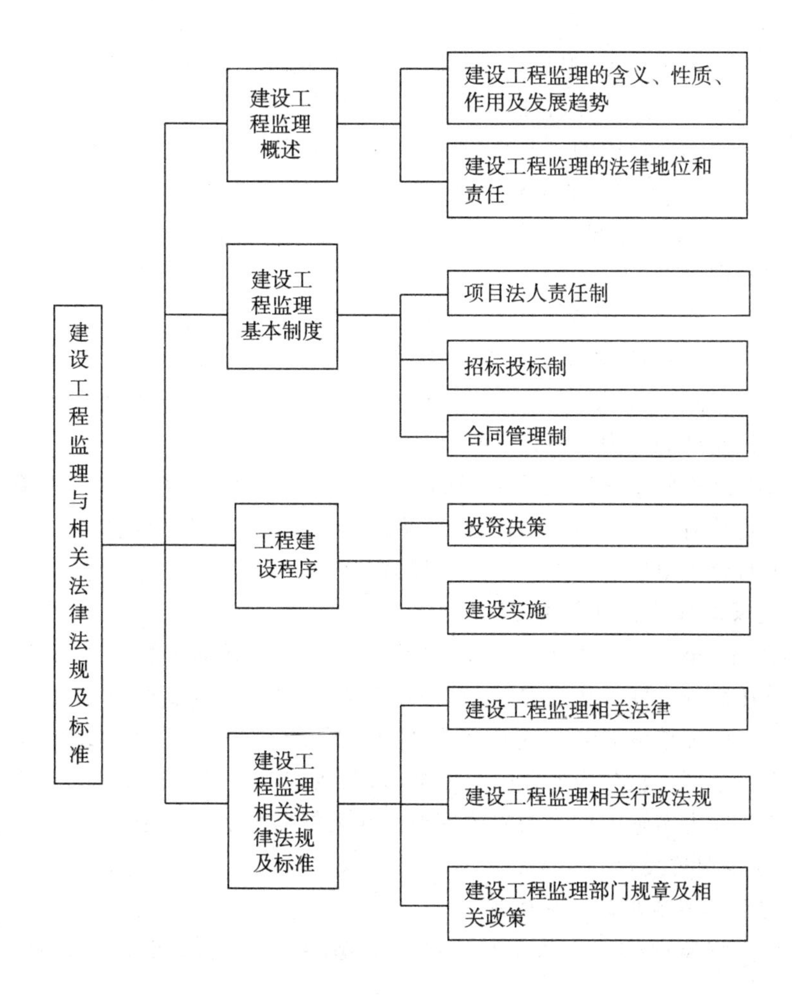

第一节　建设工程监理概述

自1988年实施的建设工程监理制度，对于加快我国工程建设方式向社会化、专业化方向发展，促进工程建设管理水平和投资效益的提高发挥了重要作用。建设工程监理与项目法人责任制、招标投标制、合同管理制等一起共同构成我国工程建设领域的重要管理制度，为建设工程监理工作的开展奠定了基础。

一、建设工程监理的含义、性质、作用及发展趋势

(一)建设工程监理的含义

所谓建设工程监理是指具有相应资质的工程监理企业，接受建设单位的委托，根据法律法规、工程建设标准、勘察设计文件及合同，在施工阶段对建设工程质量、造价、进度进行控制，对合同、信息进行管理，对工程建设相关方关系进行协调，并履行建设工程安全生产管理法定职责的服务活动。

建设单位也称业主、项目法人，是工程监理任务的委托方，工程监理单位是监理任务的受托方。工程监理单位在建设单位的委托授权范围内从事专业化服务活动。与国际上一般的工程咨询服务不同，工程监理是一项具有我国特色的工程建设管理制度，目前的工程监理不但定位于工程施工阶段，而且法律法规将工程质量、安全生产管理方面的责任赋予工程监理单位。

[问一问]

建设单位和工程监理单位在工程建设中有哪些区别与联系？

工程监理含义可以从以下方面理解：

1. 建设工程监理的行为主体

《中华人民共和国建筑法》(2019修正，以下简称《建筑法》)第三十一条明确规定，实行监理的建筑工程，由建设单位委托具有相应资质条件的工程监理单位监理。工程监理的行为主体是工程监理单位。

工程监理不同于政府主管部门的监督管理。后者属于行政性监督管理，其行为主体是政府主管部门。同样，建设单位自行管理、工程总承包单位或施工总承包单位对分包单位的管理都不是工程监理。

2. 建设工程监理的实施前提

《建筑法》第三十一条明确规定，建设单位与其委托的工程监理单位应当订立书面委托监理合同。也就是说，建设工程监理的实施需要建设单位的委托和授权。工程监理单位只有与建设单位以书面形式订立建设工程监理合同，明确监理工作的范围、内容、服务期限与酬金，以及双方权利、义务、违约责任后，才能在规定的范围内实施监理。工程监理单位在委托监理的工程中拥有一定的管理权限，是建设单位授权的结果。

3. 建设工程监理的实施依据

建设工程监理的实施依据包括法律法规、工程建设标准、勘察设计文件及合同。

(1)法律法规

法律法规包括《建筑法》、《中华人民共和国招标投标法》[以下简称《招标投标法》]、《中华人民共和国安全生产法》[以下简称《安全生产法》]、《中华人民共和国民法典(合同编)》[以下简称《民法典(合同编)》]、《建设工程质量管理条例》、《建设工程安全生产管理条例》、《中华人民共和国招标投标法实施条例》[以下简称《招标投标实施条例》]等法律法规,以及地方性法规等。

(2)工程建设标准

工程建设标准包括有关工程技术标准、规范、规程及《建设工程监理规范》等。

(3)勘察设计文件及合同

勘察设计文件及合同包括批准的初步设计文件、施工图设计文件,以及建设工程监理合同及与所监理工程相关的施工合同、材料设备采购合同等。

4. 建设工程监理的实施范围

建设工程监理定位于工程施工阶段,工程监理单位受建设单位委托,按照建设工程监理合同约定,在工程勘察、设计、保修等阶段提供的服务活动均为相关服务。工程监理单位可以拓展自身的经营范围,为建设单位提供投资决策综合性咨询、工程建设全过程咨询乃至全过程工程咨询。

5. 建设工程监理的基本职责

建设工程监理是一项具有我国特色的工程建设管理制度。工程监理单位的基本职责是在建设单位委托授权范围内,通过合同管理和信息管理,以及协调工程建设相关方关系,控制建设工程质量、造价和进度三大目标(简称三控两管一协调)。此外,还需要履行建设工程安全生产管理的法定职责,这是《建设工程安全生产管理条例》《建设工程监理规范》赋予工程监理单位的社会责任。

[问一问]

1. 建设工程监理的实施依据有哪些?

2. 建设工程监理的基本职责是什么?

(二)建设工程监理的性质

建设工程监理的性质可概括为服务性、科学性、独立性和公平性四个方面。

1. 服务性

在工程建设中,工程监理人员利用自己的知识、技能和经验及必要的试验、检测手段,为建设单位提供管理和技术服务。工程监理单位既不直接进行工程设计,又不直接进行工程施工;既不向建设单位承包工程造价,又不参与施工单位的利润分成。

工程监理单位的服务对象是建设单位,但不能完全取代建设单位的管理活动。它不具有建设工程重大问题的决策权,只能在授权范围内代表建设单位进行管理。

2. 科学性

科学性是由建设工程监理要达到的基本任务决定的,其工作的内涵体现在为工程项目管理提供科学的思想、理论、方法和手段,力求在计划的目标内完成工程建设任务。科学性还表现在:工程监理企业应当由组织管理能力强、建设工程经验丰富的人员担任领导;应当有由足够数量的、有丰富的管理经验和应变能力的监理工程师组成的骨干队伍;要有一套健全的管理制度;要有现代化的管理手段;要掌握先进的管理理论、方法和手段;要积累足够的技术、经济资料和数据;要有科学的工作态度和严谨的工作作风,要实事求是、创造性地开展工作。

[问一问]

如何理解建设工程监理的科学性?

3. 独立性

《建设工程监理规范》明确要求工程监理单位应公平、独立、诚信、科学地开展建设工程监理与相关服务活动。独立是工程监理单位公平地实施监理的基本前提。为此,《建筑法》第三十四条第三款规定:“工程监理单位与被监理工程的承包单位以及建筑材料、建筑构配件和设备供应单位不得有隶属关系或者其他利害关系。”

按照独立性要求,工程监理单位应严格按照法律法规工程建设标准、勘察设计文件、建设工程监理合同和有关的建设工程合同等实施监理,在建设工程监理工作过程中,必须建立项目监理机构,按照自己的工作计划、程序、流程、方法、手段,根据自己的判断,采用科学的方法和手段,独立地开展工作。

[想一想]

按照独立性的要求,监理人员不得在哪些单位兼职?

4. 公平性

公平性是社会公认的职业道德准则,是监理行业能够长期生存和发展的基本职业道德准则。在开展建设工程监理的过程中,要求工程监理单位应当排除各种干扰,客观、公平地对待建设单位和施工单位,特别是当这两方发生利益冲突或者矛盾时,工程监理单位应以事实为依据,以法律和有关合同为准绳,在维护建设单位的合法权益时,不损害施工单位的合法权益。

(三)建设工程监理的作用

建设工程监理的作用主要表现在以下几个方面。

1. 有利于提高建设工程投资决策科学化水平

在建设单位委托工程监理企业实施全方位、全过程监理的条件下,在建设单位有了初步的项目投资意向之后,工程监理企业可协助建设单位选择适当的工程咨询机构,管理工程咨询合同的实施,并对咨询结果(如项目建议书、可行性研究报告)进行评估,提出有价值的修改意见和建议;或者直接从事工程项目的咨询工作,为建设单位提供建设方案。这样,不仅可使项目投资符合国家经济发展规划、产业政策、投资方向,还可使项目投资更加符合市场需求。工程监理企业参与或承担项目投资决策阶段的监理工作,有利于提高项目投资决策的科学化水平,避免项目投资决策失误,也为实现建设工程投资综合效益最大化打下了良好的基础。

2. 有利于规范建设工程参与各方的建设行为

建设工程参与各方的建设行为都应当符合法律、法规、规章和市场准则。要做到这一点,不能仅仅依靠政府的监督管理。由于客观条件所限,政府的监督管理机制不可能深入每项建设工程的实施过程,因而,还需要建立另外一种约束机制,能在建设工程实施过程中对建设工程参与各方的建设行为进行约束。工程监理就是这样一种约束机制。

一方面,监理单位依据委托监理合同和有关的建设工程合同对承建单位的建设行为进行监督管理。另一方面，由于建设单位不熟悉建设工程有关的法律、法规、规章和市场行为准则，也可能发生不当的建设行为。在这种情况下，工程监理单位可以向建设单位提出适当的建议，从而避免发生建设单位的不当建设行为，这对规范建设单位的建设行为也可起到一定的约束作用。

当然，要发挥上述约束作用，工程监理单位首先必须规范自身的行为，并接受政府的监督管理。

3. 有利于促使承建单位保证建设工程的质量和使用安全

[想一想]

工程监理单位如何规范建设工程参与各方的建设行为?

监理人员都是既懂工程技术又懂经济管理的专业人士，他们有能力及时发现建设工程在实施过程中出现的问题，发现工程材料、设备及阶段产品存在的问题，从而避免留下工程质量隐患。因此，实行建设工程监理制之后，在加强承建单位自身对工程质量管理的基础上，由于工程监理企业介入建设工程生产过程的管理，对保证建设工程质量和使用安全有着重要作用。

4. 有利于实现建设工程投资效益最大化

就建设单位而言，希望在满足建设工程预定功能和质量标准的前提下，建设投资额最少，实现投资效益与社会效益的综合效益最大化。监理企业通过全程监理活动，能够制止各种不当建设行为，加快工程建设进度，提高工程建设效率，从而实现建设工程投资效益最大化，提高我国全社会的投资效益，促进国民经济的发展。

(四)建设工程监理的发展趋势

我国的建设工程监理制度已经取得了很大的成就，得到了全社会的认同。但是应当看到，目前我国的建设工程监理仍处在发展的初级阶段，与发达国家相比还存在很大的差距，还需要进一步发展和完善。

1. 建设工程监理向法制化、规范化发展

我国目前颁布的法律法规中有关工程监理的条款不少，但并没有形成完整的体系，突出表现在市场规则和市场机制方面。监理工程师合同管理的水平还较低，监理行为也较不规范，远不能适应行业发展的需要。因此，建设工程监理必须向法制化、规范化发展。

2. 以市场需求为导向，向全方位、全过程监理发展

建设工程监理是监理企业向建设单位提供项目管理服务的。因此，在建设项目的各阶段都可为建设单位的委托提供管理服务。但是，由于各种因素造成建设单位目前主要以施工监理为主，并且工作的重点是质量管理和工期控制，对投资控制及合同管理等方面的工作起到的作用有限。然而，从建设单位的角度出发，决策阶段和设计阶段对项目的投资、质量的影响具有决定性的影响，非常需要专业的管理服务，不仅要进行质量控制、工期控制，还需要提供投资控制、合同管理、安全管理与组织协调等多方面服务。因此，监理单位要适应工程建设需要，向为建设单位进行全方位、全过程的项目管理的方向发展。

3. 工程监理企业结构向多层次发展

社会对工程监理的市场需求趋于多样化，监理服务产品将趋于多元化。工

程监理企业将逐步形成全过程、一体化、1＋X等多元化服务产品。我国应当通过市场机制和必要的行业政策引导，在工程监理行业逐步建立起综合性监理企业与专业性监理企业相结合、大中小型监理企业相结合的合理的企业结构。按工作内容划分，建立起能承担全过程、全方位监理任务的综合性监理企业与能承担某一专业监理任务（如招标代理、工程造价咨询）的监理企业相结合的企业结构。按工作阶段划分，建立起能承担工程建设全过程监理的大型监理企业、能承担某一阶段工程监理任务的中型监理企业和只提供旁站监理劳务的小型监理企业相结合的企业结构，从而使各类监理企业都能有适当的生存和发展空间。

4. 加强监理企业信息化建设，促使监理工程师的业务水平向高水平发展

随着5G技术的不断发展，监理企业信息化建设的重要性日益显现。监理行业的信息化建设将不断加快，计算机等现代管理手段将更为普及，加强监理企业信息化建设（如智慧监理系统的应用）必将成为监理企业提升监理服务水平和提高企业竞争力的重要手段。

同时，工程监理向全方位、全过程监理发展，导致相当多的监理工程师的专业水平和管理知识无法胜任全方位、全过程的监理工作。因此，应加强监理工程师的继续教育，引导监理工程师加强对法律法规、标准规范的学习，不断学习新技术、新材料和新工艺等新知识，不断总结监理工作经验和教训，促使业务水平向高层次发展。

5. 建设工程监理向国际化发展

随着全球一体化进程的加速发展，我国逐渐向国际市场开放，越来越多的外国企业进入我国市场建设工程，同时，我国的企业也不断参与国际竞争，在国外承接大量的建设项目。监理行业国际化也将不断加速。工程监理将逐步与国际工程咨询相融合，工程监理的国家化程度将不断得到提高。我国的工程监理企业和监理工程师应当做好充分准备，不仅要迎接国外同行进入我国后的竞争挑战，还要把握进入国际市场的机遇，敢于到国际市场与国外同行竞争，通过向国际化发展，学习外国企业的先进经验，也可以更好地促进我国监理企业技术和管理水平的不断提高。

二、建设工程监理的法律地位和责任

（一）建设工程监理的法律地位

自建设工程监理制度实施以来，有关法律、行政法规、部门规章等逐步明确了工程监理的法律地位。

1. 明确了强制实施监理的工程范围

《建筑法》第三十条规定："国家推行建筑工程监理制度。国务院可以规定实行强制监理的建筑工程范围。"《建筑工程质量管理条例》第十二条规定，五类工程必须实行监理：①国家重点建设工程；②大中型公用事业工程；③成片开发建设的住宅小区工程；④利用我国政府或者国际组织贷款、援助资金的工程；⑤国家规定必须实行监理的其他工程。

《建设工程监理范围和规模标准规定》又进一步细化了必须实行监理的工程范围和规模标准：

（1）国家重点建设工程是指对国民经济和社会发展有重大影响的骨干项目，包括：①基础设施、基础产业和支柱产业中的大型项目；②高科技并能带动行业技术进步的项目；③跨地区并对全国经济发展或者区域经济发展有重大影响的项目；④对社会发展有重大影响的项目；⑤其他骨干项目。

（2）大中型公用事业工程是指项目总投资额在3000万元以上的下列工程项目：①供水、供电、供热等市政工程项目；②科技、教育、文化等项目；③体育、旅游、商业等项目；④卫生、社会福利等项目；⑤其他公用事业项目。

（3）成片开发建设的住宅小区工程，建筑面积在5万平方米以上的住宅建设工程必须实行监理；5万平方米以下的住宅建设工程，可以实行监理，具体范围和规模标准，由省、自治区、直辖市人民政府建设行政主管部门规定。

（4）利用外国政府或者国际组织贷款、援助资金的工程，包括：①使用世界银行、亚洲开发银行等国际组织贷款资金的项目；②使用国外政府及其机构贷款资金的项目；③使用国际组织或者国外政府援助资金项目。

（5）国家规定必须实行监理的其他工程，是指：①项目总投资额在3000万元以上关系社会公共利益、公众安全的下列基础设施项目：煤炭、石油、化工、天然气、电力、新能源等项目；铁路、公路、管理、水运、民航及其他交通运输业等项目；邮政、电信枢纽、通信、信息网络等项目；防洪、灌溉、排涝、发电、引（供）水、滩涂治理、水资源保护、水土保持等水利建设项目；道路、桥梁、地铁和轻轨交通、污水排放及处理、垃圾处理、地下管道、公共停车场等城市基础设施项目；生态环境保护项目；其他基础设施项目。②学校、影剧院、体育场馆项目。

［想一想］

哪些工程项目必须实行监理？

2. 明确了建设单位委托工程监理单位的职责

《建筑法》第三十一条规定："实行监理的建筑工程，由建设单位委托具有相应资质条件的工程监理单位监理。建设单位与其委托的工程监理单位应当订立书面委托监理合同。"

《建设工程质量管理条例》第十二条也规定："实行监理的建设工程，建设单位应当委托具有相应资质等级的工程监理单位进行监理，也可以委托具有工程监理相应资质等级并与被监理工程的施工单位没有隶属关系或者其他利害关系的该工程的设计单位进行监理。"

3. 明确了工程监理单位的职责

《建筑法》第三十四条第一款规定："工程监理单位应当在其资质等级许可的监理范围内，承担工程监理业务。"《建设工程质量管理条例》第三十七条规定："工程监理单位应当选派具备相应资格的总监理工程师和监理工程师进驻施工现场。未经监理工程师签字，建筑材料、建筑构配件和设备不得在工程上使用或者安装，施工单位不得进入下一道工序的施工，未经总监理工程师签字，建设单位不拨付工程款，不进行竣工验收。"

《建设工程安全生产管理条例》第十四条规定："工程监理单位应当审查施工

组织设计中的安全技术措施或者专项施工方案是否符合工程建设强制性标准。工程监理单位在实施监理过程中,发现存在安全事故隐患的,应当要求施工单位整改;情况严重的,应当要求施工单位暂时停止施工,并及时报告建设单位。施工单位拒不整改或者不停止施工的,工程监理单位应当及时向有关主管部门报告。"

4. 明确了工程监理人员的职责

《建筑法》第三十二条第二款和第三款规定:"工程监理人员认为工程施工不符合工程设计要求、施工技术标准和合同约定的,有权要求施工企业改正。工程监理人员发现工程设计不符合建筑工程质量标准或者合同约定的质量要求的,应当报告建设单位要求设计单位改正。"

《建设工程质量管理条例》第三十八条规定:"监理工程师应当按照工程监理规范的要求,采取旁站、巡视和平行检验等形式,对建设工程实施监理。"

(二)建设工程监理的法律责任

1. 工程监理单位的法律责任

(1)《建筑法》第三十五条规定:"工程监理单位不按照委托监理合同的约定履行监理义务,对应当监督检查的项目不检查或者不按照规定检查,给建设单位造成损失的,应当承担相应的赔偿责任。"《建筑法》第六十九条规定:"工程监理单位与建设单位或者建筑施工企业串通,弄虚作假、降低工程质量的,责令改正,处以罚款,降低资质等级或者吊销资质证书;有违法所得的,予以没收;造成损失的,承担连带赔偿责任;构成犯罪的,依法追究刑事责任。工程监理单位转让监理业务的,责令改正,没收违法所得,可以责令停业整顿,降低资质等级;情节严重的,吊销资质证书。"

(2)《建设工程质量管理条例》第六十条和第六十一条规定,工程监理单位有下列行为的,责令停止违法行为或改正,处合同约定的监理酬金 1 倍以上 2 倍以下的罚款,可以责令停业整顿,降低资质等级;情节严重的,吊销资质证书:①超越本单位资质等级承揽工程的;②允许其他单位或者个人以本单位名义承揽工程的。

《建设工程质量管理条例》第六十二条第二款规定:"工程监理单位转让工程监理业务的,责令改正,没收违法所得,处合同约定的酬金 25%以上 50%以下的罚款;可以责令停业整顿,降低资质等级;情节严重的,吊销资质证书。"

《建设工程质量管理条例》第六十七条规定:"工程监理单位有下列行为之一的,责令改正,处 50 万元以上 100 万元以下的罚款,降低资质等级或者吊销资质证书;有违法所得的,予以没收;造成损失的,承担连带赔偿责任:

"(一)与建设单位或者施工单位串通,弄虚作假、降低工程质量的;

"(二)将不合格的建设工程、建筑材料、建筑构配件和设备按照合格签字的。"

《建设工程质量管理条例》第六十八条规定:"违反本条例规定,工程监理单位与被监理工程的施工承包单位以及建筑材料、建筑构配件和设备供应单位有隶属关系或者其他利害关系承担该项建设工程的监理业务的,责令改正,处 5 万元以上10万元以下的罚款，降低资质等级或者吊销资质证书；有违法所得的，予以没收。”

(3)《建设工程安全生产管理条例》第五十七条规定：“违反本条例的规定，工程监理单位有下列行为之一的，责令限期改正；逾期未改正的，责令停业整顿，并处10万元以上30万元以下的罚款；情节严重的，降低资质等级，直至吊销资质证书；造成重大安全事故，构成犯罪的，对直接责任人员，依照刑法有关规定追究刑事责任；造成损失的，依法承担赔偿责任：

“(一)未对施工组织设计中的安全技术措施或者专项施工方案进行审查的；

“(二)发现安全事故隐患未及时要求施工单位整改或者暂时停止施工的；

“(三)施工单位拒不整改或者不停止施工，未及时向有关主管部门报告的；

“(四)未依照法律、法规和工程建设强制性标准实施监理的。”

(4)《中华人民共和国刑法》(以下简称《刑法》)第一百三十七条规定，工程监理单位违反国家规定，降低工程质量标准，造成重大安全事故的，对直接责任人员，处五年以下有期徒刑或者拘役，并处罚金；后果特别严重的，处五年以上十年以下有期徒刑，并处罚金。

2. 监理工程师的法律责任

工程监理单位是订立工程监理合同的当事人。监理工程师一般要受聘于工程监理单位，代表工程监理单位从事建设工程监理工作。工程监理单位在履行工程监理合同时，是由具体的监理工程师来实现的，因此，如果监理工程师出现工作过错，其行为将被视为工程监理单位违约，应承担相应的违约责任。工程监理单位在承担违约赔偿责任后，有权在企业内部向有过错的监理工程师追偿损失。因此，由监理工程师个人过失引发的合同违约行为，监理工程师必然要与工程监理单位承担一定的连带责任。

《建设工程质量管理条例》第七十二条规定，监理工程师因过错造成质量事故的，责令停止执业1年；造成重大质量事故的，吊销执业资格证书，5年以内不予注册；情节特别恶劣的，终身不予注册。第七十四条规定，工程监理单位违反国家规定，降低工程质量标准，造成重大安全事故，构成犯罪的，对直接责任人员依法追究刑事责任。

《建设工程安全生产管理条例》第五十八条规定，监理工程师未执行法律、法规和工程建设强制性标准的，责令停止执业3个月以上1年以下；情节严重的，吊销执业资格证书，5年内不予注册；造成重大安全事故的，终身不予注册；构成犯罪的，依照刑法有关规定追究刑事责任。

第二节　建设工程监理基本制度

按照有关规定，我国工程建设实行项目法人责任制、工程监理制、招标投标制和合同管理制，这些制度相互关联、相互支持，共同构成我国建设工程监理基本制度。

一、项目法人责任制

为了建立投资约束机制，规范建设单位行为，对于经营性政府投资工程须实行项目法人责任制，由项目法人对项目的策划、资金筹措、建设实施、生产经营、债务偿还和资产的保值增值，实行全过程负责措施。

项目法人责任制的核心内容是明确由项目法人承担投资风险，项目法人要对工程项目的建设及建成后的生产经营实行一条龙管理和全面负责。

(一)项目法人的设立

新上项目在项目建议书被批准后，投资方派代表组成项目法人筹备组。

申报项目可行性研究报告时，须同时提出项目法人的组建方案，否则，其可行性研究报告将不予审批。

在项目可行性研究报告被批准后，应正式设立项目法人。按有关规定确保资本金按时到位，并及时办理公司设立登记。项目公司可以是有限责任公司(包括国有独资公司)，也可以是股份有限公司。

(二)项目法人的职权

(1)建设项目董事会的职权：负责筹措建设资金；审核、上报项目初步设计和概算文件；审核、上报年度投资计划并落实年度资金；提出项目开工报告；研究并解决在建设过程中出现的重大问题；负责提出项目竣工验收申请报告；审定偿还债务计划和生产经营方针，并负责按时偿还债务；聘任或解聘项目总经理，并根据总经理的提名，聘任或解聘其他高级管理人员。

(2)项目总经理的职权：组织编制项目初步设计文件，对项目工艺流程、设备选型、建设标准、总图布置提出意见，提交董事会审查；组织工程设计、施工监理、施工队伍和设备材料采购的招标工作，编制和确定招标方案、标底和评标标准，评选和确定投标、中标单位；拟订并组织实施年度投资建设计划；拟订年度财务预、决算；拟订并组织实施归还贷款和其他债务计划；在批准的概算范围内对单项工程设计进行局部调整和变更，凡引起生产性质、能力、产品品种和建设标准变化的设计变更及概算调整，须由董事会决定并报原批准单位批准；提请董事会聘任和解聘项目其他高级管理人员；根据董事会授权，在董事会休会期间，处理项目实施中的重大紧急事件；负责组织项目试生产和预验收工作；按时向有关部门报送项目建设、生产信息和统计资料。

(三)项目法人责任制与工程监理制的关系

[想一想]

项目法人责任制与工程监理制有什么关系？

1. 项目法人责任制是实行工程监理制的必要条件

项目法人为了切实承担其职责，必然需要社会化、专业化机构为其提供服务。这种需求为工程监理的发展提供了坚实基础。

2. 工程监理制是实行项目法人责任制的基本保障

实行工程监理制，项目法人可以依据自身需求和有关规定委托监理，在工程监理单位的协助下，进行建设工程质量、造价、进度目标有效控制和对安全生产进行管理，从而为在计划目标内完成工程建设提供保证。

二、招标投标制

为了保护国家利益、社会公共利益，提高经济效益，保证工程项目质量，《招标投标法》规定，在中华人民共和国境内进行下列工程建设项目包括项目的勘察、设计、施工、监理，以及与工程建设有关的重要设备、材料等的采购，必须进行招标。

(1)大型基础设施、公用事业等关系社会公共利益、公众安全的项目。

(2)全部或者部分使用国有资金投资或者国家融资的项目。

(3)使用国际组织或者外国政府贷款、援助资金的项目。

(一)必须招标的工程项目

根据《必须招标的工程项目规定》，下列工程必须招标。

(1)全部或者部分使用国有资金投资或者国家融资的项目包括：①使用预算资金200万元人民币以上，且该资金占投资额10%以上的项目；②使用国有企业事业单位资金，且该资金占控股或者主导地位的项目。

(2)使用国际组织或者外国政府贷款、援助资金的项目包括：①使用世界银行、亚洲开发银行等国际组织贷款、援助资金的项目；②使用外国政府及其机构贷款、援助资金的项目。

对于上述(1)和(2)以外的大型基础设施、公用事业等关系社会公共利益、公众安全的项目，必须招标的具体范围由国务院发展改革部门会同国务院有关部门按照确有必要、严格限定的原则制定，报国务院批准。

(3)对于上述规定范围内的项目，其勘察、设计、施工、监理，以及与工程建设有关的重要设备、材料等的采购达到下列标准之一的，必须进行招标：①施工单项合同估算价在400万元人民币以上；②重要设备、材料等货物的采购，单项合同估算价在200万元人民币以上；③勘察、设计、监理等服务的采购，单项合同估算价在100万元人民币以上。

同一项目中可以合并进行的勘察、设计、施工、监理，以及与工程建设有关的重要设备、材料等的采购，合同估算价合计达到上述规定标准的，必须进行招标。

(二)工程招标投标制与工程监理制的关系

(1)工程招标投标制是实行工程监理制的重要保证。对于法律法规规定必须招标的监理项目，建设单位需要按规定采用招标方式选择工程监理单位，通过工程监理招标，有利于建设单位优选高水平监理单位，确保工程监理效果。

(2)工程监理制是落实工程招标投标制的重要手段。实行工程监理制，建设单位可以通过委托工程监理单位做好招标工作，更好地优选施工单位和材料设备供应单位。

三、合同管理制

工程建设是一个极为复杂的社会生产过程，由于现代社会化大生产和专业化分工，许多单位会参与到工程建设之中，而各类合同则是维系各参与单位之间关系的纽带。

《民法典（合同编）》明确了合同的订立、效力、履行、变更与转让、终止、违约责任等有关内容，以及包括建设工程合同、委托合同在内的19类典型合同，为实行合同管理制提供了重要法律依据。

(一)工程项目合同体系

在工程项目合同体系中，建设单位和施工单位是两个主要的合同主体。

(1)建设单位的主要合同关系。为实现工程项目总目标，建设单位可通过签订合同将工程项目有关活动委托给相应的专业承包单位或专业服务机构。相应的合同有工程承包合同、工程勘察合同、工程设计合同、材料设备采购合同、工程咨询合同、工程监理合同、工程项目管理服务合同、工程保险合同、贷款合同等。

(2)施工单位的主要合同关系。施工单位作为工程承包合同的履行者，也可通过签订合同将工程承包合同中所确定的工程设计、施工、材料设备采购等部分任务委托给其他相关单位来完成。相应的合同有工程分包合同、材料设备采购合同、运输合同、加工合同、租赁合同、劳务分包合同、保险合同等。

[问一问]

合同管理制与工程监理制有什么关系?

(二)合同管理制与工程监理制的关系

(1)合同管理制是实行工程监理制的重要保证。建设单位委托监理时，需要与工程监理单位建立合同关系，明确双方的义务和责任。工程监理单位实施监理时，需要通过合同管理控制工程质量、造价和进度目标。合同管理的实施，为工程监理单位开展合同管理工作提供了法律和制度支持。

(2)工程监理制是落实合同管理制的重要保障。实行工程监理制，建设单位可以通过委托工程监理单位做好合同管理工作，更好地实现建设工程项目目标。

第三节　工程建设程序

工程建设程序是指建设工程从策划、评估、决策、设计、施工到竣工验收、投入生产或交付使用的整个建设过程中，各项工作必须遵循的先后工作次序。工程建设程序是工程建设过程客观规律的反映，是建设工程科学决策和顺利进行的重要保证，是人们长期在工程项目建设实践中得出来的经验总结，不能任意颠倒，但可以合理交叉。

一、投资决策

建设工程投资决策阶段工作内容主要包括项目建议书（又称立项申请书）和可行性研究报告的编报和审批。

(一)编报项目建议书

项目建议书是项目单位就新建、扩建事项向政府投资主管部门申报的书面申请文件，是项目建设筹建单位或项目法人，根据国民经济的发展、国家和地方中长期规划、产业政策、生产力布局、国内外市场、所在地的内外部条件，提出的某一具体项目的建议文件，是对拟建项目提出的框架性的总体设想。项目建议书主要论证项目建设的必要性、建设条件的可行性和获利的可能性，供政府投资主管部门选择并确定是否进行下一步工作。

另外，对于大中型项目和一些工艺技术复杂、涉及面广、协调量大的项目，还要编制可行性研究报告，作为项目建议书的主要附件之一，同时涉及利用外资的项目，只有在项目建议书批准后，才能开展对外工作。

因此，我们可以说项目建议书是项目发展周期的初始阶段基本情况的汇总，是选择和审批项目的依据，也是制作可行性研究报告的依据。

项目建议书的研究内容包括进行市场调研，对项目建设的必要性和可行性进行研究，以及对项目产品的市场、项目建设内容、生产技术和设备及重要技术经济指标等进行分析，并对主要原材料的需求量、投资估算、投资方式、资金来源、经济效益等进行初步估算。

项目建议书的内容视工程项目不同而有繁有简，但一般应包括以下几个方面的内容。

(1)项目提出的必要性和依据。

(2)产品方案、拟建规模和建设地点的初步设想。

(3)资源情况、建设条件、协作关系和设备技术引进国别、厂商的初步分析。

(4)投资估算、资金筹措及还贷方案设想。

(5)项目进度安排。

(6)经济效益和社会效益的初步估计。

(7)环境影响的初步评价。

对于政府投资项目，项目建议书按要求编制完成后，应根据建设规模和限额划分报送有关部门审批。项目建议书经批准后，可进行可行性研究工作，但并不表明项目非上不可，项目建议书不是项目的最终决策。

(二)编报可行性研究报告

可行性研究报告是在制定某一建设或科研项目之前，对该项目实施的可能性、有效性、技术方案及技术政策进行具体、深入、细致的技术论证和经济评价，以求确定一个在技术上合理、经济上合算的最优方案和最佳时机而编写的书面报告。

可行性研究报告通过对项目的市场需求、资源供应、建设规模、工艺路线、设备选型、环境影响、资金筹措、盈利能力等方面的研究调查，在行业专家研究经验的基础上对项目经济效益及社会效益进行科学预测，从而为客户提供全面的、客观的、可靠的项目投资价值评估及项目建设进程等咨询意见。

项目可行性研究报告的内容如下。

(1)全面深入地进行市场分析、预测。调查和预测拟建项目产品国内、国际市场的供需情况和销售价格；研究产品的目标市场，分析市场占有率；研究确定市场，主要是产品竞争对手和自身竞争力的优势、劣势，以及产品的营销策略，并研究确定主要市场风险和风险程度及有效的规避方式。

(2)对资源开发项目要深入研究确定资源的可利用量、资源的自然品质、资源的赋存条件和开发利用价值等。

(3)深入进行项目建设方案设计,包括项目的建设规模与产品方案、工程选址、工艺技术方案和主要设备方案、主要材料辅助材料、环境影响问题、项目建成投产及生产经营的组织机构与人力资源配置、项目进度计划、所需投资进行详细估算、融资分析、财务分析、国民经济评价、社会评价、项目不确定性分析、风险分析、综合评价等。

(三)投资决策管理制度

投资决策管理制度是指政府依法对投资活动采用各种手段进行规范和调控,使其符合计划要求的制度。

根据《国务院关于投资体制改革的决定》,政府投资工程实行审批制,非政府投资工程实行核准制或备案制。

1. 政府投资工程

对于采用直接投资和资本金注入方式的政府投资工程,政府需要从投资的角度审批项目建议书和可行性研究报告,除特殊情况外,不再审批开工报告,同时还要严格审批其初步设计和概算;对于采用投资补助、转贷和贷款贴息方式的投资工程,则只审批资金申请报告。

政府投资工程一般要经过符合资质要求的咨询中介机构的评估论证,特别重大的工程还应实行专家评议制度。国家将逐步实行政府投资工程公示制度,以广泛听取各方面的意见和建议。

2. 非政府投资工程

对于企业不使用政府投资资金投资建设的工程,政府不再进行投资决策性质的审批,区别不同情况实行核准制或备案制。

(1)核准制。企业投资建设《政府核准的投资项目目录》中的项目时,仅需向政府提出项目申请报告,不再经过批准项目建议书、可行性研究报告和开工报告的程序。

(2)备案制。对于《政府核准的投资项目目录》以外的企业投资项目实行备案制,除国家另有规定外,由企业按照属地原则向地方政府投资主管部门备案。

为扩大大型企业集团的投资决策权,对于基本建立现代企业制度的特大型企业集团,投资建设《政府核准的投资项目目录》中的项目时,可以按项目单独申报核准,也可编制中长期发展建设规划,规划经国务院或国务院投资主管部门批准后,规划中属于《政府核准的投资项目目录》中的项目不再另行申报核准,只需办理备案手续。企业集团要及时向国务院有关部门报告规划执行和项目建设情况。

二、建设实施

建设实施阶段的工作内容主要包括勘察设计、建设准备、施工安装、生产准备及竣工验收。对于生产性工程项目，在施工安装后期还需要进行生产准备工作。

（一）勘察设计

1. 工程勘察

工程勘察是根据建设工程和法律法规的要求，查明、分析、评价建设场地的地质地理环境特征和岩土工程条件，编制建设工程勘察文件的活动。

2. 工程设计

工程设计是根据工程的要求，对建设工程所需的技术、经济、资源、环境等条件进行综合分析、论证，编制建设工程设计文件的活动。

工程设计一般划分为两个阶段，即初步设计和施工图设计。重大工程和技术复杂工程可根据需要增加技术设计。

（1）初步设计

初步设计是指根据可行性研究报告的要求进行具体实施方案设计，目的是阐明在指定的地点、时间和投资控制数额内，拟建项目在技术上的可行性和经济上的合理性，并通过对建设工程作出的基本技术经济规定，编制工程总概算。

初步设计不得随意改变被批准的可行性研究报告所确定的建设规模、产品方案、工程标准、建设地址和总投资等控制目标。如果初步设计提出的总概算超过可行性研究报告总投资的10％以上或其他主要指标需要变更时，应说明原因和计算依据，并重新向原审批单位报批可行性研究报告。

（2）技术设计

技术设计应根据初步设计和更详细的调查研究资料编制，以进一步解决初步设计中的重大技术问题，如工艺流程、建筑结构、设备选型及数量确定等，使工程设计更具体、更完善，技术指标更好。

（3）施工图设计

根据初步设计或技术设计的要求，结合工程现场实际情况，完整地表现建筑物外形、内部空间分隔、结构体系、构造状况及建筑群的组成和周围环境的配合。施工图设计还包括各种运输、通信、管道系统、建筑设备的设计。在工艺方面，应具体确定各种设备的型号、规格及各种非标准设备的制造加工图。

3. 施工图设计文件审查

根据《房屋建筑和市政基础设施工程施工图设计文件审查管理办法》，建设单位应当将施工图送施工图审查机构审查。施工图审查机构对施工图审查的内容包括以下几个。

（1）是否符合工程建设强制性标准。

（2）地基基础和主体结构的安全性。

（3）消防安全性。

（4）人防工程（包含人防指挥工程）防护安全性。

（5）是否符合民用建筑节能强制性标准，对执行绿色建筑标准的项目，还应当审查是否符合绿色建筑标准。

(6)勘察设计企业和注册执业人员以及相关人员是否按规定在施工图上加盖相应的图章和签字。

(7)法律、法规、规章规定必须审查的其他内容。

任何单位或者个人不得擅自修改审查合格的施工图。确需修改的,凡涉及上述审查内容的,建设单位应当将修改后的施工图送原审查机构审查。

(二)建设准备

1. 建设准备的工作内容

工程项目在开工建设之前要切实做好各项准备工作,其主要内容包括以下几个。

(1)征地、拆迁和场地平整。

(2)完成施工用水、电、通信、道路等接通工作。

(3)组织招标选择工程监理单位、施工单位及设备、材料供应商。

(4)准备必要的施工图纸。

(5)办理工程质量监督和施工许可手续。

2. 工程质量监督手续的办理

建设单位在办理施工许可证之前应当到规定的工程质量监督机构办理工程质量监督手续。办理工程质量监督手续时须提供下列资料。

(1)建设工程质量监督申请表。

(2)工程规划许可证。

(3)施工、监理中标通知书和施工、监理合同。

(4)施工单位和监理单位资质证书、工程项目的负责人资格证书。

(5)施工图设计文件审查报告和批准书。

(6)其他需要的文件资料。

3. 施工许可证的办理

从事各类房屋建筑及其附属设施的建造、装修装饰和与其配套的线路、管道、设备的安装,以及城镇市政基础设施工程的施工,建设单位在开工前应当向工程所在地县级以上人民政府建设主管部门申请领取施工许可证。必须申请领取施工许可证的建筑工程在未取得施工许可证时,一律不得开工。

[问一问]

建设准备工作有哪些?

(三)施工安装

建设工程只有具备开工条件并取得施工许可证后才能开始土建工程施工和机电设备安装。

按照规定,建设工程新开工时间是指工程设计文件中规定的任何一项永久性工程第一次正式破土开槽的开始日期。不需要开槽的工程,以正式开始打桩的日期作为开工日期。铁路、公路、水库等需要挖填大量土石方的工程,以开始进行土石方工程施工的日期作为正式开工日期。工程地质勘察、平整场地、旧建筑物拆除、临时建筑、施工用临时道路、水及电等工程开始施工的日期不能算作正式开工日期。分期建设的工程分别按各期工程开工的日期计算。例如,二期工程应根据工程设计文件规定的永久性工程开工的日期计算。

施工安装活动应按照工程设计要求、施工合同及施工组织设计，在保证工程质量、工期、成本及安全、环保等目标的前提下进行。

(四)生产准备

对于生产性工程项目而言，生产准备是工程项目投产前由建设单位进行的一项重要工作。生产准备是衔接建设和生产的桥梁，是工程项目建设转入生产经营的必要条件。建设单位应适时组成专门机构做好生产准备工作，确保工程项目建成后能及时投产。

生产准备工作的主要内容如下。

(1)组织专门班子或指挥机构。

(2)制定和颁布必要的制度及安全生产操作规程。

(3)招收和培训生产骨干及技术工人，组织生产人员参加设备的安装、调试和竣工验收。

(4)生产技术准备，主要包括国内装置设计资料的汇总，有关的国外技术资料的翻译、编辑，各种开工方案、岗位操作法的编辑及新技术的准备。

(5)生产物资准备，主要是落实材料、协作产品、燃料、水、电、气等的来源和其他需要协作配合的条件，组织工具、器具、备品、备件等的制造和订货。

(五)竣工验收

建设工程按设计文件的规定内容和标准全部完成，并按规定将施工现场清理完毕后，达到竣工验收条件时，建设单位即可组织工程竣工验收。工程勘察、设计、施工、监理及工程质量监督等单位应参加工程竣工验收。工程竣工验收要审查工程建设的各个环节，审阅工程档案、实地查验建筑安装工程实体质量并进行全面评价。对于不合格的工程不予验收。对遗留问题要提出具体解决意见，限期落实完成。

工程竣工验收是投资成果转入生产或使用的标志，也是全面考核工程建设成果、检验设计和施工质量的关键步骤。工程竣工验收合格后，建设工程方可投入使用。

竣工验收的依据：批准的可行性研究报告、初步设计、施工图和设备技术说明书、工程施工质量验收标准(规范)，以及主管部门有关审批、修改、调整文件等。

建设工程自竣工验收合格之日起即进入工程质量保修期(缺陷责任期)。建设工程自办理竣工验收手续后，发现存在工程质量缺陷的，应及时修复，费用由责任方承担。

第四节　建设工程监理相关法律法规及标准

建设工程监理相关法律、行政法规及标准规范是建设工程监理的法律依据和工作指南。目前，与建设工程监理密切相关的法律有《建筑法》《招标投标法》《民法典(合同编)》《安全生产法》；与建设工程监理密切相关的行政法规有《建设工程质量管理条例》《建设工程安全生产管理条例》《生产安全事故报告和调查处理条例》《中华人民共和国招标投标法实施条例》(以下简称《招标投标法实施条例》)。建设工程监理标准规范包括《建设工程监理规范》等。此外,有关工程监理的部门规章和规范性文件,以及地方性法规、地方政府规章及规范性文件,行业标准和地方标准,团体标准等,也是建设工程监理的法律依据和工作指南。

法律的效力高于行政法规,行政法规的效力高于部门规章。

[问一问]

我国建设工程监理相关法律法规都有哪些?

一、建设工程监理相关法律

建设工程法律是指由全国人民代表大会及其常务委员会通过的规范工程建设活动的法律规范,以国家主席签署主席令形式予以公布。与建设工程监理密切相关的法律有《建筑法》《招标投标法》《民法典(合同编)》和《安全生产法》。

(一)《建筑法》的主要内容

《建筑法》是我国工程建设领域的一部大法,以建筑市场管理为中心,以建筑工程质量和安全管理为重点,主要包括建筑许可、建筑工程发包与承包、建筑工程监理、建筑安全生产管理和建筑工程质量管理等方面的内容。

1. 建筑许可

建筑许可包括建筑工程施工许可和从业资格两个方面。

(1)建筑工程施工许可

建筑工程施工许可是建设行政主管部门根据建设单位的申请,依法对建筑工程所应具备的施工条件进行审查,对符合规定条件者准许其开始施工并颁发施工许可证的一种管理制度。

① 施工许可证的申领。建筑工程开工前,建设单位应当按照国家有关规定向工程所在地县级以上人民政府建设主管部门申请领取施工许可证。按照国务院规定的权限和程序批准开工报告的建筑工程,不再领取施工许可证。

建设单位申请领取施工许可证应当具备下列条件。

a. 已经办理该建筑工程用地批准手续。

b. 依法应当办理建设工程规划许可证的,已经取得建设工程规划许可证。

c. 需要拆迁的,其拆迁进度符合施工要求。

d. 已经确定建筑施工企业。

e. 有满足施工需要的资金安排、施工图纸及技术资料,施工图设计文件已按规定进行了审查。

f. 有保证工程质量和安全的具体措施。

(2)施工许可证的有效期

a. 建设单位应当自领取施工许可证之日起 3 个月内开工。因故不能按期开工的,应当向发证机关申请延期;延期以两次为限,每次不超过 3 个月。既不开工又不申请延期或者超过延期时限的,施工许可证自行废止。

b. 在建的建筑工程因故中止施工的,建设单位应当自中止施工之日起 1 个月内，向发证机关报告，并按照规定做好建筑工程的维护管理工作。建筑工程恢复施工时，应当向发证机关报告；中止施工满一年的工程恢复施工前，建设单位应当报发证机关核验施工许可证。

(3)从业资格

从业资格包括工程建设参与单位资质和专业技术人员执业资格两个方面。

① 工程建设参与单位资质的要求。从事建筑活动的建筑施工企业、勘察单位、设计单位和工程监理单位，应当具备下列条件。

a. 有符合国家规定的注册资本。

b. 有与其从事的建筑活动相适应的具有法定执业资格的专业技术人员。

c. 有从事相关建筑活动所应有的技术装备。

d. 法律、行政法规规定的其他条件。

从事建筑活动的建筑施工企业、勘察单位、设计单位和工程监理单位，按照其拥有的注册资本、专业技术人员、技术装备和已完成的建筑工程业绩等资质条件，划分为不同的资质等级，经资质审查合格，取得相应等级的资质证书后，方可在其资质等级许可的范围内从事建筑活动。

② 专业技术人员执业资格的要求。从事建筑活动的专业技术人员，如建筑师、监理工程师、造价工程师、建造师等，应当依法取得相应的执业资格证书，并在执业资格证书许可的范围内从事建筑活动。

[想一想]

施工许可证由谁来办理？向哪个部门申请？

2. 建筑工程发包与承包

建筑工程的发包单位与承包单位应当依法订立书面合同，明确双方的权利和义务。发包单位和承包单位应当全面履行约定的义务，不按照合同约定履行义务的，依法承担违约责任。建筑工程造价应当按照国家有关规定，由发包单位与承包单位在合同中约定。发包单位应当按照合同的约定，及时拨付工程款项。

(1)建筑工程发包

建筑工程实行招标发包的，发包单位应当将建筑工程发包给依法中标的承包单位。建筑工程实行直接发包的，发包单位应当将建筑工程发包给具有相应资质条件的承包单位。

提倡对建筑工程实行总承包，禁止将建筑工程肢解发包。建筑工程的发包单位可以将建筑工程的勘察、设计、施工、设备采购一并发包给一个工程总承包单位，也可以将建筑工程勘察、设计、施工、设备采购的一项或者多项发包给一个工程总承包单位；但是，不得将应当由一个承包单位完成的建筑工程肢解成若干部分发包给几个承包单位。

按照合同约定，建筑材料、建筑构配件和设备由工程承包单位采购的，发包单位不得指定承包单位购入用于工程的建筑材料、建筑构配件和设备或者指定生产厂、供应商。

(2)建筑工程承包

承包建筑工程的单位应当持有依法取得的资质证书，并在其资质等级许可的业务范围内承揽工程。禁止建筑施工企业超越本企业资质等级许可的业务范围或者以任何形式用其他建筑施工企业的名义承揽工程。禁止建筑施工企业以任何形式允许其他单位或者个人使用本企业的资质证书、营业执照，以本企业的名义承揽工程。

① 联合体承包。大型建筑工程或者结构复杂的建筑工程，可以由两个以上的承包单位联合共同承包，两个以上不同资质等级的单位实行联合共同承包的，应当按照资质等级低的单位的业务许可范围承揽工程。共同承包的各方对承包合同的履行承担连带责任。

② 禁止转包。禁止承包单位将其承包的全部建筑工程转包给他人，禁止承包单位将其承包的全部建筑工程肢解以后以分包的名义分别转包给他人。

[想一想]

建筑工程在什么情况下可以实行分包？

③ 分包。建筑工程总承包单位可以将承包工程中的部分工程发包给具有相应资质条件的分包单位，但是，除总承包合同中约定的分包外，必须经建设单位认可。施工总承包的，建筑工程主体结构的施工必须由总承包单位自行完成。建筑工程总承包单位按照总承包合同的约定对建设单位负责；分包单位按照分包合同的约定对总承包单位负责。总承包单位和分包单位就分包工程对建设单位承担连带责任。禁止总承包单位将工程分包给不具备相应资质条件的单位。禁止分包单位将其承包的工程再分包。

3. 建筑工程监理

国家推行建筑工程监理制度，国务院可以规定强制监理的建筑工程的范围。

(1)工程监理任务的委托和承揽

实行监理的建筑工程，由建设单位委托具有相应资质条件的工程监理单位监理。建设单位与其委托的工程监理单位应当订立书面委托监理合同。

(2)工程监理任务的实施

实施建筑工程监理前，建设单位应当将委托的工程监理单位、监理的内容及监理权限，书面通知被监理的建筑施工企业。

工程监理单位应当在其资质等级许可的监理范围内，承担工程监理业务。工程监理单位应当根据建设单位的委托，客观、公正地执行监理任务。应当依照法律、行政法规及有关的技术标准、设计文件和建筑工程承包合同，对承包单位在施工质量、建设工期和建设资金使用等方面，代表建设单位实施监督。工程监理人员认为工程施工不符合工程设计要求、施工技术标准和合同约定的，有权要求建筑施工企业改正。工程监理人员发现工程设计不符合建筑工程质量标准或者合同约定的质量要求的，应当报告建设单位要求设计单位改正。

(3)工程监理单位的禁止行为和责任

工程监理单位与被监理工程的承包单位及建筑材料、建筑构配件和设备供应单位不得有隶属关系或者其他利害关系。工程监理单位不得转让工程监理业务。

工程监理单位不按照委托监理合同的约定履行监理义务，对应当监督检查的项目不检查或者不按照规定检查，给建设单位造成损失的，应当承担相应的赔偿责任。工程监理单位与承包单位串通，为承包单位谋取非法利益，给建设单位造成损失的，应当与承包单位承担连带赔偿责任。

4. 建筑安全生产管理

建筑工程安全生产管理必须坚持安全第一、预防为主、综合治理的安全生产方针，坚持人民至上、生命至上，建立健全安全生产的责任制度和群防群治制度。

(1)建设单位的安全生产管理建设单位应当向建筑施工企业提供与施工现场相关的地下管线资料，建筑施工企业应当采取措施加以保护。

有下列情形之一的，建设单位应当按照国家有关规定办理申请批准手续。

① 需要临时占用规划批准范围以外场地的。

② 可能损坏道路、管线、电力、邮电通信等公共设施的。

③ 需要临时停水、停电、中断道路交通的。

④ 需要进行爆破作业的。

⑤ 法律、法规规定需要办理报批手续的其他情形。

(2)建筑施工企业的安全生产管理

建筑施工企业必须依法加强对建筑安全生产的管理，执行安全生产责任制度，采取有效措施，防止伤亡和其他安全生产事故的发生。

① 施工现场安全管理。施工现场安全由建筑施工企业负责。实行施工总承包的，由总承包单位负责。分包单位向总承包单位负责，服从总承包单位对施工现场的安全生产管理。

② 安全生产教育培训。建筑施工企业应当建立健全劳动安全生产教育培训制度，加强对职工安全生产的教育培训；未经安全生产教育培训的人员，不得上岗作业。

③ 安全生产防护。建筑施工企业和作业人员在施工过程中，应当遵守有关安全生产的法律、法规和建筑行业安全规章、规程，不得违章指挥或者违章作业。作业人员有权对影响人身健康的作业程序和作业条件提出改进意见，有权获得安全生产所需的防护用品。作业人员对危及生命安全和人身健康的行为有权提出批评、检举和控告。

④ 工伤保险和意外伤害保险。建筑施工企业应当依法为职工参加工伤保险缴纳工伤保险费。鼓励企业为从事危险作业的职工办理意外伤害保险，支付保险费。

⑤ 装修工程施工安全。涉及建筑主体和承重结构变动的装修工程，建设单位应当在施工前委托原设计单位或者具有相应资质条件的设计单位提出设计方案；没有设计方案的，不得施工。

⑥ 房屋拆除安全。房屋拆除应当由具备保证安全条件的建筑施工单位承担，由建筑施工单位负责人对安全负责。

⑦ 施工安全事故处理。施工中发生事故时，建筑施工企业应当采取紧急措施减少人员伤亡和事故损失，并按照国家有关规定及时向有关部门报告。

5. 建筑工程质量管理

国家对从事建筑活动的单位推行质量体系认证制度。从事建筑活动的单位根据自愿原则可以向国务院产品质量监督管理部门或者国务院产品质量监督管理部门授权的部门认可的认证机构申请质量体系认证。经认证合格的，由认证机构颁发质量体系认证证书。

建筑工程实行总承包的，工程质量由工程总承包单位负责，总承包单位将建筑工程分包给其他单位的，应当对分包工程的质量与分包单位承担连带责任。分包单位应当接受总承包单位的质量管理。

① 建设单位的工程质量管理。建设单位不得以任何理由，要求建筑设计单位或者建筑施工企业在工程设计或者施工作业中，违反法律、行政法规和建筑工程质量、安全标准，降低工程质量。

② 勘察、设计单位的工程质量管理。建筑工程的勘察、设计单位必须对其勘察、设计的质量负责。勘察、设计文件应当符合有关法律、行政法规的规定和建筑工程质量、安全标准、建筑工程勘察、设计技术规范及合同的约定。设计文件选用的建筑材料、建筑构配件和设备，应当注明其规格、型号、性能等技术指标，其质量要求必须符合国家规定的标准。

建筑设计单位对设计文件选用的建筑材料、建筑构配件和设备，不得指定生产厂、供应商。

③ 施工单位的工程质量管理。建筑施工企业对工程的施工质量负责。建筑施工企业必须按照工程设计图纸和施工技术标准施工，不得偷工减料。工程设计的修改由原设计单位负责，建筑施工企业不得擅自修改工程设计。

建筑施工企业必须按照工程设计要求、施工技术标准和合同的约定，对建筑材料、建筑构配件和设备进行检验，不合格的不得使用。

建筑工程竣工时，屋顶、墙面不得留有渗漏、开裂等质量缺陷；对已发现的质量缺陷，建筑施工企业应当修复。

[问一问]

工程设计的修改程序是怎么规定的?

(二)《招标投标法》的主要内容

《招标投标法》围绕招标和投标活动的各个环节，明确了招标方式、招标投标程序及有关各方的职责和义务，主要包括招标、投标、开标、评标和中标等方面的内容。

任何单位和个人不得将依法必须进行招标的项目化整为零或者以其他任何方式规避招标。依法必须进行招标的项目，其招标投标活动不受地区或者部门的限制。任何单位和个人不得违法限制或者排斥本地区、本系统以外的法人或者其他组织参加投标，不得以任何方式非法干涉招标投标活动。国家鼓励利用信息网络进行电子招标投标。

1. 招标

(1)招标方式

招标分为公开招标和邀请招标两种方式。公开招标是指招标人以招标公告的方式邀请不特定的法人或者其他组织投标。邀请招标是指招标人以投标邀请书的方式邀请特定的法人或者其他组织投标。

① 招标人采用公开招标方式的，应当发布招标公告。依法必须进行招标的

项目，应当通过国家指定的报刊、信息网络或者其他媒介发布招标公告。

② 招标人采用邀请招标方式的，应当向3个以上具备承担招标项目的能力、资信良好的特定的法人或者其他组织发出投标邀请书。

招标公告或投标邀请书应当载明招标人的名称和地址、招标项目的性质、数量、实施地点和时间，以及获取招标文件的办法等事项。招标人不得以不合理的条件限制或者排斥潜在投标人，不得对潜在投标人实行歧视待遇。

[想一想]

招标有哪几种方式？

(2)招标文件

招标人应当根据招标项目的特点和需要编制招标文件。招标文件应当包括招标项目的技术要求、对投标人资格审查的标准、投标报价要求和评标标准等所有实质性要求和条件及拟签订合同的主要条款。招标项目需要划分标段、确定工期的，招标人应当合理划分标段、确定工期，并在招标文件中载明。

招标文件不得要求或者标明特定的生产供应者及含有倾向或者排斥潜在投标人的其他内容，招标人不得向他人透露已获取招标文件的潜在投标人的名称、数量及可能影响公平竞争的有关招标投标的其他情况。

招标人对已发出的招标文件进行必要的澄清或者修改的，应当在招标文件要求提交投标文件截止时间至少15日前，以书面形式通知所有招标文件收受人。该澄清或者修改的内容为招标文件的组成部分。

招标人根据项目的具体情况，可以组织潜在投标人踏勘项目现场。招标人设有标底的，标底必须保密。

(3)其他规定

招标人应当确定投标人编制投标文件所需要的合理时间。依法必须进行招标的项目，自招标文件开始发出之日起至投标人提交投标文件截止之日止，最短不得少于20日。

2. 投标

投标人应当具备承担招标项目的能力。国家有关规定对投标人资格条件或者招标文件对投标人资格条件有规定的，投标人应当具备规定的资格条件。

(1)投标文件

① 投标文件的内容。投标人应当按照招标文件的要求编制投标文件。投标文件应当对招标文件提出的实质性要求和条件作出响应。建设施工项目的投标文件应当包括拟派出的项目负责人与主要技术人员的简历、业绩和拟用于完成招标项目的机械设备等内容。

根据招标文件载明的项目实际情况，投标人拟在中标后将中标项目的部分非主体、非关键工程进行分包的，应当在投标文件中载明，投标人在招标文件要求提交投标文件的截止时间前，可以补充、修改或者撤回已提交的投标文件，并书面通知招标人。补充、修改的内容为投标文件的组成部分。

② 投标文件的送达。投标人应当在招标文件要求提交投标文件的截止时间前，将投标文件送达投标地点。招标人收到投标文件后，应当签收保存，不得开启。投标人少于3个的，招标人应当依照《招标投标法》重新招标。

在招标文件要求提交投标文件的截止时间后送达的投标文件，招标人应当拒收。

(2)联合体投标

两个以上法人或者其他组织可以组成一个联合体，以一个投标人的身份共同投标。联合体各方均应当具备承担招标项目的相应能力。国家有关规定或者招标文件对投标人资格条件有规定的，联合体各方均应当具备规定的相应资格条件。由同一专业的单位组成的联合体，按照资质等级较低的单位确定资质等级。

联合体各方应当签订共同投标协议，明确约定各方拟承担的工作和责任，并将共同投标协议连同投标文件一并提交给招标人。联合体中标的，联合体各方应当共同与招标人签订合同，就中标项目向招标人承担连带责任。

招标人不得强制投标人组成联合体共同投标，不得限制投标人之间的竞争。

(3)其他规定

[想一想]

我国对投标人有哪些禁止行为?

投标人不得相互串通投标报价，不得排挤其他投标人的公平竞争，损害招标人或者其他投标人的合法权益。投标人不得与招标人串通投标，损害国家利益、社会公共利益或者他人的合法权益。投标人不得以低于成本的报价竞标，也不得以他人名义投标或者以其他方式弄虚作假，骗取中标。禁止投标人以向招标人或者评标委员会成员行贿的手段谋取中标。

3. 开标、评标和中标

(1)开标

开标应当在招标人主持下，在招标文件确定的提交投标文件截止时间的同一时间公开进行。开标地点应当为招标文件中预先确定的地点。开标应邀请所有投标人参加。开标时，由投标人或者其推选的代表检查投标文件的密封情况，也可以由招标人委托的公证机构检查并公证。经确认无误后，由工作人员当众拆封，宣读投标人名称、投标价格和投标文件的其他主要内容。

招标人在招标文件要求提交投标文件的截止时间前收到的所有投标文件，开标时都应该当众予以拆封、宣读。

开标过程应当记录，并存档备查。

[问一问]

工程招投标应按怎样的程序开标?

(2)评标

评标由招标人依法组建的评标委员会负责。

① 评标委员会的组成。依法必须进行招标的项目，其评标委员会由招标人的代表和有关技术、经济等方面的专家组成，成员人数为5人以上单数，其中技术、经济等方面的专家不得少于成员总数的2/3。评标委员会的专家成员应当从事相关领域工作满8年并具有高级职称或者具有同等专业水平，由招标人从国务院有关部门或者省、自治区、直辖市人民政府有关部门提供的专家名册或者招标代理机构的专家库内相关专业的专家名单中以随机抽取的方式确定，特殊招标项目可以由招标人直接确定。评标委员会成员与投标人有利害关系的，应当主动回避。

② 投标文件的澄清或者说明。评标委员会可以要求投标人对投标文件中含义不明确的内容进行必要的澄清或者说明，但是澄清或者说明不得超出投标文件范围或者改变投标文件的实质性内容。

③ 评标保密与中标条件。招标人应当采取必要的措施，保证评标在严格保密的情况下进行。评标委员会应当按照招标文件确定的评标标准和方法，对投标文件进行评审和比较。设有标底的，应当参考标底。中标人的投标应当符合下列条件之一：a. 能够最大限度地满足招标文件中规定的各项综合评价标准；b. 能够满足招标文件的实质性要求，并且经评审的投标价格最低。但是投标价格低于成本的除外。

评标委员会经评审，认为所有投标都不符合招标文件要求的，可以否决所有投标。

评标委员会完成评标后，应当向招标人提出书面评标报告，并推荐合格的中标候选人。招标人根据评标委员会提出的书面评标报告和推荐的中标候选人确定中标人。招标人也可以授权评标委员会直接确定中标人。在确定中标人前，招标人不得与投标人就投标价格、投标方案等实质性内容进行谈判。

(3)中标

中标人确定后，招标人应当向中标人发出中标通知书，并同时将中标结果通知所有未中标的投标人。中标通知书对招标人和中标人具有法律效力，中标通知书发出后，招标人改变中标结果或者中标人放弃中标项目的，应当依法承担法律责任。

招标人和中标人应当自中标通知书发出之日起 30 日内，按照招标文件和中标人的投标文件订立书面合同。招标人和中标人不得再订立背离合同实质性内容的其他协议。

招标文件要求中标人提交履约保证金的，中标人应当提交。依法必须进行招标的项目，招标人应当自确定中标人之日起 15 日内，向有关行政监督部门提交招标投标情况的书面报告。

(三)《民法典(合同编)》的主要内容

［想一想］

投标人在什么情况下可以中标？

2020 年 5 月 28 日，第十三届全国人民代表大会第三次会议表决通过了新中国成立以来第一部以法典命名的、具有里程碑意义的法律——《中华人民共和国民法典》，并于 2021 年 1 月 1 日起正式实施。这部民法典对建设工程合同的起草、订立、效力、内容、变更、责任和义务划分等事项进行了详细规定。

《民法典(合同编)》中的合同是民事主体之间设立、变更、终止民事法律关系的协议。《民法典(合同编)》中的合同分为典型合同和准合同两个分篇。其中典型合同有 19 类，即买卖合同，供用电、水、气、热力合同，赠与合同，借款合同，保证合同，租赁合同，融资租赁合同，保理合同，承揽合同，建设工程合同，运输合同，技术合同，保管合同、仓储合同，委托合同，物业服务合同，行纪合同，中介合同，合伙合同。其中，建设工程合同包括工程勘察、设计、施工合同，建设工程监理合同、项目管理服务合同则属于委托合同。

通则部分见以下内容。

1. 合同的订立

合同订立的当事人应当具有相应的民事权利能力和民事行为能力。当事人依法可以委托代理人订立合同。

(1)合同形式

当事人订立合同,可以采取书面形式、口头形式或者其他形式。书面形式是指合同书、信件、电报、电传、传真等可以有形地表现所载内容的形式。建设工程合同、建设工程监理合同、项目管理服务合同应当采用书面形式。

(2)合同内容与示范文本

合同的内容由当事人约定,一般包括下列条款:①当事人的姓名或者名称和住所;②标的;③数量;④质量;⑤价款或者报酬;⑥履行期限、地点和方式;⑦违约责任;⑧解决争议的方法。当事人可以参照各类合同的示范文本订立合同。

(3)合同订立方式

当事人订立合同,可以采取要约、承诺方式或者其他方式。

要约是希望与他人订立合同的意思表示,该意思表示应当符合下列条件:①内容具体确定;②表明经受要约人承诺,要约人即受该意思表示约束。

有些合同在要约之前还会有要约邀请。要约邀请是希望他人向自己发出要约的表示。拍卖公告、招标公告、招股说明书、债券募集说明书、基金招募说明书、商业广告和宣传、寄送的价目表等为要约邀请。商业广告和宣传的内容符合要约条件的,构成要约。

① 要约生效时间。要约到达受要约人时生效。

② 要约撤回与撤销。要约可以撤回。撤回要约的通知应当在要约到达受要约人之前或者与要约同时到达受要约人。

要约可以撤销。撤销要约的通知应当在受要约人发出承诺通知之前到达受要约人。有下列情形之一的,要约不得撤销:

a. 要约人以确定承诺期限或者其他形式明示要约不可撤销;

b. 受要约人有理由认为要约是不可撤销的,并已经为履行合同作了合理准备工作。

③ 要约失效。有下列情形之一的,要约失效:

a. 要约被拒绝;

b. 要约被依法撤销;

c. 承诺期限届满,受要约人未作出承诺;

d. 受要约人对要约的内容作出实质性变更。

承诺是受要约人同意要约的意思表示。承诺应当以通知的方式作出,但是,根据交易习惯或者要约表明可以通过行为作出承诺的除外。

① 承诺期限。承诺应当在要约确定的期限内到达要约人。要约没有确定承诺期限的,承诺应当依照下列规定到达:

a. 要约以对话方式作出的,应当即时作出承诺;

b. 要约以非对话方式作出的，承诺应当在合理期限内到达。

要约以信件或者电报作出的，承诺期限自信件载明的日期或者电报交发之日开始计算。信件未载明日期的，自投寄该信件的邮戳日期开始计算。要约以电话、传真等快速通信方式作出的，承诺期限自要约到达受要约人时开始计算。

② 承诺生效时间。承诺通知到达要约人时生效。承诺不需要通知的，根据交易习惯或者要约的要求作出承诺的行为时生效。承诺生效时合同成立，但是法律另有约定的除外。

③ 承诺撤回。承诺可以撤回。撤回承诺的通知应当在承诺通知到达要约人之前或者与承诺通知同时到达要约人。

④ 迟延承诺。受要约人超过承诺期限发出承诺，或者在承诺期限内发出承诺，按照通常情形不能及时到达要约人的，为新要约；但是，要约人及时通知受要约人该承诺有效的除外。

⑤ 要约内容变更。承诺的内容应当与要约的内容一致。有关合同标的、数量、质量、价款或者报酬、履行期限、履行地点和方式、违约责任和解决争议方法等的变更，是对要约内容的实质性变更。受要约人对要约的内容作出实质性变更的，为新要约。

承诺对要约的内容作出非实质性变更的，除要约人及时表示反对或者要约表明承诺不得对要约的内容作出任何变更的外，该承诺有效。合同的内容以承诺的内容为准。

(4)合同成立

① 合同成立时间。承诺生效时合同成立。当事人采用合同书形式订立合同的，自当事人均签名、盖章或者按指印时合同成立。在签名、盖章或者按指印之前，当事人一方已经履行主要义务，对方接受时，该合同成立。当事人采用信件、数据电文等形式订立合同要求签订确认书的，签订确认书时合同成立。

② 合同成立的地点。承诺生效的地点为合同成立的地点。采用数据电文形式订立合同的，收件人的主营业地为合同成立的地点；没有主营业地的，其住所地为合同成立的地点。当事人另有约定的，按照其约定。当事人采用合同书形式订立合同的，双方当事人签字或者盖章的地点为合同成立的地点。

(5)预约合同

当事人约定在将来一定期限内订立合同的认购书、订购书、预订书等，构成预约合同。

(6)格式条款

格式条款是当事人为了重复使用而预先拟定，并在订立合同时未与对方协商的条款。

① 格式条款提供者的义务。采用格式条款订立合同的，提供格式条款的一方应当遵循公平原则确定当事人之间的权利和义务，并采取合理的方式提请对方注意免除或者限制其责任的条款，按照对方的要求，对该条款予以说明。

② 格式条款无效。提供格式条款一方不合理的或者减轻其责任、加重对方责任、限制、排除对方主要权利的。

③ 格式条款的解释。对格式条款的理解发生争议的，应当按照通常理解予以解释。对格式条款有两种以上解释的，应当作出不利于提供格式条款一方的解释。格式条款和非格式条款不一致的，应当采用非格式条款。

(7)缔约过失责任

当事人在订立合同过程中有下列情形之一，给对方造成损失的，应当承担损害赔偿责任：①假借订立合同，恶意进行磋商；②故意隐瞒与订立合同有关的重要事实或者提供虚假情况；③有其他违背诚实信用原则的行为。

当事人在订立合同过程中知悉的商业秘密，无论合同是否成立，不得泄露或者不正当地使用。泄露或者不正当地使用该商业秘密给对方造成损失的，应当承担损害赔偿责任。

2. 合同的效力

(1)合同生效。依法成立的合同，自成立时生效。依照法律另有规定或者当事人另有约定的除外。

(2)被代理人对无权代理合同的追认。无权代理人以被代理人的名义订立合同，被代理人已经开始履行合同义务或者接受相对人履行的，视为对合同的追认。

(3)越权订立的合同。法人的法定代表人或者非法人组织的负责人超越权限订立的合同，除相对人知道或者应当知道其超越权限的以外，该代表行为有效，订立的合同对法人或者非法人组织发生效力。

(4)超越经营范围订立的合同。当事人超越经营范围订立的合同应按有关规定确定，不得仅以超越经营范围确认合同无效。

3. 合同的履行

合同履行当事人应当按照约定全面履行自己的义务。当事人应当遵循诚实信用原则，根据合同的性质、目的和交易习惯履行通知、协助、保密等义务。

(1)合同履行的一般规则

合同生效后，当事人就质量、价款或者报酬、履行地点等内容没有约定或者约定不明确的，可以协议补充；不能达成补充协议的，按照合同相关条款或者交易习惯确定。当事人就有关合同内容约定不明确，依照上述规定仍不能确定的，适用下列规定。

① 质量要求不明确的，按照强制性国家标准履行；没有强制性国家标准的，按照推荐性国家标准履行；没有推荐性国家标准的，按照行业标准履行；没有国家标准、行业标准的，按照通常标准或者符合合同目的的特定标准履行。

② 价款或者报酬不明确的，按照订立合同时履行地的市场价格履行；依法应当执行政府定价或者政府指导价的，依照规定履行。

③ 履行地点不明确，给付货币的，在接受货币一方所在地履行；交付不动产的，在不动产所在地履行；其他标的，在履行义务一方所在地履行。

④ 履行期限不明确的，债务人可以随时履行，债权人也可以随时请求履行，但是应当为对方提供必要的准备时间。

⑤ 履行方式不明确的，按照有利于实现合同目的的方式履行。

⑥ 履行费用的负担不明确的，由履行义务一方负担；因债权人原因增加的履行费用，由债权人负担。

⑦ 电子合同的履行。通过互联网等信息网络订立的电子合同的标的为交付商品并采用快递物流方式交付的，收货人的签收时间为交付时间。电子合同的标的为提供服务的，生成的电子凭证或者实物凭证中载明的时间为提供服务时间。电子合同的标的物为采用在线传输方式交付的，合同标的物进入对方当事人指定的特定系统且能够检索识别的时间为交付时间。

(2)合同履行的特殊规则

① 价格调整。执行政府定价或者政府指导价的，在合同约定的交付期限内政府价格调整时，按照交付时的价格计价。逾期交付标的物的，遇价格上涨时，按照原价格执行；价格下降时，按照新价格执行。逾期提取标的物或者逾期付款的，遇价格上涨时，按照新价格执行；价格下降时，按照原价格执行。

② 代为履行。当事人约定由债务人向第三人履行债务的，债务人未向第三人履行债务或者履行债务不符合约定，应当向债权人承担违约责任。当事人约定由第三人向债权人履行债务，第三人不履行债务或者履行债务不符合约定的，债务人应当向债权人承担违约责任。

当事人互负债务，没有先后履行顺序的，应当同时履行。一方在对方履行之前有权拒绝其履行请求。一方在对方履行债务不符合约定时，有权拒绝其相应的履行要求。

当事人互负债务，有先后履行顺序，应当先履行债务一方未履行的，后履行一方有权拒绝其履行请求。先履行一方履行债务不符合约定的，后履行一方有权拒绝其相应的履行请求。

应当先履行债务的当事人，有确切证据证明对方有下列情形之一的，可以中止履行。

① 经营状况严重恶化。

② 转移财产、抽逃资金，以逃避债务。

③ 丧失商业信誉。

④ 有丧失或者可能丧失履行债务能力的其他情形。

当事人没有确切证据中止履行的，应当承担违约责任。

当事人依照上述规定中止履行的，应当及时通知对方。对方提供适当担保的，应当恢复履行。中止履行后，对方在合理期限内未恢复履行能力并且未提供适当担保的，视为以自己的行为表明不履行主要债务，中止履行的一方可以解除合同并可以请求对方承担违约责任。

4. 合同的保全

(1)代位权。因债务人怠于行使其债权或者与该债权有关的从权利，影响债权人的到期债权实现的，债权人可以向人民法院请求以自己的名义代位行使债务人对相对人的权利，但是该权利专属于债务人自身的除外。代位权的行使范围以债权人的到期债权为限。债权人行使代位权的必要费用由债务人负担。

(2)撤销权。债务人以放弃其债权、放弃债权担保、无偿转让财产等方式，无偿处分财产权益，或者恶意延长其到期债权的履行期限，影响债权人的债权实现的，债权人可以请求人民法院撤销债务人的行为。债务人以明显不合理的低价转让财产、以明显不合理的高价受让他人财产或者为他人的债务提供担保，影响债权人的债权实现，债务人的相对人知道或者应当知道该情形的，债权人可以请求人民法院撤销债务人的行为。撤销权的行使范围以债权人的债权为限。债权人行使撤销权的必要费用由债务人负担。撤销权自债权人知道或者应当知道撤销事由之日起一年内行使。自债务人的行为发生之日起5年内没有行使撤销权的，该撤销权消灭。

5. 合同的变更和转让

(1)合同变更。当事人协商一致，可以变更合同。当事人对合同变更的内容约定不明确的，推定为未变更。

(2)债权转让。债权人可以将债权的全部或者部分转让给第三人，但有下列情形之一的除外：①根据债权性质不得转让；②按照当事人约定不得转让；③依照法律规定不得转让。

债权人转让权利的，应当通知债务人。未经通知，该转让对债务人不发生效力。债权人转让权利的通知不得撤销，但是经受让人同意的除外。

债权人转让债权的，受让人取得与债权有关的从权利，但是该从权利专属于债权人自身的除外。债务人接到债权转让通知后，债务人对让与人的抗辩，可以向受让人主张。

(3)债权转让时债务人抵销权。债务人接到债权转让通知时，债务人对让与人享有债权，并且债务人的债权先于转让的债权到期或者同时到期的，债务人可以向受让人主张抵销。

债务人将债务的全部或者部分转移给第三人的，应当经债权人同意。

债务人转移债务的，新债务人可以主张原债务人对债权人的抗辩；原债务人对债权人享有债权的，新债务人不得向债权人主张抵销。

债务人转移债务的，新债务人应当承担与主债务有关的从债务，但是该从债务专属于原债务人自身的除外。

当事人一方经对方同意，可以将自己在合同中的权利和义务一并转让给第三人。

6. 合同的权利义务终止

(1)合同终止的条件。债权债务终止的情形包括：债务已经履行；债务相互抵销；债务人依法将标的物提存；债权人免除债务；债权债务同归于一人；法律规定或者当事人约定终止的其他情形。

债权债务终止后，当事人应当遵循诚实信用等原则，根据交易习惯履行通知、协助、保密、旧物回收等义务。

(2)合同解除。当事人协商一致,可以解除合同。当事人可以约定一方解除合同的事由。解除合同的事由发生时,解除权人可以解除合同。

有下列情形之一的,当事人可以解除合同:因不可抗力致使不能实现合同目的;在履行期限届满前,当事人一方明确表示或者以自己的行为表明不履行主要债务;当事人一方迟延履行主要债务,经催告后在合理期限内仍未履行;当事人一方迟延履行债务或者有其他违约行为致使不能实现合同目的;法律规定的其他情形。

法律规定或者当事人约定解除权行使期限,期限届满当事人不行使的,该权利消灭。当事人一方依法主张解除合同的,应当通知对方。合同自通知到达对方时解除。通知载明债务人在一定期限内不履行债务则合同自动解除,债务人在该期限内未履行债务的,合同自通知载明的期限届满时解除。对方对解除合同有异议的,任何一方当事人均可以请求人民法院或者仲裁机构确认解除行为的效力。

(3)合同债务抵销。当事人互负债务,该债务的标的物种类、品质相同的,任何一方可以将自己的债务与对方的债务抵销;但是,根据债务性质、按照当事人的约定或者依照法律规定不得抵销的除外。当事人互负债务,标的物种类、品质不相同的,经双方协商一致,也可以抵销。

(4)标的物提存。有下列情形之一,难以履行债务的,债务人可以将标的物提存:债权人无正当理由拒绝受领;债权人下落不明;债权人死亡未确定继承人、遗产管理人,或者丧失民事行为能力未确定监护人;法律规定的其他情形。标的物不适于提存或者提存费用过高的,债务人依法可以拍卖或者变卖标的物,提存所得的价款。

标的物提存后,债务人应当及时通知债权人或者债权人的继承人、遗产管理人、监护人、财产代管人。

债权人可以随时领取提存物,但是,债权人对债务人负有到期债务的,在债权人未履行债务或者提供担保之前,提存部门根据债务人的要求应当拒绝其领取提存物。债权人领取提存物的权利,自提存之日起5年内不行使而消灭,提存物扣除提存费用后归国家所有。

7. 违约责任

当事人一方不履行合同义务或者履行合同义务不符合约定的,应当承担继续履行、采取补救措施或者赔偿损失等违约责任。

(1)继续履行。当事人一方未支付价款、报酬、租金、利息,或者不履行其他金钱债务的,对方可以请求其支付。当事人一方不履行非金钱债务或者履行非金钱债务不符合约定的,对方可以请求履行,但有下列情形之一的除外:法律上或者事实上不能履行;债务的标的不适于强制履行或者履行费用过高;债权人在合理期限内未请求履行。

(2)采取补救措施。履行不符合约定的,应当按照当事人的约定承担违约责任。对违约责任没有约定或者约定不明确，依照《民法典(合同编)》相关规定仍不能确定的，受损害方根据标的的性质及损失的大小，可以合理选择要求对方承担修理、重作、更换、退货、减少价款或者报酬等违约责任。

(3)赔偿损失。当事人一方不履行合同义务或者履行合同义务不符合约定的，在履行义务或者采取补救措施后，对方还有其他损失的，应当赔偿损失。损失赔偿额应当相当于因违约造成的损失，包括合同履行后可以获得的利益，但是，不得超过违约一方订立合同时预见到或者应当预见到的因违约可能造成的损失。

(4)支付违约金。当事人可以约定一方违约时应当根据违约情况向对方支付一定数额的违约金，也可以约定因违约产生的损失赔偿额的计算方法。约定的违约金低于造成的损失的，人民法院或者仲裁机构可以根据当事人的请求予以增加；约定的违约金过分高于造成的损失的，人民法院或者仲裁机构可以根据当事人的请求予以适当减少。

当事人就迟延履行约定违约金的，违约方支付违约金后，还应当履行债务。

(5)给付定金。当事人可以约定一方向对方给付定金作为债权的担保。定金合同自实际交付定金时成立。债务人履行债务的，定金应当抵作价款或者收回。给付定金的一方不履行债务或者履行债务不符合约定，致使不能实现合同目的的，无权请求返还定金；收受定金的一方不履行债务或者履行债务不符合约定，致使不能实现合同目的的，应当双倍返还定金。

当事人既约定违约金，又约定定金的，一方违约时，对方可以选择适用违约金或者定金条款。

(6)合同争议解决。当事人可以通过和解或者调解解决合同争议。当事人不愿意和解、调解或者和解、调解不成的，可以根据仲裁协议向仲裁机构申请仲裁。涉外合同的当事人可以根据仲裁协议向我国仲裁机构或者其他仲裁机构申请仲裁。当事人没有订立仲裁协议或者仲裁协议无效的，可以向人民法院起诉。当事人应当履行发生法律效力的判决、仲裁裁决、调解书；拒不履行的，对方可以请求人民法院执行。

(四)建设工程合同的有关规定

建设工程合同是承包人进行工程建设，发包人支付价款的合同。建设工程合同包括工程勘察、设计、施工合同。建设工程合同应当采用书面形式。

1. 建设工程的招投标

建设工程的招标投标活动，应当依照有关法律的规定公开、公平、公正进行。

发包人可以与总承包人订立建设工程合同，也可以分别与勘察人、设计人、施工人订立勘察、设计、施工承包合同。发包人不得将应当由一个承包人完成的建设工程肢解成若干部分发包给数个承包人。

总承包人或者勘察、设计、施工承包人经发包人同意，可以将自己承包的部分工作交由第三人完成。第三人就其完成的工作成果与总承包人或者勘察、设计、施工承包人向发包人承担连带责任。承包人不得将其承包的全部建设工程转包给第三人，或者将其承包的全部建设工程肢解以后以分包的名义分别转包给第三人。禁止承包人将工程分包给不具备相应资质条件的单位。禁止分包单位将其承包的工程再分包。建设工程主体结构的施工必须由承包人自行完成。

国家重大建设工程合同，应当按照国家规定的程序和国家批准的投资计划、可行性研究报告等文件订立。

建设工程施工合同无效，但是建设工程经验收合格的，可以参照合同关于工程价款的约定折价补偿承包人。建设工程施工合同无效，并且建设工程经验收不合格的，按照以下情形处理：修复后的建设工程经验收合格的，发包人可以请求承包人承担修复费用；修复后的建设工程经验收不合格的，承包人无权请求参照合同关于工程价款的约定折价补偿。

发包人对因建设工程不合格造成的损失有过错的，应当承担相应的责任。

2. 建设工程合同的主要内容

勘察、设计合同的内容一般包括提交有关基础资料和概预算等文件的期限、质量要求、费用及其他协作条件等条款。施工合同的内容一般包括工程范围、建设工期、中间交工工程的开工和竣工时间、工程质量、工程造价、技术资料交付时间、材料和设备供应责任、拨款和结算、竣工验收、质量保修范围和质量保证期、相互协作等条款。

3. 建设工程监理

建设工程实行监理的，发包人应当与监理人采用书面形式订立委托监理合同。发包人与监理人的权利和义务及法律责任，应当依照委托合同及其他有关法律、行政法规的规定。

4. 建设工程合同的履行

(1)发包人的检查权。发包人在不妨碍承包人正常作业的情况下，可以随时对作业进度、质量进行检查。

(2)隐蔽工程。隐蔽工程在隐蔽以前，承包人应当通知发包人检查。发包人没有及时检查的，承包人可以顺延工程日期，并有权请求赔偿停工、窝工等损失。

(3)建设工程的竣工验收。建设工程竣工后，发包人应当根据施工图纸及说明书、国家颁发的施工验收规范和质量检验标准及时进行验收。验收合格的，发包人应当按照约定支付价款，并接收该建设工程。

建设工程竣工经验收合格后，方可交付使用；未经验收或者验收不合格的，不得交付使用。

(4)勘察人、设计人对勘察、设计的责任。勘察、设计的质量不符合要求或者未按照期限提交勘察、设计文件拖延工期，造成发包人损失的，勘察人、设计人应当继续完善勘察、设计，减收或者免收勘察、设计费并赔偿损失。

(5)施工人对建设工程质量承担的民事责任。因施工人的原因致使建设工程质量不符合约定的，发包人有权请求施工人在合理期限内无偿修理或者返工、改建。经过修理或者返工、改建后，造成逾期交付的，施工人应当承担违约责任。

(6)合理使用期限内质量保证责任。因承包人的原因致使建设工程在合理使用期限内造成人身损害和财产损失的，承包人应当承担赔偿责任。

(7)发包人未按约定的时间和要求提供相关物资的违约责任。发包人未按照约定的时间和要求提供原材料、设备、场地、资金、技术资料的，承包人可以顺延工程日期，并有权请求赔偿停工、窝工等损失。

因发包人的原因致使工程中途停建、缓建的，发包人应当采取措施弥补或者减少损失，赔偿承包人因此造成的停工、窝工、倒运、机械设备调迁、材料和构件积压等损失和实际费用。

因发包人变更计划，提供的资料不准确，或者未按照期限提供必需的勘察、设计工作条件而造成勘察、设计的返工、停工或者修改设计，发包人应当按照勘察人、设计人实际消耗的工作量增付费用。

(8)合同解除及后果处理的规定。承包人将建设工程转包、违法分包的，发包人可以解除合同。发包人提供的主要建筑材料、建筑构配件和设备不符合强制性标准或者不履行协助义务，致使承包人无法施工，经催告后在合理期限内仍未履行相应义务的，承包人可以解除合同。

合同解除后，已经完成的建设工程质量合格的，发包人应当按照约定支付相应的工程价款；已经完成的建设工程质量不合格的，参照相关规定处理。

(9)发包人未支付工程价款的责任。发包人未按照约定支付价款的，承包人可以催告发包人在合理期限内支付价款。发包人逾期不支付的，除根据建设工程的性质不宜折价、拍卖外，承包人可以与发包人协议将该工程折价，也可以请求人民法院将该工程依法拍卖。建设工程的价款就该工程折价或者拍卖的价款优先受偿。

[想一想]

承包人和发包人都有哪些权利和义务?

(五)委托合同的有关规定

委托合同是委托人和受托人约定，由受托人处理委托事务的合同。委托人可以特别委托受托人处理一项或者数项事务，也可以概括委托受托人处理一切事务。

(1)委托人的主要权利和义务

① 委托人应当预付处理委托事务的费用。受托人为处理委托事务垫付的必要费用，委托人应当偿还该费用及其利息。

② 有偿的委托合同，因受托人的过错给委托人造成损失的，委托人可以要求赔偿损失。无偿的委托合同，因受托人的故意或者重大过失给委托人造成损失的，委托人可以要求赔偿损失。受托人超越权限给委托人造成损失的，应当赔偿损失。

③ 受托人完成委托事务的，委托人应当向其支付报酬。因不可归责于受托人的事由，委托合同解除或者委托事务不能完成的，委托人应当向受托人支付相应的报酬。当事人另有约定的，按照其约定。

(2)受托人的主要权利和义务

① 受托人应当按照委托人的指示处理委托事务。需要变更委托人指示的，应当经委托人同意；因情况紧急，难以和委托人取得联系的，受托人应当妥善处

理委托事务，但事后应当将该情况及时报告委托人。

② 受托人应当亲自处理委托事务。经委托人同意，受托人可以转委托。转委托经同意的，委托人可以就委托事务直接指示转委托的第三人，受托人仅就第三人的选任及其对第三人的指示承担责任。转委托未经同意的，受托人应当对转委托的第三人的行为承担责任，但在紧急情况下受托人为维护委托人的利益需要转委托的除外。

③ 受托人应当按照委托人的要求，报告委托事务的处理情况。委托合同终止时，受托人应当报告委托事务的结果。

④ 受托人处理委托事务时，因不可归责于自己的事由受到损失的，可以向委托人要求赔偿损失。

⑤ 2 个以上的受托人共同处理委托事务的，对委托人承担连带责任。

[想一想]

委托人与受托人都有哪些权利和义务?

(六)《安全生产法》的主要内容

新修订的《安全生产法》已于 2021 年 9 月 1 日正式实施。修订实施的目的是贯彻新的发展理念，加强安全生产工作，减少和防止生产安全事故，保障人民群众生命和财产安全。

1.《安全生产法》的主要特点

(1)以人为本，坚持安全发展。安全生产工作坚持中国共产党的领导。安全生产工作应当以人为本，将坚持安全发展写入总则。

(2)建立完善的安全生产工作方针和工作机制。将安全生产工作方针完善为“安全第一、预防为主、综合治理”的方针，从源头上防范或化解重大安全风险。安全生产工作实行管行业必须管安全、管业务必须管安全、管生产经营必须管安全，强化和落实生产经营单位主体责任与政府监管责任，建立生产经营单位负责、职工参与、政府监管、行业自律和社会监督的机制。

(3)强化乡镇人民政府及街道办事处、开发区管理机构安全生产职责。

(4)明确生产经营单位安全生产管理机构、人员的设置、配备标准和工作职责。一是明确矿山、金属冶炼、建筑施工、道路运输单位和危险物品的生产、经营、储存单位，应当设置安全生产管理机构或者配备专职安全生产管理人员。二是规定安全生产管理机构及管理人员的七项职责，主要包括拟定本单位安全生产规章制度、操作规程、应急救援预案，组织宣传贯彻安全生产法律、法规；组织安全生产教育和培训，制止和纠正违章指挥、强令冒险作业、违反操作规程的行为，督促落实本单位安全生产整改措施等。三是明确生产经营单位作出涉及安全生产的经营决策，应当听取安全生产管理机构及安全生产管理人员的意见。

(5)明确劳务派遣单位和用工单位的职责、劳动者的权利和义务。

(6)建立事故隐患排查治理制度。把加强事前预防、强化隐患排查治理作为一项重要内容：一是生产经营单位必须建立事故隐患排查治理制度，采取技术、管理措施消除事故隐患；二是政府有关部门要建立健全重大事故隐患治理督办制度，督促生产经营单位消除重大事故隐患；三是对未建立隐患排查治理制度、未采取有效措施消除事故隐患的行为，设定了严格的行政处罚。

(7)推进安全生产标准化建设。在总则部分明确生产经营单位应当推进安全生产标准化工作,提高本质安全生产水平。

(8)推行注册安全工程师制度。

(9)推进安全生产责任保险。

2.《安全生产法》的主要内容

《安全生产法》强调建立生产经营单位负责、职工参与、政府监督、行业自律和社会监督的安全生产管理机制,主要包括生产经营单位的安全生产保障、从业人员的安全生产权利义务、安全生产的监督管理、生产安全事故的应急救援与调查处理等方面的内容。

(1)生产经营单位的安全生产保障

生产经营单位应当具备相关法律、行政法规和国家标准或者行业标准规定的安全生产条件;不具备安全生产条件的,不得从事生产经营活动。

① 生产经营单位的主要负责人对本单位安全生产工作的职责:a. 建立、健全并落实本单位全员安全生产责任制;b. 组织制定并实施本单位安全生产规章制度和操作规程;c. 组织制定并实施本单位安全生产教育和培训计划;d. 保证本单位安全生产投入的有效实施;e. 组织建立并落实安全风险分级管控和隐患排查治理双重预防工作机制,督促、检查本单位的安全生产工作,及时消除生产安全事故隐患;f. 组织制定并实施本单位的生产安全事故应急救援预案;g. 及时、如实报告生产安全事故。

② 生产经营单位的安全生产管理机构及安全生产管理人员的职责:a. 组织或者参与拟订本单位安全生产规章制度、操作规程和生产安全事故应急救援预案;b. 组织或者参与本单位安全生产教育和培训,如实记录安全生产教育和培训情况;c. 组织开展危险源辨别和评估,督促落实本单位重大危险源的安全管理措施;d. 组织或者参与本单位应急救援演练;e. 检查本单位的安全生产状况,及时排查生产安全事故隐患,提出改进安全生产管理的建议;f. 制止和纠正违章指挥、强令冒险作业、违反操作规程的行为;⑦督促落实本单位安全生产整改措施。

(2)从业人员的安全生产权利和义务

① 生产经营单位的从业人员有权了解其作业场所和工作岗位存在的危险因素、防范措施及事故应急措施,有权对本单位的安全生产工作提出建议。

② 从业人员有权对本单位安全生产工作中存在的问题提出批评、检举、控告;有权拒绝违章指挥和强令冒险作业。

③ 从业人员发现直接危及人身安全的紧急情况时,有权停止作业或者在采取可能的应急措施后撤离作业场所。

④ 因生产安全事故受到损害的从业人员,除依法享有工伤保险外,依照有关民事法律尚有获得赔偿的权利的,有权提出赔偿要求。

⑤ 从业人员在作业过程中,应当严格遵守本单位的安全生产规章制度和操作规程,服从管理,正确佩戴和使用劳动防护用品。

⑥ 从业人员应当接受安全生产教育和培训,掌握本职工作所需的安全生产

知识，提高安全生产技能，增强事故预防和应急处理能力。

⑦ 从业人员发现事故隐患或者其他不安全因素，应当立即向现场安全生产管理人员或者本单位负责人报告；接到报告的人员应当及时予以处理。

(3)安全生产的监督管理

应急管理部门应当按照分类分级监督管理的要求，制订安全生产年度监督检查计划，并按照年度监督检查计划进行监督检查，发现事故隐患，应当及时处理。

(4)生产安全事故的应急救援与调查处理

① 应急救援。生产经营单位应当制定本单位生产安全事故应急救援预案，与所在地县级以上地方人民政府组织制定的生产安全事故应急救援预案相衔接，并定期组织演练。

危险物品的生产、经营、储存单位及矿山、金属冶炼、城市轨道交通运营、建筑施工单位应当建立应急救援组织；生产经营规模较小的，可以不建立应急救援组织，但应当指定兼职的应急救援人员。应当配备救援器材、设备和物资，并进行经常性维护、保养，保证正常运转。

② 事故报告与调查处理。生产经营单位发生生产安全事故后，事故现场有关人员应当立即报告本单位负责人。单位负责人接到事故报告后，应当迅速采取有效措施，组织抢救，防止事故扩大，减少人员伤亡和财产损失，并按照国家有关规定立即如实报告当地负有安全生产监督管理职责的部门，不得隐瞒不报、谎报或者迟报，不得故意破坏事故现场、毁灭有关证据。

事故调查处理应当按照科学严谨、依法依规、实事求是、注重实效的原则，及时、准确地查清事故原因，查明事故性质和责任，评估应急处理工作总结事故教训，提出整改措施，并对事故责任单位和人员提出处理建议。事故调查报告应当依法并及时向社会公布。

[想一想]

《安全生产法》有哪些特点？

事故发生单位应当及时全面落实整改措施，负有安全生产监督管理职责的部门应当加强监督检查。

二、建设工程监理相关行政法规

建设工程行政法规是指由国务院根据宪法和法律制定的规范工程建设活动的法律规范，以国务院令形式予以公布。与建设工程监理密切相关的行政法规有《建设工程质量管理条例》《建筑工程安全生产管理条例》《生产安全事故报告和调查处理条例》《招标投标法实施条例》等。

(一)《建设工程质量管理条例》的相关内容

为了加强对建设工程质量的管理，保证建设工程质量，《建设工程质量管理条例》明确了建设单位、勘察单位、设计单位、施工单位、工程监理单位的质量责任和义务，以及建设工程质量保修期限等。

1. 建设单位的质量责任和义务

(1)工程发包

建设单位应当将工程发包给具有相应资质等级的单位。建设单位不得将建设工程肢解发包。

建设单位应当依法对工程建设项目的勘察、设计、施工、监理,以及与工程建设有关的重要设备、材料等的采购进行招标。建设工程发包单位不得迫使承包方以低于成本的价格竞标,不得任意压缩合理工期。建设单位不得明示或者暗示设计单位或者施工单位违反工程建设强制性标准,降低建设工程质量。

建设单位必须向有关的勘察、设计、施工、工程监理等单位提供与建设工程有关的原始资料。原始资料必须真实、准确、齐全。

(2)施工图设计文件审查

施工图设计文件未经审查批准的,不得使用。

(3)委托工程监理

实行监理的建设工程,建设单位应当委托具有相应资质等级的工程监理单位进行监理,也可以委托具有工程监理相应资质等级并与被监理工程的施工承包单位没有隶属关系或者其他利害关系的该工程的设计单位进行监理。

(4)工程施工阶段责任和义务

① 建设单位在开工前,应当按照国家有关规定办理工程质量监督手续,工程质量监督手续可以与施工许可证或者开工报告合并办理。

② 按照合同约定,由建设单位采购建筑材料、建筑构配件和设备的,建设单位应当保证建筑材料、建筑构配件和设备符合设计文件及合同要求。建设单位不得明示或者暗示施工单位使用不合格的建筑材料、建筑构配件和设备。

③ 涉及建筑主体和承重结构变动的装修工程,建设单位应当在施工前委托原设计单位或者具有相应资质等级的设计单位提出设计方案;没有设计方案的,不得施工。

(5)组织工程竣工验收

建设单位收到建设工程竣工报告后,应当组织设计、施工、工程监理等有关单位进行竣工验收。

建设工程竣工验收应当具备下列条件:

① 完成建设工程设计和合同约定的各项内容。

② 有完整的技术档案和施工管理资料。

③ 有工程使用的主要建筑材料、建筑构配件和设备的进场试验报告。

④ 有勘察、设计、施工、工程监理等单位分别签署的质量合格文件。

⑤ 有施工单位签署的工程保修书。

建设单位应当严格按照国家有关档案管理的规定,及时收集、整理建设项目各环节的文件资料,建立、健全建设项目档案,并在建设工程竣工验收后,及时向建设行政主管部门或者其他有关部门移交建设项目档案。

2. 勘察、设计单位的质量责任和义务

(1)工程承揽。从事建设工程勘察、设计的单位应当依法取得相应等级的资质证书,并在其资质等级许可的范围内承揽工程。禁止勘察、设计单位超越其资质等级许可的范围或者以其他勘察、设计单位的名义承揽工程。禁止勘察、设计单位允许其他单位或者个人以本单位的名义承揽工程。

(2)勘察设计过程中的质量责任和义务。勘察、设计单位必须按照工程建设强制性标准进行勘察、设计,并对其勘察、设计的质量负责。勘察单位提供的地质、测量、水文等勘察成果必须真实、准确。设计单位应当根据勘察成果文件进行建设工程设计。设计文件应当符合国家规定的设计深度要求,注明工程合理使用年限。注册建筑师、注册结构师等注册执业人员应当在设计文件上签字,对设计文件负责。设计单位应当就审查合格的施工图设计文件向施工单位作出详细说明。

设计单位应当参与建设工程质量事故分析,并对因设计造成的质量事故,提出相应的技术处理方案。

3. 施工单位的质量责任和义务

(1)工程承揽。施工单位应当依法取得相应等级的资质证书,并在其资质等级许可的范围内承揽工程。禁止施工单位超越本单位资质等级许可的业务范围或者以其他施工单位的名义承揽工程。禁止施工单位允许其他单位或者个人以本单位的名义承揽工程。施工单位不得转包或者违法分包工程。

(2)工程施工质量责任和义务。施工单位对建设工程的施工质量负责。施工单位应当建立质量责任制,确定工程项目的项目经理、技术负责人和施工管理负责人。施工单位应当建立、健全教育培训制度,加强对职工的教育培训;未经教育培训或者考核不合格的人员,不得上岗作业。

建设工程实行总承包的,总承包单位应当对全部建设工程质量负责;建设工程勘察、设计、施工、设备采购的一项或者多项实行总承包的,总承包单位应当对其承包的建设工程或者采购的设备的质量负责。

总承包单位依法将建设工程分包给其他单位的,分包单位应当按照分包合同的约定对其分包工程的质量向总承包单位负责,总承包单位与分包单位对分包工程的质量承担连带责任。

施工单位必须按照工程设计图纸和施工技术标准施工,不得擅自修改工程设计,不得偷工减料。施工单位在施工过程中发现设计文件和图纸有差错的,应当及时提出意见和建议。

(3)质量检验。施工单位必须按照工程设计要求、施工技术标准和合同约定,对建筑材料、建筑构配件、设备和商品混凝土进行检验,检验应当有书面记录和专人签字;未经检验或者检验不合格的,不得使用。

施工人员对涉及结构安全的试块、试件及有关材料,应当在建设单位或者工程监理单位监督下现场取样,并送给具有相应资质等级的质量检测单位进行检测。

施工单位必须建立、健全施工质量的检验制度,严格工序管理,做好隐蔽工程的质量检查和记录。隐蔽工程在隐蔽前,施工单位应当通知建设单位和建设工程质量监督机构。施工单位对施工中出现质量问题的建设工程或者竣工验收不合格的建设工程,应当负责返修。

4. 工程监理单位的质量责任和义务

(1)建设工程监理业务承揽。工程监理单位应当依法取得相应等级的资质证书,并在其资质等级许可的范围内承担工程监理业务。禁止工程监理单位超越本单位资质等级许可的范围或者以其他工程监理单位的名义承担工程监理业务。禁止工程监理单位允许其他单位或者个人以本单位的名义承担工程监理业务。工程监理单位不得转让工程监理业务。

工程监理单位与被监理工程的施工承包单位及建筑材料、建筑构配件和设备供应单位有隶属关系或者其他利害关系的,不得承担该项建设工程的监理业务。

(2)建设工程监理实施。工程监理单位应当依照法律、法规及有关技术标准、设计文件和建设工程承包合同,代表建设单位对施工质量实施监理,并对施工质量承担监理责任。

工程监理单位应当选派具备相应资格的总监理工程师和监理工程师进驻施工现场。

未经监理工程师签字,建筑材料、建筑构配件和设备不得在工程上使用或者安装,施工单位不得进行下一道工序的施工。未经总监理工程师签字,建设单位不拨付工程款,不进行竣工验收。

监理工程师应当按照工程监理规范的要求,采取旁站、巡视和平行检验等形式,对建设工程实施监理。

5. 建设工程质量保修

(1)建设工程质量保修制度

建设工程实行质量保修制度。建设工程承包单位在向建设单位提交工程竣工验收报告时,应当向建设单位出具质量保修书。质量保修书中应当明确建设工程的保修范围、保修期限和保修责任等。建设工程的保修期,自竣工验收合格之日起计算。

建设工程在保修范围和保修期限内发生质量问题的,施工单位应当履行保修义务,并对造成的损失承担赔偿责任。建设工程在超过合理使用年限后需要继续使用的,产权所有人应当委托具有相应资质等级的勘察、设计单位鉴定,并根据鉴定结果采取加固、维修等措施,重新界定使用期。

[说一说]

建设工程质量最低保修期是如何规定的?

(2)建设工程最低保修期

在正常使用条件下,建设工程的最低保修期限如下。

① 基础设施工程、房屋建筑的地基基础工程和主体结构工程,为设计文件规定的该工程的合理使用年限。

② 屋面防水工程、有防水要求的卫生间、房间和外墙面的防渗漏,为5年。

③ 供热与供冷系统,为2个采暖期、供冷期。

④ 电气管线、给排水管道、设备安装和装修工程,为2年。

其他项目的保修期限由发包方与承包方约定。

6. 工程竣工验收备案和质量事故报告

(1)建设单位应当自建设工程竣工验收合格之日起15日内,将建设工程竣工验收报告和规划、公安消防、环保等部门出具的认可文件或者准许使用文件报建设行政主管部门或者其他有关部门备案。

(2)工程质量事故报告。建设工程发生质量事故,有关单位应当在24小时内向当地建设行政主管部门和其他有关部门报告。对于重大质量事故,事故发生地的建设行政主管部门及其他有关部门应当按照事故类别和等级向当地人民政府和上级建设行政主管部门和其他有关部门报告。特别重大质量事故的调查程序按照国务院有关规定办理。任何单位和个人对建设工程的质量事故、质量缺陷都有权检举、控告、投诉。

7. 工程监理单位的违规责任

(1)工程监理单位超越本单位资质等级承揽工程的,责令停止违法行为,对工程监理单位处合同约定的监理酬金1倍以上2倍以下的罚款;情节严重的,吊销资质证书;有违法所得的,予以没收。

未取得资质证书承揽工程的,予以取缔,依照上述规定处以罚款;有违法所得的,予以没收。

以欺骗手段取得资质证书承揽工程的,吊销资质证书,依照上述规定处以罚款;有违法所得的,予以没收。

(2)工程监理单位允许其他单位或者个人以本单位名义承揽工程的,责令改正,没收违法所得,对工程监理单位处合同约定的监理酬金1倍以上2倍以下的罚款;可以责令停业整顿,降低资质等级;情节严重的,吊销资质证书。

(3)工程监理单位转让工程监理业务的,责令改正,没收违法所得,处合同约定的监理酬金25%以上50%以下的罚款;可以责令停业整顿,降低资质等级;情节严重的,吊销资质证书。

(4)工程监理单位有下列行为之一的,责令改正,处50万元以上100万元以下的罚款,降低资质等级或者吊销资质证书;有违法所得的,予以没收;造成损失的,承担连带赔偿责任:①与建设单位或者施工单位串通,弄虚作假、降低工程质量的;②将不合格的建设工程、建筑材料、建筑构配件和设备按照合格签字的。

(5)工程监理单位与被监理工程的施工承包单位,以及建筑材料、建筑构配件和设备供应单位有隶属关系或者其他利害关系承担该项建设工程的监理业务的,责令改正,处5万元以上10万元以下的罚款,降低资质等级或者吊销资质证书;有违法所得的,予以没收。

[问一问]

1. 工程监理单位的违规责任有哪些?

2. 工程监理人员的违规责任有哪些?

8. 监理人员的违规责任

(1)监理工程师因过错造成质量事故的,责令停止执业1年;造成重大质量事故的,吊销执业资格证书,5年以内不予注册;情节特别恶劣的,终身不予注册。

(2)工程监理单位违反国家规定,降低工程质量标准,造成重大安全事故,构成犯罪的,对直接责任人员依法追究刑事责任。

(3)工程监理单位的工作人员因调动工作、退休等原因离开该单位后,被发现在该单位工作期间违反国家有关建设工程质量管理规定，造成重大工程质量事故的，仍应当依法追究法律责任。

（二）《建设工程安全生产管理条例》的相关内容

为了加强建设工程安全生产监督管理，《建设工程安全生产管理条例》明确了建设单位、勘察单位、设计单位、施工单位、工程监理单位及其他与建设工程安全生产有关单位的安全生产责任，以及生产安全事故的应急救援和调查处理的相关事宜。

1. 建设单位的安全责任

（1）提供资料。建设单位应当向施工单位提供施工现场及毗邻区域内供水、排水、供电、供气、供热、通信、广播电视等地下管线资料，气象和水文观测资料，相邻建筑物和构筑物、地下工程的有关资料，并保证资料的真实、准确、完整。

（2）禁止行为。建设单位不得对勘察、设计、施工、工程监理等单位提出不符合建设工程安全生产法律、法规和强制性标准规定的要求，不得压缩合同约定的工期。建设单位不得明示或者暗示施工单位购买、租赁、使用不符合安全施工要求的安全防护用具、机械设备、施工机具及配件、消防设施和器材。

（3）安全施工措施及其费用。建设单位在编制工程概算时，应当确定建设工程安全作业环境及安全施工措施所需费用。在申请领取施工许可证时，应当提供建设工程有关安全施工措施的资料。

依法批准开工报告的建设工程，建设单位应当自开工报告批准之日起 15 日内，将保证安全施工的措施报送建设工程所在地的县级以上地方人民政府建设行政主管部门或者其他有关部门备案。

（4）拆除工程发包与备案。建设单位应当将拆除工程发包给具有相应资质等级的施工单位，并在拆除工程施工 15 日前，将下列资料报送建设工程所在地的县级以上地方人民政府建设行政主管部门或者其他有关部门备案：①施工单位资质等级证明；②拟拆除建筑物、构筑物及可能危及毗邻建筑的说明；③拆除施工组织方案；④堆放、清除废弃物的措施。

实施爆破作业的，应当遵守国家有关民用爆炸物品管理的规定。

2. 勘察、设计、工程监理及其他有关单位的安全责任

（1）勘察单位的安全责任

勘察单位应当按照法律、法规和工程建设强制性标准进行勘察，提供的勘察文件应当真实、准确，满足建设工程安全生产的需要。

勘察单位在勘察作业时，应当严格执行操作规程，采取措施保证各类管线、设施和周边建筑物、构筑物的安全。

（2）设计单位的安全责任

设计单位应当按照法律、法规和工程建设强制性标准进行设计，防止因设计不合理导致生产安全事故的发生。

设计单位应当考虑施工安全操作和防护的需要，对涉及施工安全的重点部

位和环节在设计文件中注明，并对防范生产安全事故提出指导意见。采用新结构、新材料、新工艺的建设工程和特殊结构的建设工程，设计单位应当在设计中提出保障施工作业人员安全和预防生产安全事故的措施建议。设计单位和注册建筑师等注册执业人员应当对其设计负责。

(3)工程监理单位的安全责任

［想一想］

工程监理单位的安全责任有哪些？

工程监理单位应当审查施工组织设计中的安全技术措施或者专项施工方案是否符合工程建设强制性标准。工程监理单位在实施监理过程中，发现存在安全事故隐患的，应当要求施工单位整改；情况严重的，应当要求施工单位暂时停止施工，并及时报告建设单位。施工单位拒不整改或者不停止施工的，工程监理单位应当及时向有关主管部门报告。

工程监理单位和监理工程师应当按照法律、法规和工程建设强制性标准实施监理，并对建设工程安全生产承担监理责任。

(4)机械设备和配件供应单位的安全责任

为建设工程提供机械设备和配件的单位，应当按照安全施工的要求配备齐全有效的保险、限位等安全设施和装置。出租的机械设备和施工机具及配件，应当具有生产(制造)许可证、产品合格证。出租单位应当对出租的机械设备和施工机具及配件的安全性能进行检测，在签订租赁协议时，应当出具检测合格证明。禁止出租检测不合格的机械设备和施工机具及配件。

(5)施工机械设施安装单位的安全责任

在施工现场安装、拆卸施工起重机械和整体提升脚手架、模板等自升式架设设施，必须由具有相应资质的单位承担。安装、拆卸施工起重机械和整体提升脚手架、模板等自升式架设设施，应当编制拆装方案、制定安全施工措施，并由专业技术人员现场监督。施工起重机械和整体提升脚手架、模板等自升式架设设施安装完毕后，安装单位应当自检，出具自检合格证明，并向施工单位进行安全使用说明，办理验收手续并签字。上述机械和设施的使用达到国家规定的检验检测期限的，必须经具有专业资质的检验检测机构检测。经检测不合格的，不得继续使用。

3. 施工单位的安全责任

(1)工程承揽

施工单位从事建设工程的新建、扩建、改建和拆除等活动，应当具备国家规定的注册资本、专业技术人员、技术装备和安全生产等条件，依法取得相应等级的资质证书，并在其资质等级许可的范围内承揽工程。

(2)安全生产责任制度

施工单位主要负责人依法对本单位的安全生产工作全面负责。施工单位应当建立健全安全生产责任制度和安全生产教育培训制度，制定安全生产规章制度和操作规程，保证本单位安全生产条件所需资金的投入，对所承担的建设工程进行定期和专项安全检查，并做好安全检查记录。

施工单位的项目负责人应当由取得相应执业资格的人员担任，对建设工程项目的安全施工负责，落实安全生产责任制度、安全生产规章制度和操作规程，确保安全生产费用的有效使用，并根据工程的特点组织制定安全施工措施，消除安全事故隐患，及时、如实报告生产安全事故。

建设工程实行施工总承包的，由总承包单位对施工现场的安全生产负总责。总承包单位应当自行完成建设工程主体结构的施工。总承包单位依法将建设工程分包给其他单位的，分包合同中应当明确各自的安全生产方面的权利、义务。总承包单位和分包单位对分包工程的安全生产承担连带责任。分包单位应当服从总承包单位的安全生产管理，分包单位不服从管理导致生产安全事故的，由分包单位承担主要责任。

(3)安全生产管理费用

施工单位对列入建设工程概算的安全作业环境及安全施工措施所需费用，应当用于施工安全防护用具及设施的采购和更新、安全施工措施的落实、安全生产条件的改善，不得挪作他用。

(4)施工现场安全生产管理

施工单位应当设立安全生产管理机构，配备专职安全生产管理人员。建设工程施工前，施工单位负责项目管理的技术人员应当对有关安全施工的技术要求向施工作业班组、作业人员作出详细说明，并由双方签字确认。

专职安全生产管理人员负责对安全生产进行现场监督检查。发现安全事故隐患，应当及时向项目负责人和安全生产管理机构报告；对违章指挥、违章操作的，应当立即制止。

(5)安全生产教育培训

施工单位的主要负责人、项目负责人、专职安全生产管理人员应当经建设行政主管部门或者其他有关部门考核合格后方可任职。施工单位应当对管理人员和作业人员每年至少进行一次安全生产教育培训，其教育培训情况记入个人工作档案。安全生产教育培训考核不合格的人员，不得上岗。

作业人员进入新的岗位或者新的施工现场前，应当接受安全生产教育培训。未经教育培训或者教育培训考核不合格的人员，不得上岗作业。施工单位在采用新技术、新工艺、新设备、新材料时，应当对作业人员进行相应的安全生产教育培训。

垂直运输机械作业人员、安装拆卸工、爆破作业人员、起重信号工、登高架设作业人员等特种作业人员，必须按照国家有关规定经过专门的安全作业培训，并取得特种作业操作资格证书后，方可上岗作业。

(6)安全技术措施和专项施工方案

施工单位应当在施工组织设计中编制安全技术措施和施工现场临时用电方案，对下列达到一定规模的危险性较大的分部分项工程编制专项施工方案，并附具安全验算结果，经施工单位技术负责人、总监理工程师签字后实施，由专职安全生产管理人员进行现场监督。

① 基坑支护与降水工程。

② 土方开挖工程。

③ 模板工程。

④ 起重吊装工程。

⑤ 脚手架工程。

⑥ 拆除、爆破工程。

⑦ 国务院建设行政主管部门或者其他有关部门规定的其他危险性较大的工程。

上述工程中涉及深基坑、地下暗挖工程、高大模板工程的专项施工方案，施工单位还应当组织专家进行论证、审查。

(7)施工现场安全防护

施工单位应当在施工现场入口处、施工起重机械、临时用电设施、脚手架、出入通道口、楼梯口、电梯井口、孔洞口、桥梁口、隧道口、基坑边沿、爆破物及有害危险气体和液体存放处等危险部位，设置明显的安全警示标志。施工单位应当根据不同施工阶段和周围环境及季节、气候的变化，在施工现场采取相应的安全施工措施。施工现场暂时停止施工的，施工单位应当做好现场防护，所需费用由责任方承担，或者按照合同约定执行。

施工单位应当向作业人员提供安全防护用具和安全防护服装，并书面告知危险岗位的操作规程和违章操作的危害。作业人员应当遵守安全施工的强制性标准、规章制度和操作规程，正确使用安全防护用具、机械设备等。

(8)施工现场卫生、环境与消防安全管理

施工单位应当将施工现场的办公、生活区与作业区分开设置，并保持安全距离；办公、生活区的选址应当符合安全性要求。职工的膳食、饮水、休息场所等应当符合卫生标准。施工单位不得在尚未竣工的建筑物内设置员工集体宿舍。施工现场临时搭建的建筑物应当符合安全使用要求。施工现场使用的装配式活动房屋应当具有产品合格证。

施工单位对因建设工程施工可能造成损害的毗邻建筑物、构筑物和地下管线等，应当采取专项防护措施。

施工单位应当遵守有关环境保护法律、法规的规定，在施工现场采取措施，防止或者减少粉尘、废气、废水、固体废物、噪声、振动和施工照明对人和环境的危害与污染。在城市市区内的建设工程，施工单位应当对施工现场实行封闭围挡。

施工单位应当在施工现场建立消防安全责任制度，确定消防安全责任人，制定用火、用电、使用易燃易爆材料等各项消防安全管理制度和操作规程，设置消防通道、消防水源，配备消防设施和灭火器材，并在施工现场入口处设置明显标志。

(9)施工机具设备安全管理

施工单位采购、租赁的安全防护用具、机械设备、施工机具及配件，应当具有生产(制造)许可证、产品合格证，并在进入施工现场前进行查验。

施工现场的安全防护用具、机械设备、施工机具及配件必须由专人管理，定期进行检查、维修和保养，建立相应的资料档案，并按照国家有关规定及时报废。

施工单位在使用施工起重机械和整体提升脚手架、模板等自升式架设设施前，应当组织有关单位进行验收，也可以委托具有相应资质的检验检测机构进行验收；使用承租的机械设备和施工机具及配件的，由施工总承包单位、分包单位、出租单位和安装单位共同进行验收。验收合格的方可使用。《特种设备安全监察条例》规定的施工起重机械，在验收前应当经有相应资质的检验检测机构监督检验合格。

施工单位应当自施工起重机械和整体提升脚手架、模板等自升式架设设施验收合格之日起30日内，向建设行政主管部门或者其他有关部门登记。登记标志应当置于或者附着于该设备的显著位置。

(10)意外伤害保险

施工单位应当为施工现场从事危险作业的人员办理意外伤害保险。意外伤害保险费由施工单位支付。实行施工总承包的，由总承包单位支付意外伤害保险费。意外伤害保险期限自建设工程开工之日起至竣工验收合格止。

4. 生产安全事故的应急救援和调查处理

(1)生产安全事故的应急救援

县级以上地方人民政府建设行政主管部门应当根据本级人民政府的要求，制定本行政区域内建设工程特大生产安全事故应急救援预案。

施工单位应当制定本单位生产安全事故应急救援预案，建立应急救援组织或者配备应急救援人员，配备必要的应急救援器材、设备，并定期组织演练。

施工单位应当根据建设工程施工的特点、范围，对施工现场易发生重大事故的部位、环节进行监控，制定施工现场生产安全事故应急救援预案。实行施工总承包的，由总承包单位统一组织编制建设工程生产安全事故应急救援预案，工程总承包单位和分包单位按照应急救援预案，各自建立应急救援组织或者配备应急救援人员，配备救援器材、设备，并定期组织演练。

(2)生产安全事故的调查处理

施工单位发生生产安全事故，应当按照国家有关伤亡事故报告和调查处理的规定，及时、如实地向负责安全生产监督管理的部门、建设行政主管部门或者其他有关部门报告；特种设备发生事故的，还应当同时向特种设备安全监督管理部门报告。接到报告的部门应当按照国家有关规定如实上报。实行施工总承包的建设工程，由总承包单位负责上报事故。

发生生产安全事故后，施工单位应当采取措施防止事故扩大，保护事故现场。需要移动现场物品时，应当做出标记和书面记录，妥善保管有关证物。

三、建设工程监理部门规章及相关政策

建设工程部门规章是指住房和城乡建设部按照国务院规定的职权范围，独立或同国务院有关部委联合根据法律和国务院的行政法规、决定、命令，制定的

规范工程建设活动的各项规章。属于住建部制定的，由部长签署部长令予以公布。

(一)《建设工程监理规范》概述

为了规范建设工程监理与相关服务行为，提高建设工程监理与相关服务水平，2013 年 5 月修订后发布的《建设工程监理规范》共分 9 章和 3 个附录，主要技术内容包括总则，术语，项目监理机构及其设施，监理规划及监理实施细则，工程质量、造价、进度控制及安全生产管理的监理工作，工程变更、索赔及施工合同争议处理，监理文件资料管理，设备采购与设备监造，相关服务等。

与原规范比较，《建设工程监理规范》修订的主要内容有：①增加了相关服务和安全生产管理的内容；②调整了部分章节的名称；③删除了部分不协调或与法律法规、政策、标准不一致的内容；④强化了可操作性。

《建设工程监理规范》的主要内容如下。

1. 总则

(1)制定目的：为规范建设工程监理与相关服务行为，提高建设工程监理与相关服务水平，制定本规范。

(2)适应范围：适用于新建、扩建、改建建设工程监理与相关服务活动。

(3)关于建设工程监理合同形式和内容：实施建设工程监理前，建设单位应委托具有相应资质的工程监理单位，并以书面形式与工程监理单位订立建设工程监理合同，合同中应包括监理工作的范围、内容、服务期限和酬金，以及双方的义务、违约责任等相关条款。

在订立建设工程监理合同时，建设单位将勘察、设计、保修阶段等相关服务一并委托的，应在合同中明确相关服务的工作范围、内容、服务期限和酬金等相关条款。

(4)工程开工前，建设单位应将工程监理单位的名称，监理的范围、内容和权限及总监理工程师的姓名书面通知施工单位。

(5)在建设工程监理工作范围内，建设单位与施工单位之间涉及施工合同的联合活动，应通过工程监理单位进行。

(6)实施建设工程监理应遵循下列主要依据：①法律法规及工程建设标准；②建设工程勘察设计文件；③建设工程监理合同及其他合同文件；④建设工程监理应实行总监理工程师负责制；⑤建设工程监理宜实施信息化管理；⑥工程监理单位应公平、独立、诚信、科学地开展建设工程监理与相关服务活动；⑦建设工程监理与相关服务活动，除应符合本规范外，尚应符合国家现行有关标准的规定。

2. 术语

解释了工程监理单位、建设工程监理、相关服务、项目监理机构、注册监理工程师、总监理工程师、总监理工程师代表、专业监理工程师、监理员、监理规划、监理实施细则、工程计量、旁站、巡视、平行检验、见证取样、工程延期、工程延误、工程临时延期批准、工程最终延期批准、监理日志、监理月报、设备监造、监理文件资料共24个建设工程监理常用术语。

3. 项目监理机构及其设施

明确了项目监理机构的人员构成和职责，规定了监理设施的提供和管理。

4. 监理规划及监理实施细则

明确了监理规划及监理实施细则的编制要求、编制依据、编审程序和主要内容。

5. 工程质量、造价、进度控制及安全生产管理的监理工作

(1)一般规定

项目监理机构应根据建设工程监理合同约定，遵循动态控制原理，坚持预防为主的原则，制定和实施相应的监理措施，采用旁站、巡视和平行检验等方式对建设工程实施监理。

(2)工程质量控制

工程质量控制包括审查施工单位现场的质量管理组织机构、管理制度及专职管理人员和特种作业人员的资格；施工单位报审的施工方案；施工单位报送的新材料、新工艺、新技术、新设备的质量认证材料和相关验收标准的适用性；检查、复核施工单位报送的施工控制测量成果及保护措施；查验施工单位在施工过程中报送的施工测量放线成果；检查施工单位为本工程提供服务的试验室；审查施工单位报送的用于工程的材料、构配件、设备的质量证明文件，并应按有关规定、建设工程监理合同约定，对用于工程的材料进行见证取样，平行检验；审查施工单位定期提交影响工程质量的计量设备的检查和检定报告；对关键部位、关键工序进行旁站；对工程施工质量进行巡视；对施工质量进行平行检验；验收施工单位报验的隐蔽工程、检验批、分项工程和分部工程；处置施工质量问题、质量缺陷、质量事故；审查施工单位提交的单位工程竣工验收报审表及竣工资料，组织工程竣工预验收；编写工程质量评估报告。

参加由建设单位组织的竣工验收等。

(3)工程造价控制

工程造价控制包括进行工程计量和付款签证；对实际完成量与计划完成量进行比较分析；审核工程竣工结算款；签发竣工结算款支付证书等。

(4)工程进度控制

工程进度控制包括审查施工单位报审的施工总进度计划和阶段性施工进度计划；检查施工进度计划的实施情况；比较分析工程施工实际进度与计划进度，预测实际进度对工程总工期的影响等。

(5)安全生产管理的监理工作

安全生产管理的监理工作包括项目监理机构应根据法律法规、工程建设强制性标准，履行建设工程安全生产管理的监理职责，并应将安全生产管理的监理工作内容、方法和措施纳入监理规划及监理实施细则；审查施工单位现场安全生产规章制度的建立和实施情况；审查施工单位安全生产许可证及施工单位项目经理、专职安全生产管理人员和特种作业人员的资格；核查施工机械和设施的安

全许可验收手续；审查施工单位报审的专项施工方案；巡视检查危险性较大的分部分项工程专项施工方案实施情况；处置安全事故隐患等。

6. 工程变更、索赔及施工合同争议处理

项目监理机构应依据建设工程监理合同约定进行施工合同管理，处理工程暂停及复工、工程变更、索赔及施工合同争议、解除等事宜。

(1)工程暂停及复工

工程暂停及复工包括总监理工程师签发工程暂停令的权利和情形；暂停施工事件发生时的监理职责；工程复工申请的批准或指令。

(2)工程变更

工程变更包括施工单位提出的工程变更处理程序、工程变更价款处理原则；建设单位要求的工程变更的监理职责。

(3)工程延期及工期延误

工程延期及工期延误包括处理工程延期要求的程序；批准施工单位工程延期应满足的条件；施工单位因工程延期提出费用索赔时的监理职责；发生工期延误时的监理职责。

7. 施工合同争议

处理施工合同争议时的监理工作程序、内容和职责。

8. 施工合同解除

(1)因建设单位原因导致施工合同解除时的监理职责。

(2)因施工单位原因导致施工合同解除时的监理职责。

(3)因非建设单位、施工单位原因导致施工合同解除时的监理职责。

9. 监理文件资料管理

项目监理机构应建立完善监理文件资料管理制度，宜设专人管理监理文件资料；应及时、准确、完整地收集、整理、编制、传递监理文件资料；宜采用信息技术进行监理文件资料管理。

(1)监理文件资料内容

《建设工程监理规范》明确了 18 项监理文件资料，并规定了监理日志、监理月报、监理工作总结应包括的内容。

(2)监理文件资料归档

① 项目监理机构应及时整理、分类汇总监理文件资料，并应按规定组卷，形成监理档案。

② 工程监理单位应根据工程特点和有关规定，保存监理档案，并应向有关单位、部门移交需要存档的监理文件资料。

10. 设备采购与设备监造

《建设工程监理规范》明确了设备采购与设备监造的工作依据，明确了项目监理机构在设备采购、设备监造等方面的工作职责、原则、程序、方法和措施。

11. 相关服务

工程监理单位应根据建设工程监理合同约定的相关服务范围，开展相关服务工作，编制相关服务工作计划。

12. 附录

附录包括以下三类表。

(1)A 类表：工程监理单位用表，由工程监理单位或项目监理机构签发。

(2)B 类表：施工单位报审、报验用表，由施工单位或施工项目经理部填写后报送工程建设相关方。

(3)C 类表：通用表，是工程建设相关方工作联系的通用表。

第二章 工程监理企业与监理工程师

【教学目标】

1. 了解：工程监理企业及监理工程师的概念、监理工程师的素质和职业道德。

2. 熟悉：工程监理企业的设立、资质管理、经营活动准则。

3. 掌握：监理工程师的岗位职责、法律地位与责任。

【知识链接】

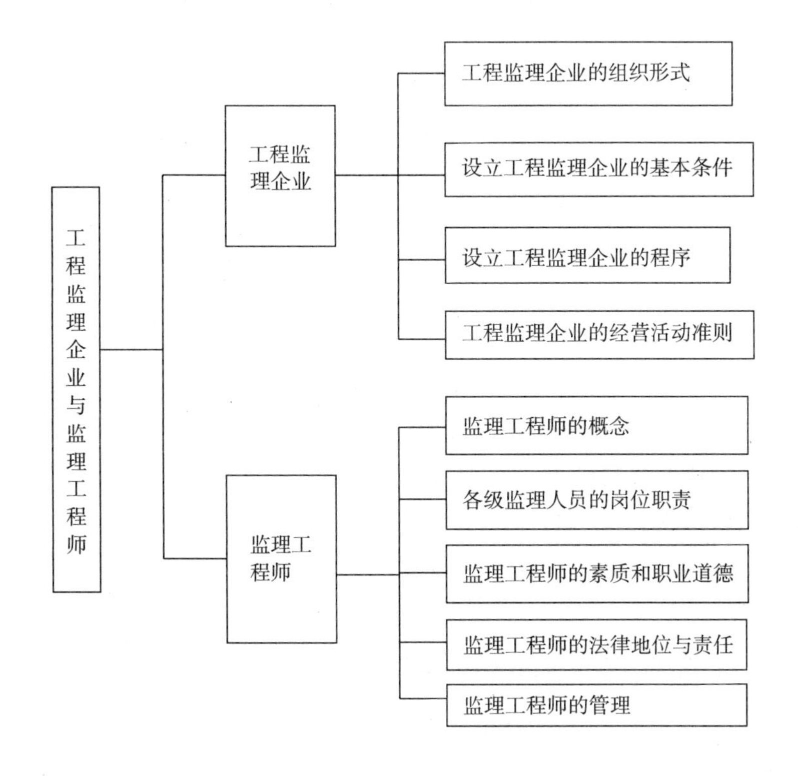

工程监理企业作为建设工程监理实施主体，需要具有相应的资质条件和综合实力。监理工程师是建设工程监理的骨干力量，只有通过资格考试和注册，才能以监理工程师名义执业。为保持监理工程师资格认可并不断提高业务能力，监理工程师还需要参加继续教育。

第一节　工程监理企业

工程监理企业是指依法成立并取得政府主管部门颁发的工程监理企业资质证书，从事建设工程监理与相关服务活动的机构。

一、工程监理企业的组织形式

工程监理企业的组织形式有多种，可以按照以下方法进行分类。

1. 按照资质管理等级划分

按照资质管理等级，工程监理企业分为综合资质监理企业、专业资质监理企业和事务所资质监理企业，其中专业资质又可分为甲级、乙级和丙级（其中，只有房屋建筑工程、水利水电工程、公路工程和市政公用工程四种专业工程类别可设立丙级）。

2. 按照工程类别划分

按照工程类别，工程监理企业分为房屋建筑工程、水利水电工程、公路工程、市政公用工程、冶炼工程、矿山工程、化工石油工程、电力工程、农林工程、铁路工程、港口与航道工程、航天航空工程、通信工程和机械电子工程 14 个专业类别。

3. 按照隶属关系划分

按照隶属关系，工程监理企业分为具有独立法人资格的工程监理企业和附属机构工程监理企业。

4. 按照经济性质划分

按照经济性质划分，工程监理企业分为国有工程监理企业、私营工程监理企业。

5. 按照组建方式划分

按照组建方式划分，工程监理企业分为公司制监理企业、合伙监理企业、个人独资监理企业、中外合资经营监理企业和中外合作经营监理企业。

由于监理业务及建设工程监理工作的推进，目前及即将成为监理企业存在的主要形式为全过程咨询公司（以设计单位牵头，组成投资咨询、勘察、设计、监理、招标代理、造价一体化服务）、项目管理公司（集招标代理、造价、监理一体化服务）及专业化的监理公司（事务所）。

二、设立工程监理企业的基本条件

（1）有自己的名称和固定的办公场所。

（2）有自己的组织机构如领导机构、财务机构、技术机构等；有一定数量的专门从事监理工作的工程经济、技术人员，并且专业基本配套、技术人员数量和职称结构符合要求。

（3）有符合国家规定的注册资金。

（4）拟定有监理企业的章程。

(5)有主管部门同意设立监理企业的批准文件。

(6)人员配置。

在拟从事监理工作的人员中,有一定数量的人已经取得国家建设行政主管部门颁发的《监理工程师资格证书》,并有一定数量的人取得了监理培训结业合格证书。

三、设立工程监理企业的程序

建设工程监理企业设立时应先申领企业法人营业执照,再申报资质。建立监理企业的申报、审批程序一般分为以下三步。

1. 登记注册并取得企业法人营业执照

新设立的建设工程监理单位,只有根据法人必须具备的条件,先到市场监督(原工商管理)管理部门登记注册并取得企业法人营业执照,才能到建设行政主管部门办理资质申请手续。

2. 申请资质

取得企业法人营业执照后,即可向建设监理行政主管部门申请资质。工程监理企业应按照监理人员的素质、专业配套能力、技术装备、管理水平、监理业绩、注册资金等资质要素申请资质,应当向建设行政主管部门提供相关资料。

3. 审查、核发资质证书

审核部门应当对工程监理企业的资质条件和申请资质提供的资料审查核实。

(1)申请综合资质、专业甲级资质的,应当向企业工商注册所在地的省、自治区、直辖市人民政府建设主管部门提出申请。省、自治区、直辖市人民政府建设主管部门应当自受理申请之日起 20 日内初审完毕,并将初审意见和全部申请材料报国务院建设主管部门,其中涉及交通、水利、信息产业等专业工程监理资质征得同级有关专业部门审核同意后,报国务院建设主管部门。

国务院建设主管部门应当自省、自治区、直辖市人民政府建设主管部门受理申请材料之日起 60 日内完成审查,公示审查意见,公示时间为 10 日。其中,涉及铁路、交通、水利、通信、民航等专业工程监理资质的,由国务院建设主管部门送国务院有关部门审核。国务院有关部门应当在 20 日内审核完毕,并将审核意见报国务院建设主管部门。国务院建设主管部门根据初审意见审批。

(2)专业乙级、丙级资质和事务所资质由企业所在地省、自治区、直辖市人民政府建设主管部门审批,其中涉及交通、水利、信息产业等专业工程监理资质,征得同级有关专业部门初审同意后审批。

专业乙级、丙级资质和事务所资质许可、延续的实施程序由省、自治区、直辖市人民政府建设主管部门依法确定。

省、自治区、直辖市人民政府建设主管部门应当自作出决定之日起 10 日内,将准予资质许可的决定报国务院建设主管部门备案。

(3)工程监理企业合并的,合并后存续或者新设立的工程监理企业可以承继合并前各方中较高的资质等级，但应当符合相应的资质等级条件。

工程监理企业分立的，分立后企业的资质等级，根据实际达到的资质条件，按照规定的审批程序核定。

[想一想]

建立监理企业的程序是什么?

(4)企业须增补工程监理企业资质证书的(含增加、更换、遗失补办)，应当持资质证书增补申请及电子文档等材料向资质许可机关申请办理。遗失资质证书的，在申请补办前应当在公众媒体上刊登遗失声明。资质许可机关应当自受理申请之日起3日内予以办理。

四、工程监理企业的经营活动准则

工程监理企业从事建设工程监理活动，应当遵循守法、诚信、公平、科学的准则。

1. 守法

守法即遵守法律法规。对于工程监理企业来说，守法就是要依法经营，主要体现在以下几个方面。

(1)自觉遵守相关法律法规及行业自律公约和诚信守则，在核定的资质等级和业务范围内开展经营活动。

工程监理企业的业务范围，是指填写在资质证书中、经工程监理资质管理部门审查确认的主项资质。核定的业务范围包括两个方面：一是监理业务的工程类别；二是承接监理工程的等级。

(2)不伪造、涂改、出租、出借、转让、出卖《工程监理企业资质证书》及从业人员执业资格证书，不出租、出借企业相关资信证明，不转让监理业务。

(3)在监理投标活动中，坚持诚实信用原则，不弄虚作假，不串标、不围标，不低于成本价参与竞争。公平竞争，不扰乱市场秩序。

(4)依法依规签订建设工程监理合同，不签订有损国家、集体或他人利益的虚假合同或附加条款。严格按照建设工程监理合同的约定履行义务，不违背自己的承诺。

(5)不与被监理工程的施工及材料、构配件和设备供应单位有隶属关系，不谋取非法利益。

(6)在异地承接监理业务的，自觉遵守工程所在地有关规定，主动向工程所在地建设行政部门备案登记，接受其指导和监督管理。

(7)遵守国家关于企业法人的其他法律、法规的规定。

[问一问]

工程监理企业的经营活动准则是什么?

2. 诚信

诚信即诚实守信用，这是道德规范在市场经济中的体现。它要求一切市场参加者在不损害他人利益和社会公共利益的前提下，追求自己的利益，目的是在当事人之间的利益关系和当事人与社会之间的利益关系中实现平衡，并维护市场道德秩序。诚信原则的主要作用在于指导当事人以善意的心态、诚信的态度行使民事权利，承担民事义务，正确地从事民事活动。

加强企业信用管理，提高企业信用水平，是完善我国工程监理制度的重要保证。企业信用的实质是解决经济活动中经济主体之间的利益关系。它是企业经营理念、经营责任和经营文化的集中体现。信用是企业的一种无形资产，良好的信用能为企业带来巨大效益。我国是世界贸易组织的成员，信用将成为我国企业“走出去”、进入国际市场的身份证。它是能给企业带来长期经济效益的特殊资本。监理企业应当树立良好的信用意识，使企业成为讲道德、讲信用的市场主体。

工程监理企业的诚信行为主要体现在以下几个方面。

(1)建立诚信建设制度，激励诚信，惩戒失信。定期进行诚信建设制度实施情况检查考核，及时处理不诚信和履职不到位人员。

(2)依据相关法律法规、《建设工程监理规范》及合同约定，组建监理机构和派遣监理人员，配备必要的设备设施，开展工程监理工作。

(3)不弄虚作假、降低工程质量，不将不合格的建设工程、建筑材料、建筑构配件和设备按照合格签字，不以索、拿、卡、要等手段向建设单位、施工单位谋取不当利益，不以虚假行为损害工程建设各方的合法利益。

(4)按规定进行检查和验证，按标准进行工程验收，确保工程监理全过程各项资料的真实性、时效性和完整性。

(5)加强内部管理，建立企业内部信用管理责任制度，开展廉洁执业教育，及时检查和评估企业信用实施情况，健全服务质量考评体系和信用评价体系，不断提高企业信用管理水平。

(6)履行保密义务，不泄漏商业秘密及保密工程的相关情况。

(7)不用虚假资料申报各类奖项、荣誉，不参与非法社团组织的各类评奖等活动。

(8)积极承担社会责任，践行社会公德，确保监理服务质量，维护国家和公众利益。

(9)自觉践行自律公约，接受政府主管部门对监理工作的监督检查。

3. 公平

公平是指工程监理企业在监理活动中既要维护建设单位的利益，又不能损害施工单位的合法权益，并依据合同公平、合理地处理建设单位与施工单位之间的争议。

工程监理企业要做到公平，必须做到以下几点。

(1)具有良好的职业道德。

(2)坚持实事求是。

(3)熟悉建设工程合同有关条款。

(4)提高专业技术能力。

(5)提高综合分析判断问题的能力。

4. 科学

科学是指工程监理企业要依据科学的方案，运用科学的手段，采取科学的方法开展监理工作。工程监理工作结束后，还要进行科学的总结，主要体现在以下几个方面。

(1)科学的方案

建设工程监理方案主要是指监理规划和监理实施细则。在实施建设工程监理前,要尽可能准确地预测出各种可能的问题,有针对性地拟定解决办法,制定切实可行、行之有效的监理规划和监理实施细则,使各项监理活动都纳入计划管理的轨道。

(2)科学的手段

实施建设工程监理,只有借助先进的科学仪器才能做好监理工作,如各种检测、试验、化验仪器,摄录像设备和计算机等。

(3)科学的方法

[想一想]
工程监理企业的科学性体现在哪些方面?

监理工作的科学方法主要体现在监理人员在掌握大量的、确凿的有关监理对象及其外部环境实际情况的基础上,适时、妥帖、高效地处理有关问题,解决问题要用事实说话、用书面文字说话,用数据说话;要开发、利用计算机信息平台和软件辅助建设工程监理。

第二节 监理工程师

一、监理工程师的概念

监理工程师(注册监理工程师)是指通过职业资格考试取得中华人民共和国监理工程师职业资格证书,并经注册后从事建设工程与相关业务活动的专业技术人员。监理工程师是一种岗位职务、执业资格称谓,不是技术职称。监理工程师的概念包括以下三层含义。

[问一问]
什么叫监理工程师?

(1)监理工程师是从事建设监理工作的人员。

(2)监理工程师是已经取得国家确认的监理工程师资格证书的人员。

(3)监理工程师是经省、自治区、直辖市或国务院工业、交通等部门的建设行政主管部门或监理行业协会批准、注册,取得监理工程师岗位证书的人员。

二、各级监理人员的岗位职责

在工程建设项目监理工作中,根据监理工作需要及职能划分,监理人员又分为总监理工程师、总监理工程师代表、专业监理工程师、监理员,相应岗位职责如下。

1. 总监理工程师的岗位职责

总监理工程师是监理单位派往项目执行组织机构的全权负责人。建设工程监理实行总监理工程师负责制,总监理工程师应履行以下岗位职责。

(1)确定项目监理机构人员的分工和岗位职责。

(2)组织编制监理规划、审批(项目)监理实施细则。

(3)根据工程进展及监理工作情况调配监理人员,检查监理人员的工作。

(4)组织召开监理例会。

(5)组织审核分包单位资格。

(6)组织审查施工组织设计、施工方案。

(7)审查开复工报审表,签发工程开工令、暂停令和复工令。

(8)组织检查施工单位现场质量,安全生产管理体系建立及运行情况。

(9)组织审核施工单位的付款申请,签发工程款支付证书,组织审核竣工结算。

(10)组织审查和处理工程变更。

(11)调解建设单位与施工单位的合同争议,处理索赔。

(12)组织编写并签发监理月报、监理工作阶段报告、专题报告和项目监理工作总结。

(13)组织验收分部工程,组织审查单位工程质量检验资料。

(14)审查施工单位的竣工申请,组织工程竣工预验收,组织编写工程质量评估报告,参与工程竣工验收。

(15)参与或配合工程质量安全事故的调查和处理。

(16)组织编写监理月报、监理工作总结,组织整理监理文件资料。

2. 总监理工程师代表的岗位职责

(1)负责总监理工程师指定或交办的监理工作。

(2)按总监理工程师的授权,行使总监理工程师的部分职责和权力。总监理工程师代表在任何时候不得行使如下权力。

① 组织编制监理规划,审批监理实施细则。

② 根据工程进展及监理工作情况调配监理人员。

③ 组织审查施工组织设计、施工方案。

④ 签发工程开工令、暂停令和复工令。

⑤ 签发工程款支付证书,审核竣工结算。

⑥ 调解建设单位与施工单位的合同争议、处理工程索赔。

⑦ 审查施工单位的竣工申请,组织工程竣工预验收,组织编写工程质量评估报告,参与工程竣工验收。

⑧ 参与或配合工程质量安全事故的调查和处理。

3. 专业监理工程师的岗位职责

(1)参与编写监理规划,负责编制监理实施细则。

(2)审查施工单位提交的涉及本专业的报审文件,并向总监理工程师报告。

(3)参与审核分包单位资格。

(4)指导、检查监理员工作,定期向总监理工程师报告本专业监理工作实施情况。

(5)检查进场的工程材料、构配件、设备的质量。

(6)验收检验批、隐蔽工程、分项工程,参与验收分部工程。

(7)处置发现的质量问题和安全事故隐患。

[做一做]

列表比较总监理工程师和专业监理工程师的岗位职责有哪些异同点。

(8)进行工程计量。

(9)参与工程变更的审查和处理。

(10)组织编写监理日志,参与编写监理月报。

(11)收集、汇总、参与整理监理文件资料。

(12)参与工程竣工预验收和竣工验收。

4. 监理员的岗位职责

(1)检查施工单位投入工程的人力、主要设备的使用及运行状况。

(2)进行见证取样。

(3)复核工程计量有关数据。

(4)检查(按设计图纸及有关标准,对施工承包单位的工艺过程或施工)工序施工(质量检查)结果。

(5)发现施工作业问题,及时指出并向专业监理工程师报告。

[想一想]

监理员的岗位职责有哪些?

三、监理工程师的素质和职业道德

(一)监理工程师的素质

建设工程监理服务要体现服务性、科学性、独立性和公平性,就要求一专多能的复合型人才承担监理工作,要求监理工程师不仅要有一定的工程技术专业知识和较强的专业技术能力,还要有一定的组织、协调能力,懂得工程经济、项目管理、法律等专业知识,并能够对工程建设进行监督管理,提出指导性意见。因此,监理工程师应具备以下素质。

(1)具有较高的工程专业学历和复合型的知识结构。

(2)具有丰富的工程建设实践经验。

(3)具有良好的品德:①热爱建设事业,热爱本职工作;②具有科学的工作态度;③具有廉洁奉公、为人正直、办事公道的高尚情操;④能听取不同的意见,冷静地分析问题。

[问一问]

监理工程师要具备哪些素质?

(4)具有健康的体魄和充沛的精力。虽然建设工程监理工作是一项管理工作,然而目前建设监理主要是在建设工程施工阶段进行,监理工程师必须驻现场,工作条件艰苦,业务繁忙,因此监理工程师只有拥有健康的体魄和充沛的精力才能胜任工作。

(二)监理工程师的职业道德

国际咨询工程师联合会等组织都规定了职业道德准则。国际咨询工程师联合会的职业道德准则要求咨询工程师具有正直、公平、诚信、服务等工作态度和敬业精神,充分体现了国际咨询工程师联合会对咨询工程师要求的精髓。

监理工程师在执业过程中也要公平,不能损害工程建设任何一方的利益。为此,监理工程师应严格遵守如下职业道德守则。

(1)遵法守规,诚实守信。维护国家的荣誉和利益,遵守法规和行业自律公约,讲信誉、守承诺,坚持实事求是,公平、独立、诚信、科学地开展工作。

(2)严格监理,优质服务。执行有关工程建设法律、法规、标准和制度,履行工程监理合同规定的义务,提供专业化服务,保障工程质量和投资效益,改进服务措施,维护业主权益和公共利益。

(3)恪尽职守,爱岗敬业。遵守建设工程监理人员的职业道德行为准则,履行岗位职责,做好本职工作,热爱监理事业,维护行业信誉。

(4)团结协作,尊重他人。树立团队意识,加强沟通交流,团结互助,不损害各方的名誉。

(5)加强学习,提升能力。努力学习专业技术和工程监理知识,不断提高业务能力和监理水平。

(6)维护形象,保守秘密。抵制不正之风,廉洁从业,不谋取不正当利益。不为所监理的工程指定承包商、建筑构配件、设备、材料生产厂家;不收受施工单位的任何礼金、有价证券等;不转借、出租、伪造、涂改监理证书及其他相关资信证明,不以个人名义承揽监理业务;不同时在两个或两个以上工程监理单位注册和从事监理活动,不在政府部门和施工、材料设备的生产供应等单位兼职;树立良好的职业形象。保守商业秘密,不泄露所监理工程各方认为需要保密的事项。

[想一想]

监理工程师的职业道德有哪些?

四、监理工程师的法律地位与责任

(一)监理工程师的法律地位

监理工程师的主要业务是受聘于工程监理企业从事监理工作,受建设单位委托,代表工程监理企业完成委托监理合同约定的委托事项。因此,监理工程师的法律地位主要表现为受托人的权利和义务。

1. 监理工程师的权利

(1)使用监理工程师名称。

(2)依法自主执行业务。

(3)依法签署工程监理相关文件并加盖执业印章。

(4)接受继续教育。

(5)获得相应的劳动报酬。

(6)对侵犯本人权利的行为进行申诉。

(7)法律、法规赋予的其他权利。

[问一问]

监理工程师有哪些权利?

2. 监理工程师的义务

(1)遵守法律、法规,严格依照相关技术标准和委托监理合同开展工作。

(2)恪守执业道德,维护社会公共利益。

(3)保证执业活动成果的质量,并承担相应责任。

(4)在执业中保守委托单位申明的商业秘密。

(5)在本人执业活动所形成的工程监理文件上签字、加盖执业印章。

(6)不得同时受聘于两个及两个以上单位执行业务。

(7)不得出借《监理工程师执业资格证书》《监理工程师注册证书》和执业印章。

(8)接受执业继续教育,不断提高业务水平。

(9)在规定的执业范围和聘用单位业务范围内从事执业活动。

[问一问]

监理工程师有哪些义务?

(10)协助注册管理机构完成相关工作。

(二)监理工程师的法律责任

监理工程师的法律责任是建立在法律法规和委托监理合同的基础上的,表现行为主要有违法行为和违约行为两个方面。

1. 违法行为

现行法律法规对监理工程师的法律责任专门作出了具体规定。《建筑法》第三十五条第一款规定:“工程监理单位不按照委托监理合同的约定履行监理义务,对应当监督检查的项目不检查或者不按照规定检查,给建设单位造成损失的,应当承担相应的赔偿责任。”《中华人民共和国刑法》第一百三十七条规定:“建设单位、设计单位、施工单位、工程监理单位违反国家规定,降低工程质量标准,造成重大安全事故的,对直接责任人员,处五年以下有期徒刑或者拘役,并处罚金;后果特别严重的,处五年以上十年以下有期徒刑,并处罚金。”《建设工程质量管理条例》第三十六条规定:“工程监理单位应当依照法律、法规以及有关技术标准、设计文件和建设工程承包合同,代表建设单位对施工质量实施监理,并对施工质量承担监理责任。”

如果监理工程师有下列行为之一,则要承担一定的监理责任。

(1)未对施工组织设计中的安全技术措施或者专项施工方案进行审查。

(2)发现安全事故隐患未及时要求施工单位整改或者暂时停止施工。

(3)施工单位拒不整改或者不停止施工,未及时向有关主管部门报告。

(4)未依照法律、法规和工程建设强制性标准实施监理。

2. 违约行为

[做一做]

监理工程师在什么情况下属于违法行为和违约行为?

监理工程师一般主要受聘于工程监理企业,从事工程监理业务。工程监理企业是订立委托监理合同的当事人,是法定意义的合同主体。但委托监理合同在具体履行时,是由监理工程师代表监理企业来实现的。因此,如果监理工程师出现工作过失,违反了合同约定,其行为将被视为监理企业违约,由监理企业承担相应违约责任。当然,监理企业在承担违约赔偿责任后,有权在企业内部向有相应过失行为的监理工程师追偿部分损失。所以,由监理工程个人过失引发的合同违约行为,监理工程师应当与监理企业承担一定的连带责任,其连带责任的基础是监理企业与监理工程师签订的聘用协议或责任保证书,或监理企业法定代表人对监理工程师签发的授权委托书。一般来说,授权委托书应包含职权范围和相应的责任条款。

3. 安全生产责任

安全生产责任是法律责任的一部分,来源于法律法规和委托监理合同。此部分内容在第一章中已叙述,此处不再赘述。

五、监理工程师的管理

(一)监理工程师执业资格考试

执业资格是政府对某些责任较大、社会通用性强、关系公共利益的专业技术工作实行的市场准入控制，是专业技术人员依法独立执业或独立从事某种专业技术工作所必备的学识、技术和标准。

执业资格一般要通过考试方式取得，这体现了执业资格制度公开、公平、公正的原则。只有当某一专业技术人员的执业资格采用考核方式确认，才能说明该专业技术人员达到了相应的水平并得到社会的认同。

1. 考试的组织与管理

[想一想]

监理工程师如何取得执业资格?

2020年，住房和城乡建设部、交通运输部、水利部、人力资源和社会保障部联合印发《监理工程师职业资格制度规定》《监理工程师职业资格考试实施办法》，明确规定:国家设置监理工程师准入类职业资格，纳入国家职业资格目录。住房和城乡建设部、交通运输部、水利部、人力资源和社会保障部共同制定监理工程师职业资格制度，并按照职责分工，分别负责监理工程师职业资格制度的实施与监管。

监理工程师职业资格考试全国统一大纲、统一命题、统一组织。监理工程师职业资格考试合格者，由各省、自治区、直辖市人力资源和社会保障行政主管部门颁发中华人民共和国监理工程师职业资格证书(或电子证书)。该证书由人力资源和社会保障部统一印制，住房和城乡建设部、交通运输部、水利部按专业类别与人力资源和社会保障部用印，在全国范围内有效。

2. 监理工程师职业资格考试科目及报考条件

(1)监理工程师职业资格考试科目

[问一问]

监理工程师的报考条件有哪些?

监理工程师职业资格考试原则上每年举行一次，考试设四个科目，即“建设工程监理基本理论和相关法规”“建设工程合同管理”“建设工程目标控制”和“建设工程监理案例分析”。其中，“建设工程监理基本理论和相关法规”“建设工程合同管理”为基础科目，“建设工程目标控制”“建设工程监理案例分析”为专业科目，“建设工程监理案例分析”科目为主观题，在试卷上作答；其余3科均为客观题，在答题卡上作答。考试分为三个专业类别，分别为土木建筑工程、交通运输工程、水利工程。考生在报名时可根据实际工作需要选择。土木建筑工程专业由住房和城乡建设部负责，交通运输工程专业由交通运输部负责，水利工程专业由水利部负责。监理工程师职业资格考试成绩实行4年为一个周期的滚动管理办法，在连续的4个考试年度内通过全部考试科目，方可取得监理工程师职业资格证书。

已取得监理工程师一种专业职业资格证书的人员，报名参加其他专业科目考试的，可免考基础科目。考试合格后，核发人力资源和社会保障部统一印刷的相应专业考试合格证明，该证明作为注册时增加执业专业类别的依据。免考基础科目和增加专业类别的人员，专业科目成绩按照2年为一个周期滚动管理。

(2)监理工程师职业资格报考条件

凡遵守中华人民共和国宪法、法律、法规，具有良好的业务素质和道德品行，具备下列条件之一者，可以申请参加监理工程师职业资格考试。

① 具有各工程大类专业专科学历(或高等职业教育)，从事工程施工、监理、

设计等业务工作满6年。

② 具有工学、管理科学与工程类专业大学本科学历或学位，从事工程施工、监理、设计等工作满4年。

③ 具有工学、管理科学与工程一级学科硕士学位或专业学位，从事工程施工、监理、设计等业务工作满2年。

④ 具有工学、管理科学与工程一级学科博士学位。

经批准同意开展试点的地区，申请参加监理工程师职业资格考试的，应具有大学本科及以上学历或学位。

(3)免试基础科目的条件

具备以下条件之一的，参加监理工程师职业资格考试可免考基础科目：①已取得公路水运工程监理工程师资格证书；②已取得水利工程建设监理工程师资格证书。申请免考部分科目的人员在报名时应提供相应材料。

(二)监理工程师注册

国家对监理工程师职业资格实行执业注册管理制度，监理工程师注册是政府对监理执业人员实行市场准入控制的有效手段。取得监理工程师职业资格证书且从事工程监理及相关业务活动的人员，经过注册方可以注册监理工程师的名义执业。住房和城乡建设部、交通运输部、水利部按专业类别分别负责监理工程师注册及相关工作。

监理工程师的注册，根据注册的内容、性质和时间先后的不同分为初始注册、续期注册和变更注册。按照我国有关法规规定，监理工程师依据其所学专业、工作经历、工程业绩，按专业注册，每人最多可以申请两个专业注册，并且只能在一家建设工程勘察、设计、施工、监理、招标代理、造价咨询等企业注册。

(三)监理工程师执业和继续教育

1. 监理工程师执业

住房和城乡建设部、交通运输部、水利部按照职责分工建立健全监理工程师诚信体系，制定相关规章制度或从业标准规范，并指导监督信用评价工作。

监理工程师不得同时受聘于两个或两个以上单位执业，不得允许他人以本人名义执业，严禁"证书挂靠"。出租出借注册证书的，依据相关法律法规进行处罚；构成犯罪的，依法追究刑事责任。

监理工程师可以从事建设工程监理、全过程工程咨询及工程建设某一阶段或某一专项工程咨询，以及国务院有关部门规定的其他业务。

监理工程师依据职责开展工作，在本人执业活动中形成的工程监理文件上签章，并承担相应责任。

监理工程师未执行法律、法规和工程建设强制性标准实施监理，造成质量安全事故的，依据相关法律法规进行处罚；构成犯罪的，依法追究刑事责任。

2. 监理工程师继续教育

随着现代科学技术的发展，新技术、新工艺、新材料、新设备不断出现，项目管理的方法和手段也在不断地发展，始终停留在原来的知识水平上，就没有能力提供科学管理服务，也就无法继续执业。因此，我国规定，注册监理工程师每年必须接受一定学时的继续教育，不断更新知识，扩大知识面，学习新的理论知识、法律法规，掌握技术、工艺、设备和材料的最新发展信息，从而不断提高执业能力和水平。

思考题

1. 工程监理企业有哪些组织形式？设立的条件和组织机构分别有何规定？
2. 工程监理企业的经营活动准则是什么？
3. 监理工程师职业资格考试科目及报考条件是什么？
4. 监理工程师执业和继续教育有何规定？
5. 监理工程师职业道德守则有哪些？

第三章 建设工程监理招投标与合同管理

【教学目标】

1. 了解：建设工程监理招标方式、投标工作内容，建设工程监理合同的特点。
2. 熟悉：建设工程监理评标内容和方法。
3. 掌握：建设工程监理投标策略；建设工程监理合同履行。

【知识链接】

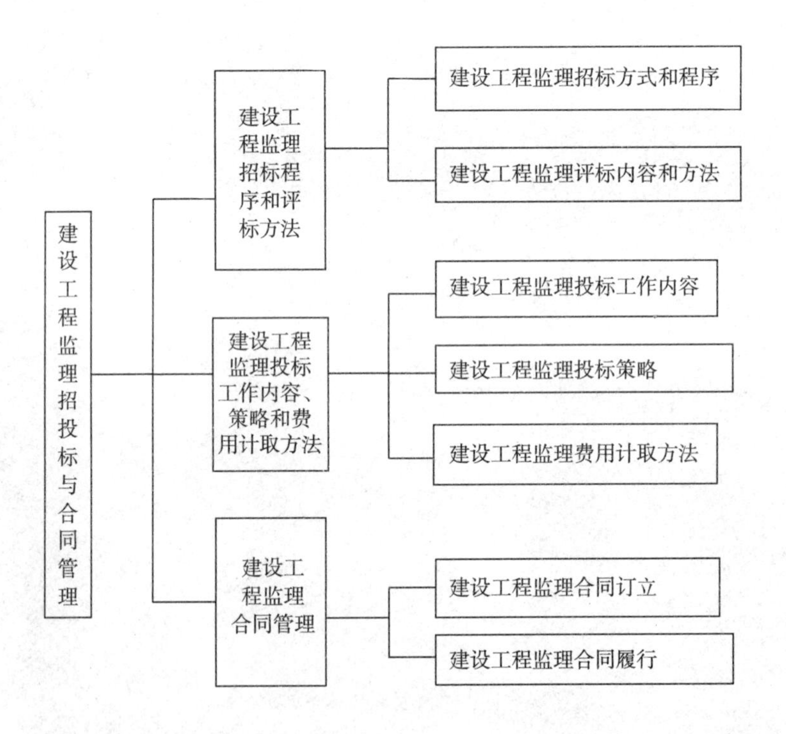

建设工程监理可由建设单位直接委托，也可通过招标方式委托。但是，法律法规规定招标的，建设单位必须通过招标方式委托。因此，建设工程监理招投标是建设单位委托监理和工程监理单位承揽监理任务的主要方式。建设工程监理合同管理是工程监理单位明确工程监理义务、履行工程监理职责的重要保证。

第一节 建设工程监理招标程序和评标方法

一、建设工程监理招标方式和程序

(一)建设工程监理招标方式

建设工程监理招标可分为公开招标和邀请招标两种方式。建设单位应根据法律法规、工程项目特点、工程监理单位的选择空间及工程实施的紧迫程度等因素合理选择招标方式,并按规定程序向招投标监督管理部门办理相关招投标手续,接受相应的管理。

1. 公开招标

公开招标是指建设单位以招标公告的方式邀请不特定工程监理单位参加投标,向其发售监理招标文件,按照监理招标文件的评标方法、标准,从符合投标要求的投标人中优选中标人,并与中标人签订建设工程监理合同的过程。

国有资金占控股或者主导地位等依法必须进行监理招标的项目,应当采用公开招标方式委托监理任务。公开招标属于非限制性竞争招标,其优点是能够充分体现招标信息公开性、招标程序规范性、投标竞争公平性,有助于打破垄断,实现公平竞争。公开招标可使建设单位有较大的选择范围,可在众多投标人中选择经验丰富、信誉良好、价格合理的工程监理单位,能够大大降低串标、围标、抬标和其他不正当交易的可能性。公开招标的缺点是,准备招标、资格预审和评标的工作量大,因此,招标时间长、招标费用较高。

2. 邀请招标

邀请招标是指建设单位以投标邀请书方式邀请特定工程监理单位参加投标,向其发售招标文件,按照招标文件规定的评标方法、标准,从符合投标资格要求的投标人中优选中标人,并与中标人签订建设工程监理合同的过程。

邀请招标属于有限竞争性招标,也称选择性招标。采用邀请招标方式,建设单位不需要发布招标公告,也不进行资格预审(但可组织必要的资格审查),使招标程序得到简化。这样,既可节约招标费用,又可缩短招标时间。邀请招标虽然能够邀请到有经验和资信可靠的工程监理单位投标,但由于限制了竞争范围,选择投标人的范围和投标人竞争的空间有限,可能会失去技术和报价方面有竞争力的投标者,失去理想中标人,达不到预期的竞争效果。

(二)建设工程监理招标程序

建设工程监理招标一般包括:招标准备;发出招标公告或投标邀请书;组织资格审查;编制和发售招标文件;组织现场踏勘;召开投标预备会;编制和递交投标文件;开标、评标和定标;签订建设工程监理合同等环节。

1. 招标准备

建设工程监理招标准备工作包括确定招标组织、明确招标范围和内容、编制招标方案等内容。

(1)确定招标组织。建设单位自身具有组织招标的能力时,可自行组织监理招标,否则,应委托招标代理机构组织招标。建设单位委托招标代理进行监理招标时,应与招标代理机构签订招标代理书面合同,明确委托招标代理的内容、范围及双方义务和责任。

(2)明确招标范围和内容。综合考虑工程特点、建设规模、复杂程度、建设单位自身管理水平等因素,明确建设工程监理招标范围和内容。

(3)编制招标方案,包括划分监理标段、选择招标方式、选定合同类型及计价方式、确定投标人资格条件、安排招标工作进度等。

2. 发出招标公告或投标邀请书

建设单位采用公开招标方式的,应当发布招标公告。招标公告必须通过一定的媒介进行传播。投标邀请书是指采用邀请招标方式的建设单位,向三个以上具备承担招标项目能力、资信良好的特定工程监理单位发出的参加投标的邀请。

招标公告与投标邀请书应当载明建设单位的名称和地址、招标项目的性质、招标项目的数量、招标项目的实施地点、招标项目的实施时间、获取招标文件的办法等内容。

3. 组织资格审查

为了保证潜在投标人能够公平地获取投标竞争的机会,确保投标人满足招标项目的资格条件,同时避免招标人和投标人不必要的资源浪费,招标人应组织审查监理投标人资格。资格审查分为资格预审和资格后审两种。

(1)资格预审。资格预审是指在投标前,对申请参加投标的潜在投标人进行资质条件、业绩、信誉、技术、资金等多方面情况的审查。只有资格预审中被认定为合格的潜在投标人(或投标人)才能参加投标。资格预审的目的是排除不合格的投标人,进而降低招标人的招标成本,提高招标的工作效率。

(2)资格后审。资格后审是指在开标后,由评标委员会根据招标文件中规定的资格审查因素、方法和标准,对投标人的资格进行的审查。

工程监理资格审查大多采用资格预审的方式进行。

4. 编制和发售招标文件

(1)编制建设工程监理招标文件。招标文件既是投标人编制投标文件的依据,又是招标人与中标人签订建设工程监理合同的基础。招标文件一般应由以下内容组成:①招标公告(或投标邀请书);②投标人须知;③评标办法;④合同条款及格式;⑤委托人要求;⑥投标文件格式。

(2)发售监理招标文件。按照招标公告或投标邀请书规定的时间、地点发售招标文件。投标人对招标文件有异议者,可在规定时间要求招标人澄清、说明或纠正。

5. 组织现场踏勘

组织投标人进行现场踏勘的目的在于了解工程场地和周围环境情况,以获取自己认为有必要的信息。招标人可根据工程特点和招标文件规定,组织潜在投标人对工程实施现场的地形地质条件、周边和内部环境进行实地踏勘，并介绍有关情况。潜在投标人自行负责据此作出的判断和投标决策。

招标人也可以根据具体情况不组织现场踏勘。

6. 召开投标预备会

招标人按照招标文件规定的时间组织投标预备会，澄清、解答潜在投标人在阅读招标文件和现场踏勘后提出的疑问。因此，澄清、解答都按照招标文件中约定的形式予以确认，并发给所有购买招标文件的潜在投标人。招标文件的书面澄清、解答属于招标文件的组成部分。招标人同时可以利用投标预备会对招标文件中有关重点、难点内容主动作出说明。

7. 编制和递交投标文件

投标人应按照招标文件要求编制投标文件，对招标文件提出的实质性要求和条件作出实质性响应，按照招标文件规定的时间、地点、方式递交投标文件，并根据要求提交投标保证金。投标人在提交投标截止日期之前，可以撤回、补充或者修改已提交的投标文件，并书面通知招标人。补充、修改的内容为投标文件的组成部分。

8. 开标、评标和定标

(1)开标。招标人应按招标文件规定的时间、地点主持开标，邀请所有投标人派代表参加。开标时间、开标过程应符合招标文件规定的开标要求和程序。

(2)评标。评标由招标人依法组建的评标委员会负责。评标委员会应当熟悉、掌握招标项目的主要特点和需求，认真阅读、研究招标文件及其评标办法，按招标文件规定的评标办法进行评标，编写评标报告，并向招标人推荐中标候选人，或经招标人授权直接确定中标人。

(3)定标。招标人应按有关规定在招标投标监督部门指定的媒体或场所公示推荐的中标候选人，并根据相关法律法规和招标文件规定的定标原则和程序确定中标人，向中标人发出中标通知书。同时，将中标结果通知所有未中标的投标人，并在15日内按有关规定将监理招标投标情况书面报告提交招标投标行政监督部门。

9. 签订建设工程监理合同

招标人与中标人应当自发出中标通知书之日起30日内，依据中标通知书、招标文件中的合同构成文件签订建设工程监理合同。

二、建设工程监理评标内容和方法

工程监理单位不承担建筑产品生产任务，只是受建设单位委托提供技术和管理咨询服务。建设工程监理招标属于服务类招标，其标的是无形的“监理服务”，因此，建设单位在选择工程监理单位时重要的原则是“基于能力的选择”，而不应将服务报价作为主要考虑因素，有时甚至可以不考虑建设工程监理服务报价，只考虑工程监理单位的服务能力。

(一)建设工程监理评标内容

工程监理评标办法通常会将下列要素作为评标内容。

1. 工程监理单位的基本素质

工程监理单位的基本素质包括工程监理单位资质、技术及服务能力、社会信誉和企业诚信度,以及类似工程监理业绩和经验。

2. 工程监理人员配备

工程监理人员的素质与能力直接影响建设工程监理工作的优劣,进而影响整个工程监理目标的实现。项目监理机构监理人员的数量和素质,特别是总监理工程师的综合能力和业绩是建设工程监理评标需要考虑的重要内容。对工程监理人员配备的评价内容具体包括:项目监理机构的组织形式是否合理;总监理工程师人选是否符合招标文件规定的资格及能力要求;监理人员的数量、专业配置是否符合工程专业特点要求;工程监理整体力量投入是否能满足工程需要;工程监理人员的年龄结构是否合理;现场监理人员进退场计划是否与工程进展相协调等。

3. 建设工程监理大纲

建设工程监理大纲是反映投标人技术、管理和服务综合水平的文件,反映了投标人对工程的分析和理解程度。评标时应重点评审建设工程监理大纲的全面性、针对性和科学性。

(1)建设工程监理大纲内容是否全面,工作目标是否明确,组织机构是否健全,工作计划是否可行,质量、造价、进度控制措施是否全面、得当,安全生产管理、合同管理、信息管理等方法是否科学,以及项目监理机构的制度建设规划是否到位,监督机制是否健全等。

(2)建设工程监理大纲应对工程特点、监理重点与难点进行识别。在对招标工程进行透彻分析的基础上,结合自身工程经验,从工程质量、造价、进度控制及安全生产管理等方面确定监理工作的重点和难点,提出针对性措施和对策。

(3)除常规监理措施外,建设工程监理大纲应对招标工程的关键工序及分部分项工程制定有针对性的监理措施;制定针对关键点、常见问题的预防措施;合理设置旁站清单和保障措施等。

4. 试验检测仪器设备及其应用能力

重点评审投标人在投标文件中所列的设备、仪器、工具等能否满足建设工程监理要求。对于建设单位在现场另建试验、检测等中心的工程项目,应重点考察投标人评价分析、检验测量数据的能力。

5. 建设工程监理费用报价

建设工程监理费用报价所对应的服务范围、服务内容、服务期限应与招标文件中的要求相一致。要重点评审监理费用报价水平和构成是否合理、完整,分析说明是否明确,监理服务费用的调整条件和办法是否符合招标文件要求等。

(二)建设工程监理评标办法

建设工程监理评标通常采用综合评估法,即通过衡量投标文件是否最大限度地满足招标文件中规定的各项评价标准,对技术、企业资信、服务报价等因素进行综合评价,从而确定中标人。

综合评估法又称打分法、百分制计分评价法。通常是在招标文件中明确规定需要量化的评价因素及其权重，评标委员会根据投标文件内容和评分标准逐项进行分析记分、加权汇总，计算出各投标单位的综合评分，然后按照综合评分由高到低的顺序确定中标候选人或直接选定得分高者为中标人。

综合评估法是我国各地广泛采用的评标方法，其特点是量化所有评标指标，由评标委员会专家分别打分，减少了评标过程中的相互干扰，增强了评标的科学性和公正性。需要注意的是，评标因素指标的设置和评分标准分值或权重的分配，应能充分评价工程监理单位的整体素质和综合实力，体现了评标的科学性、合理性。

第二节　建设工程监理投标工作内容、策略和费用计取方法

一、建设工程监理投标工作内容

建设工程监理投标是一项复杂的系统性工作，工程监理单位的投标工作内容包括投标决策、投标策划、投标文件编制、参加开标及答疑、投标后评估等内容。

(一)投标决策

工程监理单位要想中标获得建设工程监理任务并获得预期利润，就需要认真进行投标决策。投标决策包括两个方面的内容：一是决定是否参与竞标；二是如果参加投标，应采取什么样的投标策略。投标决策的正确与否，关系到工程监理单位能否中标及中标后的经济效益。

1. 投标决策原则

投标决策活动要从工程特点与工程监理企业自身需求之间选择最佳结合点。为了实现最优盈利目标，可以参考如下基本原则进行投标决策。

(1)充分衡量自身人员和技术实力能否满足工程项目的要求，并且要根据工程监理单位的自身实力、经验和外部资源等因素来确定是否参与竞标。

(2)充分考虑国家政策、建设单位信誉、招标条件、资金落实情况等，保证中标后工程项目能顺利实施。

(3)一般情况下，工程监理单位与其将有限人力资源分散到几个小工程投标中，不如集中优势力量参与一个较大的建设工程监理投标。

(4)对于竞争激烈、风险特别大或把握不大的工程项目，应主动放弃投标。

2. 投标决策定量分析方法

常用的投标决策定量分析方法有综合评价法和决策树法。

(1)综合评价法

综合评价法是指决策者决定是否参加某建设工程监理投标时，将影响其投标决策的主客观因素用某些具体指标表示出来，并定量地进行综合评价，以此作

为投标决策依据。

综合评价法也可用于工程监理单位对多个类似工程监理投标机会的选择，综合评价分值最高者将作为优先投标的对象。

(2)决策树法

多项目多方案的选择，通常可以应用决策树法进行定量分析。

① 适用范围。决策树法是适用于风险型决策分析的一种简便易行的实用方法，其特点是用一种树状图表示决策过程，通过事件出现的概率和损益期望值的计算比较，帮助决策者对行动方案作出抉择。当工程监理单位不考虑竞争对手的情况(投标时往往事先不知道参与投标的竞争对手)，仅根据自身实力决定某些工程是否投标及如何报价时，则是典型的风险型决策问题，适用于采用决策树法进行分析。

② 基本原理。决策树是模拟树木成长过程，从出发点(称为决策点)开始不断分枝来表示所分析问题的各种发展可能性，并以分枝的期望值中最大(或最小)者作为选择依据。从决策点分出的枝称为方案枝，从方案枝分出的枝称为概率分枝。方案枝分出的各概率分枝的交叉点及概率分枝的分叉点称为自然状态点。概率分枝的终点称为损益值点。

绘制决策树时，自左向右，形成树状，其分支使用直线，决策点、自然状态点、损益值点分别使用不同的符号表示。

③ 决策过程：a. 先根据已知情况绘出决策树；b. 计算期望值，一般从终点逆向逐步计算；c. 确定决策方案。

在比较方案时，若考虑的是收益值，则取最大期望值；若考虑的是损失值，则取最小期望值。根据计算出的期望值和决策者的才智与经验来分析，作出最后判断。

(二)投标策划

建设工程监理投标策划是指从总体上规划建设工程监理投标活动的目标、组织、任务分工等，通过严格的管理过程，提高投标效率和效果。

(1)明确投标目标，决定资源投入。一旦决定投标，首先要明确投标目标，投标目标决定了企业层面对投标过程的资源支持力度。

(2)成立投标小组并确定任务分工。投标小组要有类似建设工程监理投标经验的项目负责人全面负责收集信息，协调资源，作出决策，并组织参与资格审查、购买标书、编写质疑文件、进行质疑和现场踏勘、编制投标文件、封标、开标和答辩、标后总结等；同时，需要落实各参与人员的任务和职责，做到界面清晰、人尽其职。

(三)投标文件编制

建设工程监理投标文件反映了工程监理单位的综合实力和完成监理任务的能力，是中标人选择工程监理单位的主要依据之一。投标文件编制质量的高低，直接关系到中标可能性的大小，因此，如何编制好工程监理投标文件是工程监理单位投标的首要任务。

1. 投标文件的编制原则

(1)响应招标文件,保证不被废标。建设工程监理投标文件编制的前提是要按招标文件的条款和内容格式编制,必须在满足招标文件要求的基本条件下,尽可能精益求精,响应招标文件实质性条款,防止废标发生。

(2)认真研究招标文件,深入领会招标文件意图。一本规范化的招标文件少则十余页,多则几十页,甚至上百页,只有全部熟悉并领会各项条款要求,事先发现不理解或前后矛盾、表述不清的条款,通过标前答疑会,解决所有发现的问题,防止因不熟悉招标文件导致编制错误的发生。

(3)投标文件要内容详细、层次分明、重点突出。完整、规范的投标文件,应尽可能将投标人的想法、建议及自身实力叙述详细,做到内容深入而全面。为了尽可能让招标人或评标专家在很短的评标时间内了解投标文件内容及投标单位的实力,就要在投标文件的编制上下功夫,针对招标文件的评分办法和项目要求,做到层次分明,查找迅速、完整,表达清楚,重点突出。

2. 投标文件的编制依据

(1)国家及地方有关建设工程监理投标的法律法规及政策。必须以国家及地方有关建设工程监理投标的法律法规及政策为准绳编制建设工程监理投标文件,否则,可能会造成投标文件的内容与法律法规及政策相抵触,甚至造成废标。

(2)建设工程监理招标文件。建设工程监理投标文件必须对招标文件作出实质性响应,并且其内容尽可能与建设单位的意图或要求相符合。越是能够贴切满足建设单位需求的投标文件,则越会受到建设单位(评标专家)的关注,其获取中标的机会也相对较高。

(3)企业自有的检测、办公设备资源。编制建设工程监理投标文件时,必须考虑工程监理单位自有的检测、办公设备资源。要根据不同监理标的的具体情况进行统一调配,尽可能将工程监理单位现有可动用的检测、办公设备资源编入建设工程监理投标文件,提高投标文件的竞争力。

(4)企业现有的人力及技术资源。工程监理单位现有的人力及技术资源主要表现为有精通所招标工程的专业技术人员和具有丰富经验的总监理工程师、专业监理工程师、监理员;有工程项目管理、设计及施工专业特长,能帮助建设单位协调解决各类工程技术难题的能力;拥有同类建设工程监理经验;在各专业有一定技术能力的合作伙伴,必要时可联合向建设单位提供咨询服务。此外,应当将工程监理单位内部现有的人力及技术资源优化组合后编入监理投标文件中,以便在评标时获得较高的技术标得分。

(5)企业现有的管理资源。建设单位判断工程监理单位是否能胜任建设工程监理任务,在很大程度上要看工程监理单位在日常管理中有何特长,类似建设工程监理经验如何,针对本工程有何具体管理措施等。为此,工程监理单位应当将其现有的管理资源充分展现在投标文件中,以获得建设单位的认可,从而最终获取中标。

3. 监理大纲的编制

建设工程监理投标文件的核心是反映监理服务水平高低的监理大纲,尤其是针对工程具体情况制定的监理对策,以及向建设单位提出的原则性建议等。

监理大纲一般应包括以下主要内容。

(1)工程概述

根据建设单位提供和自己初步掌握的工程信息,对工程特征进行简要描述,主要包括工程名称、工程内容及建设规模;工程结构或工艺特点;工程地点及自然条件概况;工程质量、造价和进度控制目标等。

(2)监理依据和监理工作内容

① 监理依据:法律法规及政策;建设工程建设标准,包括《建设工程监理规范》;工程勘察设计文件;建设工程监理合同及相关建设工程合同等。

② 监理工作内容:一般包括质量控制、造价控制、进度控制、合同管理、信息管理、组织协调、安全生产管理的监理工作等。

(3)建设工程监理实施方案

建设工程监理实施方案是监理评标的重点。根据监理招标文件的要求,针对建设单位委托监理工程的特点,拟订监理工作指导思想、工作计划;主要管理措施、技术措施及控制要点;拟采用的监理方法和手段;监理工作制度和流程;监理文件资料管理和工作表式;拟投入的资源等。建设单位一般会特别关注工程监理单位资源的投入:一方面是项目监理机构的设置和人员配备,包括监理人员(尤其是总监理工程师)的素质、监理人员的数量和专业配套情况;另一方面是监理检测、办公等设备配置。

(4)建设工程监理难点、重点及合理化建议

建设工程监理难点、重点及合理化建议是整个投标文件的精髓。工程监理单位在熟悉招标文件和施工图的基础上,要按实际监理工作的开展和部署进行策划,既要全面涵盖"三控两管一协调"和安全生产管理职责的内容,又要有针对性地提出重点工作内容、分部分项工程控制措施和方法及合理化建议,并说明采纳这些建议将会在工程质量、造价、进度等方面产生的效益。

4. 编制投标文件的注意事项

建设工程监理招标、评标注重对工程监理单位能力的选择。因此,工程监理单位在投标时应在体现监理能力方面下功夫,着重解决下列问题。

(1)投标文件应对招标文件内容作出实质性响应。

(2)项目监理机构的设置应合理,要突出监理人员的素质,尤其是总监理工程师人选,将是建设单位重点考察的对象。

(3)应有类似建设工程监理经验。

(4)监理大纲能充分体现工程监理单位的技术、管理能力。

(5)监理服务报价既要符合招标文件要求,又要巧妙回避建设单位的苛刻要求,同时还要避免为提高竞争力而盲目扩大监理工作范围,否则会给合同履行留下隐患。

(四)参加开标及答疑

1. 参加开标

参加开标是工程监理单位需要认真准备的投标活动,应按时参加开标,避免

废标情况发生。开标活动视不同的情况可以采用线上或线下的方式进行。

2. 答疑

评标委员会在评标过程中，可以书面形式要求投标人对投标文件中含义不明确、对同类问题表述不一致或者有明显文字和计算错误的内容作出必要的澄清或者说明。投标人应当以书面方式进行澄清或者说明，其澄清或者说明不得超出投标文件的范围或者改变投标文件的实质性内容。对评标专家发出的质疑，投标人必须在规定的时限内做出真实、谨慎、合理的回复。

（五）投标后评估

投标后评估是对投标全过程的分析和总结，一个成熟的工程监理企业，无论建设工程监理投标成功与否，投标后评估不可缺少。投标后评估要全面评价投标决策是否正确，影响因素和环境条件是否分析全面，重难点和合理化建议是否有针对性，总监理工程师及项目监理机构成员人数、资历及组织机构设置是否合理，投标报价预测是否准确，参加开标和答疑是否充分，投标过程组织是否到位等。在投标过程中，任何导致成功与失败的细节都不能放过，这些细节是工程监理单位在随后投标过程中需要注意的问题。

二、建设工程监理投标策略

建设工程监理投标策略的合理制定和成功实施的关键在于对影响投标因素的深入分析、招标文件的把握和深刻理解、投标策略的针对性选择、项目监理机构的合理设置、合理化建议提出的重视及招标质疑的及时、有效地回复等环节。

（一）深入分析影响监理投标的因素

深入分析影响投标的因素是制定投标策略的前提，针对建设工程监理的特点，结合国内监理行业现状，可将影响投标决策的因素大致分为非正常因素和正常因素两大类，其中，非正常因素主要指受各种人为因素影响而出现的假招标、权力标、陪标、低价抢标、保护性招标等。对于正常因素，根据其性质和作用，可归纳为以下四类。

1. 分析建设单位（招标方）

招投标是一种买卖交易，在当今建筑市场属于买方市场的情况下，工程监理单位要想中标，分析建设单位（招标方）因素是至关重要的。

首先，分析建设单位对中标人的要求和建设单位提供的条件。应对照招标文件中的限制性条件、综合评分标准及评分细则进行自我评测，做到心中有数。其次，分析招标方对于工程建设资金的落实和筹措情况。

2. 分析自身应标条件（投标方）

（1）根据企业当前经营状况和长远经营目标，决定是否参加建设工程监理投标，并进行相应的报价。

（2）根据自身能力量力而行。通过分析招标限制条件要求，能够符合招标条件要求就积极参加投标。

（3）采用联合体投标，可以扬长避短。对于建设工程规模大、复杂程度高的监理招标工程，在招标文件中可以采用联合体投标，也可以采用联合体投标，这样可以优势互补、分担风险、实现双赢。这种情况下，就需要对选择的合作单位进行深入了解和分析。

3. 分析潜在投标人

要做到在投标时取胜，就要了解潜在的投标人的具体情况。综合起来，要从以下两个方面分析。

(1)判断哪些是潜在的投标人。结合以往的建设工程监理项目招标情况，往往参加投标的监理单位基本是常参加投标的监理单位，根据此次招标项目和目前监理项目实施情况就能基本判断有哪些单位参加投标。

(2)了解潜在投标人的投标特点。根据以往投标情况，详细分析潜在投标人的监理业绩、经营策略、技术实力，以确定自己在本次投标中所采取的技术经济策略。

4. 分析环境和条件

项目监理机构设置、人员配备、办公、通信、生活设施等设备的购置都与以下三个方面的因素有关，要提前考虑好。

(1)分析工程难易程度和工程施工条件。

(2)分析施工单位的综合实力。

(3)分析工程所在地社会文化环境条件。

(二)把握和深刻理解招标文件精神

招标文件是招标人(建设单位)对所需服务提出的要求，是工程监理单位编制投标文件的依据。因此，工程监理单位只有详细研究招标文件，领会意图及要求，才能全面、实质性地响应招标文件的要求。

对招标文件有疑问需要解释的，要按招标文件规定的时间和方式，及时向招标人提出质询。招标文件的书面修改是招标文件的组成部分，投标单位也应予以重视。

(三)选择有针对性的监理投标策略

由于招标内容不同、潜在投标人不同，所采取的投标策略也不相同，常采取以下几种策略。

1. 充分展示监理单位强大的综合实力、良好的业绩及信誉

工程监理单位在投标文件中要充分展示强大的综合实力，以往监理项目良好的业绩及信誉，对招标人和评标专家能够迅速形成良好的第一印象。这个策略适用于规模大、影响力大的工程项目，这类工程的招标人会注重工程监理单位的服务品质，对于价格因素不是很敏感。

2. 以对优化工期等承诺取胜

工程监理单位可以自身的优势，通过采用先进的管理技术(如 BIM 技术)对项目工期进行优化，让招标人对工期要求有充分的把握，并信任监理单位提出的建议。此策略适用于招标人(建设单位)对工期等因素比较敏感的工程。

3. 以附加超值服务取胜

对于综合实力比较强大的监理单位(项目管理公司),可以利用自己在工程监理、工程咨询、工程设计、招标代理、造价咨询等资质方面的优势,为招标人(建设单位)提供超值服务。此策略适用于工程项目前期建设较为复杂,招标人组织结构不完善,专业人才和经验不足的工程。

4. 开发监理市场,适应将来发展的需要

工程监理单位有时可能在投标项目中不能取得理想的效益,但为了开发监理市场,取得某项有代表性的工程业绩和锻炼监理人员的能力,也可以以微利参与投标并获取中标。

(四)充分重视项目监理机构的合理设置

充分重视项目监理机构的合理设置是实现监理投标策略的保证。由于监理服务性质的特殊性,监理服务的优劣不仅依赖监理人员是否遵循规范化的监理程序和方法,还取决于监理人员的业务素质、同类监理工程经验、分析问题、解决问题的能力及风险意识。因此,招标人会特别注重项目监理机构的设置和人员配备情况。工程监理单位必须选派与工程要求相适应的总监理工程师,配备专业齐全、结构合理的现场监理人员,具体操作中应特别注意以下三点。

(1)项目监理机构成员应满足招标文件要求,特别是有对人数、专业、资格、业绩要求的项目。

(2)对总监理工程师有相关监理业绩要求、有无在建工程等要求的要特别注意,选派的人选要能充分响应。

(3)要重点突出项目监理机构团队人员及经验介绍,内容翔实,让招标人相信团队能够完成建设工程监理任务。

(五)重视提出合理化建议

招标人会对这部分内容比较关注。有时可能在招标文件中没有此项要求,但投标时对此部分运用自身优异的综合能力,通过科学方法分析,提出合理化建议,可以提升招标人对工程监理单位完成监理任务的信心。

(六)及时、有效地回复招标质疑

监理单位在投标期内要对招标人(评标专家)在评审期间提出的质疑,及时、有效地回复,减少失分,从而提高中标率。

三、建设工程监理费用计取方法

工程监理费是指依据国家有关部门规定和规程规范要求,工程建设项目法人委托工程监理机构对建设项目全过程实施监理所支付的费用。工程监理费是建设工程总投资中属于工程建设其他费的部分,目前我国的工程监理费的取费标准参考《建设工程监理与相关服务收费管理规定》计取,并按照相应的地方规范作出调整。

由于建设工程类别、特点及服务内容不同,可采用不同方法计取工程监理。

通行的咨询计价方式有以下几种，具体采用哪种计价方式，应由双方在合同中约定。

1. 按费率计费

按费率计费是按照工程规模大小和所委托的咨询工作繁简，以建设投资的一定百分比来计算的。一般情况下，工程规模越大，建设投资越多，计算咨询费的百分比越小。这种方法比较简便、科学，颇受业主和咨询单位的欢迎，也是行业中工程咨询采用的计费方式之一。

考虑到改进设计、降低成本可能会导致服务费相应降低，可按其节约额的一定百分比给予奖励。

2. 按人工时计费

按人工时计费是根据合同项目执行时间(时间单位可以是小时，也可以是工作日或月)，以补偿费加一定数额的补贴来计算咨询费总额的。单位时间的补偿费用一般以咨询企业职员的基本工资为基础，再加上一定的管理费和利润(税前利润)。

采用按人工时计费方法时，咨询人员的差旅费、工作函电费、资料费，以及试验和检验费、交通和住宿费等均由业主另行支付。

按人工时计费主要适用于临时性、短期咨询业务活动，或者不宜按建设投资百分比等方法计算咨询费的情形。因为这种方法在一定程度上限制了咨询单位潜在效益增加，所以会使单位时间计取的咨询费比咨询单位实际支出的费用要高得多。

3. 按服务内容计费

按服务内容计费是指在明确咨询工作内容的基础上，业主与工程咨询公司协商一致确定的固定咨询费，或工程咨询公司在投标时以固定价形式进行报价而形成的咨询合同价格。当实际咨询工作量有所增减时，一般也不调整咨询费。

国内工程监理费用一般参考国家以往收费标准或以人工成本加酬金等方式计取。

第三节　建设工程监理合同管理

一、建设工程监理合同订立

(一)建设工程监理合同的特点

建设工程监理合同是指委托人(建设单位)与监理人(工程监理单位)就委托的建设工程监理与相关服务内容签订的明确双方义务和责任的协议。其中，委托人是指委托工程监理与相关服务的一方，以及其合法的继承人或受让人；监理人是指提供监理与相关服务的一方，以及其合法的继承人。

建设工程建设监理是一种委托合同，除具有委托合同的共同特点外，还具有以下特点。

(1)建设工程监理合同当事人双方应当是具有民事权利能力和民事行为能力、取得法人资格的企事业单位、其他社会组织，个人在法律允许范围内也可以成为合同当事人。委托人必须是具有国家批准的建设项目，落实投资计划的企事业单位、其他社会组织及个人，受托人必须是依法成立的具有法人资格的监理单位，并且所承担的工程监理业务应与企业资质等级和业务范围相符合。

(2)建设工程监理合同委托的工作内容必须符合法律法规、有关工程建设标准、勘察设计文件及合同、施工合同及物资采购合同。建设工程监理合同以对建设工程项目目标实施控制并履行建设工程安全生产管理法定职责为主要内容，因此，建设工程监理合同必须符合法律法规和有关工程建设标准，并与工程勘察设计文件、施工合同及材料设备采购合同相协调。

(3)建设工程监理合同的标的是服务。工程建设实施阶段所签订的勘察设计合同、施工合同、物资采购合同、委托加工合同的标的物是产生新的物质或信息成果，而监理合同的标的是服务，即监理工程师凭借自己的知识、经验、技能，受建设单位委托为其所签订的施工合同、物资采购合同等的履行实施监督管理。

(二)建设工程监理合同的主要内容

建设工程监理合同的订立意味着委托关系的形成，委托人与监理人之间的关系将受到合同约束。建设工程监理合同应采用书面形式约定双方的义务和违约责任，且通常会参照国家推荐使用的示范文本。除住房和城乡建设部和国家工商行政管理总局（现不再保留）发布《建设工程监理合同（示范文本）》（GF－2012－0202）外，国家发展和改革委员会等九部委联合发布的《标准监理招标文件（2017 版）》中也明确了监理合同条款及格式。监理合同条款由协议书、通用条件、专用条件、附录 A 和附录 B 组成。

1. 协议书

协议书不仅明确了委托人和监理人，还明确了双方约定的委托建设工程监理与相关服务的工程概况（工程名称、工程地点、工程规模、工程概算投资额或建筑安装工程费），总监理工程师（姓名、身份证号、注册号），签约酬金（监理酬金、相关服务酬金），服务期限（监理期限、相关服务期限），双方对履行合同的承诺及合同订立的时间、地点、份数等。

双方也可以在协议书中明确履约保证金格式。履约担保采用保函形式，履约保函标准格式主要有以下特点。

(1)担保期限。自委托人与监理人签订的合同生效之日起，至委托人签发工程竣工验收证书之日起 28 天后失效。

(2)担保方式。采用无条件担保方式，即持有履约保函的委托人认为监理人有严重违约情况时，即可凭保函要求担保人予以赔偿，无须监理人确认。在履约保函标准格式中，担保人承诺“在本担保有效期内，如果监理人不履行合同约定的义务或其履行不符合合同的约定，我方在收到你方以书面形式提出的在担保金额内的赔偿要求后，在 7 日内无条件支付”。

协议书还明确了建设工程监理合同的组成文件：①协议书；②中标通知书

(适用于招标工程)或委托书(适用于非招标工程);③投标文件(适用于招标工程)或监理与相关服务建议书(适用于非招标工程);④专用条件;⑤通用条件;⑥附录,即附录A,介绍相关服务的范围和内容;附录B,介绍委托人派遣的人员和提供的房屋、资料、设备。

建设工程监理合同签订后,双方依法签订的补充协议也是建设工程监理合同文件的组成部分。

协议书是一份标准的格式文件,经当事人双方在空格处填写具体规定的内容并签字盖章后,即发生法律效力。

2. 通用条件

通用条件涵盖了建设工程监理合同中所用的词语定义与解释,监理人的义务,委托人的义务,签约双方的违约责任,酬金支付,合同的生效、变更、暂停、解除与终止,争议解决及其他诸如外出考察费用、检测费用、咨询费用、奖励、守法诚信、保密、通知、著作权等方面的约定。通用文件适用于各类建设工程监理,各委托人、监理人都应遵守通用条件中的规定。

3. 专用条件

由于通用条件适用于各行业、各专业建设工程监理,因此,其中的某些条款规定得比较笼统,需要在签订具体建设工程监理合同时,结合地域特点、专业特点和委托监理的工程特点,对通用条件中的某些条款进行补充、修改。

补充是指通用条件中的条款明确规定,在该条款确定的原则下,专用条件中的条款须进一步明确具体内容,使通用条件、专用条件中相同序号的条款共同组成一条内容完备的条款。例如,通用条件2.2.1中规定监理依据包括:①适用的法律、行政法规及部门规章;②与工程有关的标准;③工程设计及有关文件;④本合同及委托人和第三方签订的与实施工程有关的其他合同。

双方根据建设工程的行业和地域特点,在专用条件中具体约定监理依据。

于是,就具体建设工程监理而言,委托人与监理人就需要根据工程的行业和地域特点,在专用条件中相同序号(2.2.1)条款中明确具体的监理依据。

修改是指通用条件中规定的程序方面的内容,如果双方认为不合适可以协议修改。例如,通用条件3.4中规定,“委托人应授权一名熟悉工程情况的代表,负责与监理人联系。委托人应在双方签订本合同后7天内,将委托人代表的姓名和职责书面告知监理人。当委托人更换委托人代表时,应提前7天通知监理人。”如果委托人或监理人认为7天的时间太短,经双方协商达成一致意见后,可在专用条件相同序号条款中写明具体的延长时间,如改为14天等。

4. 附录

附录包括两个部分,即附录A和附录B。

(1)附录A。如果委托人委托监理人完成相关服务时,应在附录A中明确约定委托的工作内容和范围。委托人根据工程建设管理需要,可以自主委托全部内容,也可以委托某个阶段的工作或部分服务内容。如果委托人仅委托建设工程监理,则不需要填写附录A。

(2)附录B。委托人为监理人开展正常监理工作派遣的人员和无偿提供的房屋、资料、设备,应在附录B中明确约定派遣或提供的对象、数量和时间。

二、建设工程监理合同履行

(一)委托人的主要义务

(1)委托人代表。通用条件规定,"委托人应授权一名熟悉工程情况的代表,负责与监理人联系。委托人应在双方签订本合同后7天内,将委托人代表的姓名和职责书面告知监理人。当委托人更换委托人代表时,应提前7天通知监理人。"因此,合同双方需要在专用条件中明确约定委托人代表。

(2)告知。委托人应在其与施工承包人及其他合同当事人签订的合同中明确监理人、总监理工程师和授予项目监理机构的权限。

如果监理人、总监理工程师及委托人授予项目监理机构的权限有变更,委托人也应以书面形式及时通知施工承包人及其他合同当事人。

(3)提供资料。委托人应按照专用条款约定,及时向监理人提供工程有关资料(包括规范标准、承包合同、勘察文件、设计文件等)。在建设工程监理合同履行过程中,委托人也应及时向监理人提供最新的与工程有关的资料。

(4)委托人意见或要求。在建设工程监理合同约定的监理与相关服务工作范围内,委托人对承包人的任何意见或要求应通知监理人,由监理人向承包人发出相应指令。

这样,有利于明确委托人与承包单位之间的合同责任,保证监理人独立、公平地实施监理工作与相关服务,避免出现不必要的合同纠纷。

(5)监理人意见答复。对于监理人以书面形式提交委托人的监理文件和要求作出决定的事宜,应当及时签收并向监理人出具文件签收凭证,并应在专用条件约定的时间内给予书面答复。逾期未答复的,视为委托人认可。

(6)委托人应按合同(包括补充协议)约定的额度、时间和方式向监理人支付酬金。

(7)奖励。监理人提出的合理化建议降低工程投资、缩短施工期限或者提高工程经济效益的,委托人应按专用合同条款的约定给予奖励。

(二)监理人的主要义务

1. 监理的范围和工作内容

(1)监理的范围

建设工程监理范围可能是整个建设工程,也可能是建设工程中一个或若干施工标段,还可能是一个或若干施工标段中的部分工程(如土建工程、机电设备安装工程、玻璃幕墙工程、桩基工程等)。合同双方需要在专用条件中明确建设工程监理的具体范围。

(2)监理的工作内容

对于强制实施监理的建设工程,通用条件约定了22项属于监理人需要完成的基本工作,也是确保建设工程监理取得成效的重要基础。

监理人需要完成的基本工作如下。

① 收到工程设计文件后编制监理规划，并在第一次工地会议 7 天前报委托人。根据有关规定和监理工作需要，编制监理实施细则。

② 熟悉工程设计文件，并参加由委托人主持的图纸会审和设计交底会议。

③ 参加由委托人主持的第一次工地会议；主持监理例会并根据工程需要主持或参加专题会议。

④ 审查施工承包人提交的施工组织设计，重点审查其中的质量安全技术措施、专项施工方案与工程建设强制性标准的符合性。

⑤ 检查施工承包人工程质量、安全生产管理制度及组织机构和人员资格。

⑥ 检查施工承包人专职安全生产管理人员的配备情况。

⑦ 审查施工承包人提交的施工进度计划，核查施工承包人对施工进度计划的调整。

⑧ 检查施工承包人的试验室。

⑨ 审核施工分包人的资质条件。

⑩ 查验施工承包人的施工测量放线成果。

⑪ 审查工程开工条件，对条件具备的签发开工令。

⑫ 审查施工承包人报送的工程材料、构配件、设备的质量证明资料，抽检进场的工程材料、构配件的质量。

⑬ 审核施工承包人提交的工程款支付申请，签发或出具工程款支付证书，并报委托人审核、批准。

⑭ 在巡视、旁站和检验过程中，发现工程质量、施工安全存在事故隐患的，要求施工承包人整改并报委托人。

⑮ 经委托人同意，签发工程暂停令和复工令。

⑯ 审查施工承包人提交的采用新材料、新工艺、新技术、新设备的论证材料及相关验收标准。

⑰ 验收隐蔽工程、分部分项工程。

⑱ 审查施工承包人提交的工程变更申请，协调处理施工进度调整、费用索赔、合同争议等事项。

⑲ 审查施工承包人提交的竣工验收申请，编写工程质量评估报告。

⑳ 参加工程竣工验收，签署竣工验收意见。

㉑ 审查施工承包人提交的竣工结算申请并报委托人。

㉒ 编制、整理建设工程监理归档文件并报委托人。

2. 工程监理职责

(1)监理人应按合同协议书的约定指派总监理工程师，并在约定的期限内到职。监理人更换总监理工程师应事先征得委托人的同意，并在更换 14 天前将拟定更换的总监理工程师的姓名和详细资料提交给委托人。总监理工程师 2 天内不能履行职责的，应事先征得委托人的同意，并委派代表代行其职责。

(2)监理人为履行合同发出的一切函件均应盖有监理人单位章或由监理人

授权的项目机构章，并由监理人的总监理工程师签字确认。按照专用合同条款约定，总监理工程师可以授权其下属人员履行其某项职责，但事先应将这些人员的姓名和授权范围书面通知委托人和承包人。

(3)监理人应在接到开始监理通知之日起7天内，向委托人提交项目监理机构及人员安排的报告，其内容应包括项目机构设置、主要监理人员和作业人员的名单及资格条件。主要人员应相对稳定，更换主要监理人员的，应取得委托人的同意，并向委托人提交继任人员的资格、管理经验等资料，除专用合同条款另有约定外，主要监理人员包括总监理工程师、专业监理工程师等，其他人员包括各专业的监理员、资料员等。

(4)除专用合同条款另有约定外，建议监理人根据工程情况对监理责任进行保险，并在合同履行期间保持足额、有效。

(5)总监理工程师应当在办理工程质量监督手续前签署工程质量终身责任承诺书，连同法人代表出具的授权书，报送工程质量监督机构备案。总监理工程师应当按照法律法规、有关技术标准、设计文件和工程承包合同进行监理，对施工质量承担监理责任。

(6)监理人应当根据法律法规、规范标准、合同约定和委托人的要求实施和完成监理，并编制和移交监理文件。监理文件的深度应满足本阶段相应监理工作的规定要求，满足委托人下一步工作需要，并应符合国家和行业现行规定。

(7)在合同履行中，监理人可对委托人的要求提出合理化建议。合理化建议应以书面形式提交给委托人。

(8)监理人应对施工承包人在缺陷责任期的质量缺陷修复进行监理。

(三)违约责任

1. 委托人违约

在合同履行中发生下列情况之一的，属于委托人违约。

(1)委托人未按合同约定支付监理报酬。

(2)因委托人原因造成监理工作停止。

(3)委托人无法履行或停止履行合同。

(4)委托人不履行合同约定的其他义务。

委托人发生违约情况时，监理人可向委托人发出暂停监理通知，要求其在规定期限内纠正；逾期仍不纠正的，监理人有权解除合同并向委托人发出解除合同通知。委托人应当承担由违约造成的费用增加、周期延误和监理人损失等。

2. 监理人违约

在合同履行中发生下列情况之一的，属于监理人违约。

(1)监理文件不符合规范标准及合同约定。

(2)监理人转让监理工作。

(3)监理人未按合同约定实施监理并造成工程损失。

(4)监理人无法履行或停止履行合同。

(5)监理人不履行合同约定的其他义务。

监理人发生违约情况时，委托人可向监理人发出整改通知，要求其在限定期限内纠正；逾期仍不纠正的，委托人有权解除合同并向监理人发出解除合同通知。监理人应当承担由违约造成的费用增加、周期延误和委托人损失等。

（四）监理合同终止

以下条件全部成就时，监理合同即告终止。

（1）监理人完成合同约定的全部工作。

（2）委托人与监理人结清并支付全部酬金。

（3）工程竣工移交并满足监理合同终止的全部条件。

［问一问］

监理合同终止的条件是什么？

思　考　题

1. 建设工程监理招标有哪些方式？各有何特点？
2. 建设工程监理招标程序中包括哪些工作内容？
3. 建设工程监理招标文件包括哪些内容？
4. 建设工程监理评标内容有哪些？
5. 建设工程监理评标方法有哪些？
6. 建设工程监理投标决策应遵循哪些原则？
7. 建设工程监理投标决策定量分析方法有哪些？基本原理是什么？
8. 编制建设工程监理投标文件应注意哪些事项？
9. 影响建设工程监理投标的因素有哪些？
10. 建设工程监理投标策略有哪些？
11. 建设工程监理费用计取方法有哪些？
12. 建设工程监理合同有何特点？
13. 建设工程监理合同双方当事人的义务分别有哪些？
14. 建设工程监理合同双方当事人的违约情形分别有哪些？
15. 建设工程监理合同中规定的监理人的基本工作内容有哪些？

第四章 建设工程监理组织

【教学目标】

1. 了解:组织活动的基本原理。

2. 熟悉:建筑工程承发包模式及对应的监理模式,工程项目监理组织形式与各级监理人员的职责分工。

3. 掌握:组织协调的工作内容及具体做法。

【知识链接】

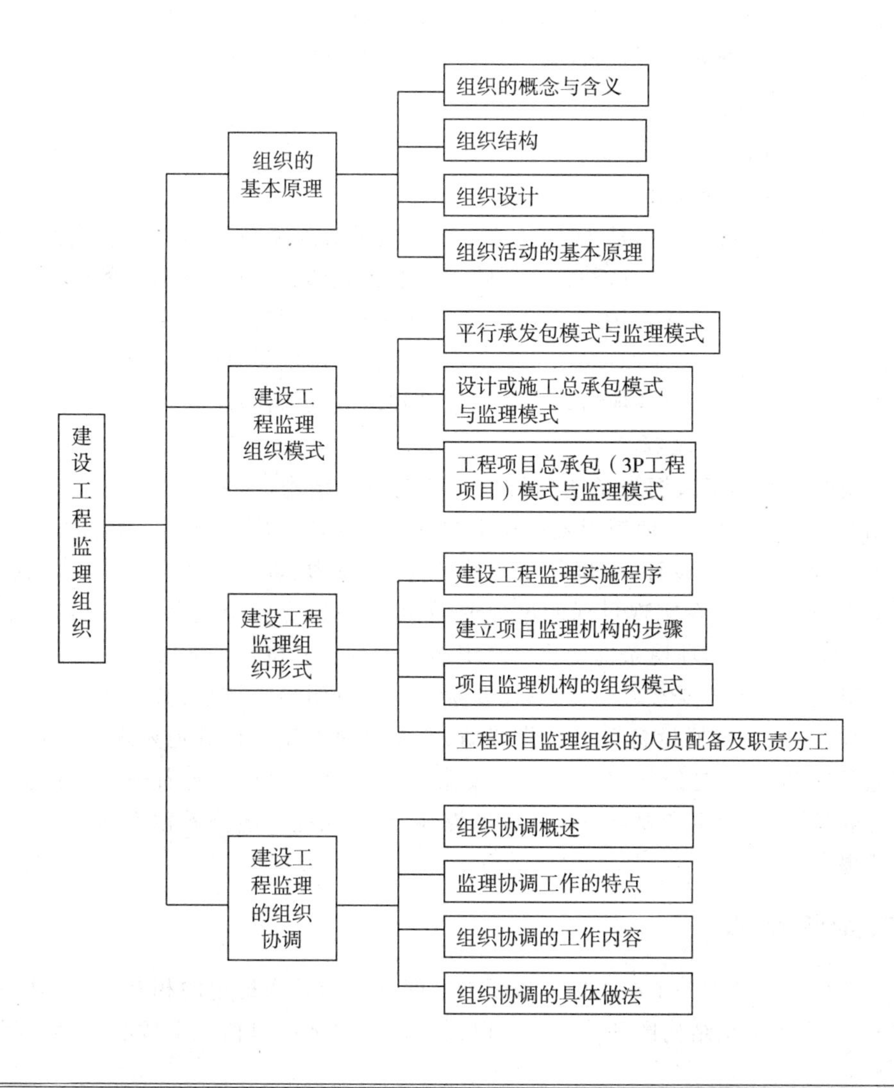

第一节　组织的基本原理

社会的不断发展，使人们的需求日趋复杂化、多样化，单靠个人的努力已无法满足这种需求，必须依靠众人的努力，因此便形成组织。组织是管理中的一项重要的基本职能。建立一支精干、高效的工程项目监理组织机构，并使之正常运行是实现建设监理目标的前提和保证。

一、组织的概念与含义

(一)组织的概念

组织是指为了使系统达到它的特定目标，使全体参加者经分工与协作及设置不同层次的权力和责任制而构成的一种人的组合体，其具有以下三层意思。

(1)组织必须有目标。目标是组织存在的前提。

(2)组织内部必须有不同层次的权力与相应的责任制。

(3)组织内各成员在各自岗位上为实现共同目标而进行分工与协作。

(二)组织的含义

组织包含以下两个含义。

1. 组织是一个实体

作为一个实体，组织是为了达到自身目标而结合在一起的具有正式关系的一群人。对于正式组织，这种关系反映了人们正式的、有意形成的职务或岗位结构，组织必须具有目标且为了达到自身的目标而产生和存在。在组织工作中的人们必须承担某种职务，对承担的职务需要进行专门的设计，规定所需各项活动有人去完成，并且保持各项活动协调一致，同时获得更高的效率。

2. 组织是一个过程

[想一想]
如何理解组织的含义?

组织主要是指人们为了达到目标而创造组织结构，为适应环境的变化而维持和调整组织结构，并使组织发挥作用的过程。管理人员要根据工作的需要，对组织结构进行合理设计，明确每个岗位的任务、权力、责任和相互关系及信息沟通的渠道，使人们在实现目标的过程中，能够发挥比合作个人总和更大的能量。管理人员还要根据环境条件变化对组织结构进行改革和创新再创造。

组织作为生产要素之一，与其他要素相比具有明显的特点：其他要素可以相互替代，如增加机器设备可以替代劳动力，而组织不能替代其他要素，也不能被其他要素取代，但是组织可以使其他要素合理配合而增值。随着现代化社会大生产的发展、其他生产要素复杂程度的提高，组织在提高经济效益方面的作用也显著提高。

二、组织结构

组织结构是指一个组织内构成要素之间确定的较为稳定的相互关系和联系方式，并且用组织结构图和职位图加以说明。组织结构包括三个核心内容，即组织结构的复杂性、规范性和集权与分权性。

1. 组织结构的复杂性

组织结构的复杂性是指一个组织中的差异性，它包含横向差异性、纵向差异性和空间分布差异性。这三个差异性中的任何一个发生变化都会影响到组织结构的复杂性程度的变化。横向差异性产生于组织成员之间的差异性和由社会劳动分工所造成的部门分工，纵向差异性是指组织结构中纵向垂直管理层的层数及层级之间的差异程度，空间分布差异性是指一个组织机构的管理机构、工作地点及其人员在地区分布上形成的差异程度。

2. 组织结构的规范性

组织结构的规范性是指组织中各项工作的标准化程度，具体来说是指有关指导和限制组织成员行为和活动的方针政策、规章制度、工作程序、工作过程的标准化程度。在一个组织中，其规范化程度随着技术和专业工作的不同而产生差异，还随着管理层次的高低和职能的分工而有所差异，提高组织的规范性可以给组织带来效益。工作越规范，工作自由度就越小，这就意味着成本越低。

3. 组织结构的集权与分权性

组织结构的集权与分权性是指组织结构中的决策权集中在组织结构的一个点上及其程度与差异。高度集权即决策权高度集中在最高管理层中。低度集权是指决策权分散在组织各管理层乃至底层的每个员工。因此，低度集权又称分权。当高层决策者控制决策过程中的所有步骤时，决策是最集权的，适当分权可以使组织得到很多好处，但在某些情况下，集权会更有利。

当组织的复杂性程度增大是由纵向差异性和空间差异性大而引起时，一般将导致规范化程度降低。当组织的复杂化程度高是由于横向差异大时，如果由于非技术性的劳动分工增加而增大时，必然导致高度的规范化，若是由专业技术人员的分工引起的，则有较高的“内在”的规范性，组织对他们的“外在”的规范化程度就低。复杂性与集权性之间成反比关系，复杂性总与分权性相伴随。一个组织的成员以劳动工人为主，便会有许多规章制度来规范员工的行为，高层管理者一般采用高度规范性和集权性的组织结构；反之，如果一个组织成员多是专家和专业技术人员，就要有低规范性和分权性的组织结构与之相适应。

[做一做]

列表分析组织结构的复杂性、规范性和集权与分权性之间的关系。

三、组织设计

组织设计是指对一个组织的结构进行规划、构造、创新和再构造的过程。它是管理者在系统中建立有效的相互关系的一种合理的、有意识的过程。有效的组织设计在提高组织活动效能方面起着重大作用，组织设计的最终结果是形成组织结构。组织设计的流程如图 4 - 1 所示。

1. 组织的构成因素

组织结构一般是上小下大的形式，由管理层次、管理跨度、管理部门、管理职能四大因素组成，各因素之间密切相关、互相制约。在进行组织结构设计时，必须充分考虑各因素之间的平衡与衔接。

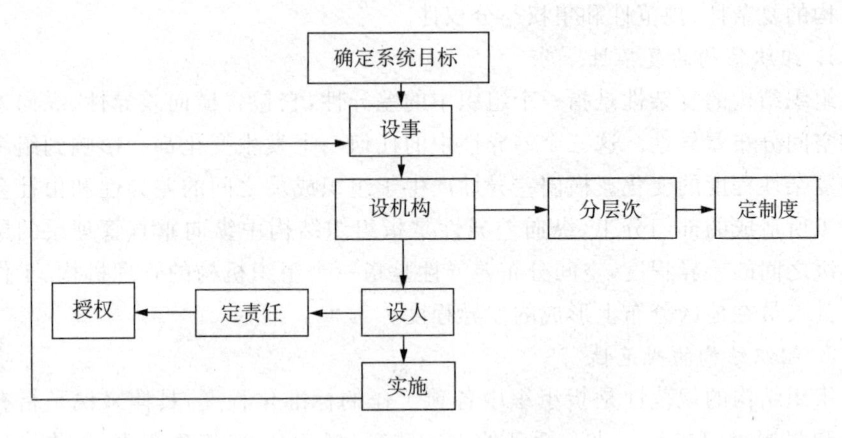

图 4-1 组织设计的流程

(1)管理层次

管理层次是指从组织的最高管理者到最基层的实际工作人员之间的等级层次的数量。

[想一想]

各管理层次的职能和要求有什么不同?

管理层次可以分为决策层、协调层和执行层、操作层三个层次。决策层的任务是确定组织管理的目标和大政方针及实施计划,它必须精干、高效。协调层的主要任务是参谋、咨询的职能,其人员应有较高的业务工作能力;执行层的任务是从事直接调动和组织人力、财力、物力等具体活动,其人员应有实干精神并能坚决贯彻管理指令。操作层的任务是从事操作和完成具体任务,其人员应有熟练的作业技能。这三个层次的职能和要求不同,标志着不同的职责和权限。管理层次应根据组织、战略、规律、环境、技术等合理设置,管理层次过多会造成资源和人力的浪费,也会使信息传递慢,指令协调困难。

(2)管理跨度

管理跨度是指一名上级管理人员所直接管理的下级人数。由于每个人的能力和精力都是有限的,因此为了使组织能高效地运行,必须确定合理的跨度。

管理跨度的大小受很多因素的影响,它与管理人员的性格、才能、个人精力、授权程度及被管理者的素质有关。此外,管理跨度的大小还与职能的难易程度、工作的相似程度、工作地点远近、工作制度和程序等客观因素有关。

确定合理的管理跨度,须积累经验并在实践中不断调整。通常一个组织中高中级管理人员的运行管理跨度为 3~9 人或部门,而低级管理人员的有效管理跨度可大些。

(3)管理部门

管理部门是指组织结构中由工作人员组成的若干管理单元。划分部门就是对劳动管理的合理分工,将不同的管理人员安排在不同的管理岗位和部门中,通过他们在特定的环境、特定的相互关系中的管理工作,整个管理系统得以有机运转起来。组织中管理部门的合理化对发挥组织效能十分重要,如果划分不合理,不仅会造成控制和协调困难,还会造成人浮于事,浪费人力、物力、财力。划分部门要根据组织目标和工作内容确定,形成既相互分工又相互配合的有机整体。

(4)管理职能

管理职能是指组织中各部门应完成的组织任务和目标。组织设计中确定各部门的职能,应便于纵向的领导、检查、指挥,达到指令传递快,信息反馈及时,横向各部门间相互联系、协调一致,各部门有职有责、尽职尽责。

2. 组织设计原则

项目监理机构组织设计一般须考虑以下几项原则。

(1)管理跨度与管理层次统一

最佳跨度是指管理组织中一个职能部门最合理的能够管理与控制的下一级部门及部门之间关系的数量。管理部门与管理层次相互制约,并且成反比关系。扩大管理跨度可以使管理层次减少,加快信息传递,减少信息失真,信息反馈及时,同时,减少管理人员,降低管理费用;反之,则相反。一般来说,在项目监理机构设置中,应该在通盘考虑影响管理跨度的后勤因素后根据具体情况确定管理层次。常见的建设工程监理组织的管理层次一般分为2~3个,在实际运用中应根据内部条件和外部环境等具体情况确定管理层次。

(2)职能分工与协作统一

[谈一谈]

结合实际,谈谈你对监理机构组织设计原则的理解。

分工是指按照提高监理专业化程度和工作效益的需求,把现场监理组织的任务和目标进行分解,明确规定每个层次、每个部门乃至个人的工作内容、工作范围及完成工作的方法和手段。协作是指部门之间、部门内人之间的协调与配合。管理组织中的管理职能,只有通过专业化才能提高管理职能的强度和工作效率。因此,在监理组织设计中,分工尽可能按照专业化的要求设置组织机构,工作分工要严密,每个人承担的工作应力求达到较熟练的程度,同时要注意分工的经济效益,在协作时要强调协调的主动性,要有具体可行的协调配合办法,对协调中的各项关系,应尽可能做到规范化和程序化。

(3)集权与分权统一

在项目机构设计中,集权是指总监理工程师掌握所有监理大权,各专业监理工程师只是其命令的执行者;分权是指各专业监理工程师在各自管理的范围内有足够的决策权,总监理工程师主要起协调作用。事实上,在任何组织中都不存在绝对的集权与分权,只是权力的分配程度不同。在工程项目建设监理中,实行总监理工程师负责制,要求建设监理组织采取一定的集权形式,以保证统一指挥。项目监理机构是采用集权形式还是分权形式,要根据建设工程的特点、性质,总监理工程师的能力、精力及各专业监理工程师的工作经验、工作能力、工作态度等因素进行综合考虑。

(4)责权一致

在项目监理机构中应明确划分职能、权力范围,保证职责与权力相一致。只有做到有职、有责、有权,才能使机构正常运行。权大于责容易导致瞎指挥,滥用职权;责大于权就会影响管理人员的积极性、主动性、创造性,使组织缺乏活力。

(5)才职相称

每项工作都应该确定为完成该工作所需要的知识与技能。通过对组织中各成员的考察，了解其知识、经验、才能、兴趣等，使每个人现有的和可能的才能与其职位上的要求相适应，做到才职相称、人尽其才、才尽其用。

(6)经济效益

合理组织设计必须精干、高效，用较少的人员、较少的层次、较少的时间来达到管理效果。因此，组织结构中每个部门、每个人都为了统一的目标，组合成适宜的结构形式，实行有效的内部协调，使办事简洁而正确，减少重复和扯皮。

(7)弹性

组织机构既要具有相对的稳定性，又要随组织内部和外部条件而变化，根据长远目标的要求，对管理部门和人员进行相应的调整，使组织机构具有一定的适应性。

四、组织活动的基本原理

1. 要素有用性

一个组织的基本要素有人力、物力、财力、信息、时间等。这些要素都是有用的，但作用的大小不尽相同，有的要素起决定作用，有的要素起辅助作用，有的要素在某个时间段上起作用。适用要素有用性原理，首先应看到人力、物力、财力等因素在组织活动中的有用性，要根据各要素作用的大小、主次、好坏进行合理安排、组合和使用，做到人尽其才、财尽其用、物尽其用，尽最大可能提高各要素的使用效率。

[做一做]

用世界普遍联系的观点分析要素有用性原理。

2. 动态相关性

组织系统处在静止状态是相对的，处在运动状态是绝对的。组织机构内部各要素之间既相互联系又相互制约，既相互依存又相互排斥。这种相互作用推动组织活动的进行与发展。这种相互作用的因子称为相关因子，充分发挥相关因子的作用，是提高组织管理效应的有效途径。事物在组合过程中，由于相关因子的作用可以发生质变。整体效应不等于其各局部效应的简单相加，这就是动态相关性原理。组织管理者的主要任务就是通过调整各要素，使组织活动的整体效应大于其局部之和。

3. 主观能动性

在组织的各要素中，人是最根本、最活跃的因素。人是有思想、有感情、有创造的，人的主观能动性是客观存在的，最终管理者的重要任务就是要把人的主观能动性发挥出来。当主观能动性发挥出来后，就能最大限度地发挥其作用，就会取得更好的效果。

4. 规律效应性

规律是客观事物内部的、本质的、必然的联系。组织管理者在管理过程中要掌握规律，按规律办事，把注意力放在抓事物内部的、本质的、必然的联系上，以达到预期的目标，取得良好的效应。一个成功的管理者只有始终努力揭示规律，严格按客观规律办事，从而实现组织的预期目标，才能取得良好的效应。

第二节　建设工程监理组织模式

建设工程监理组织模式很大程度上取决于建设工程的管理模式。建设工程的管理模式主要包括平行承发包模式、设计或施工总承包模式、工程项目总承包（3P项目）模式。

一、平行承发包模式与监理模式

（一）平行承发包模式

1. 平行承发包的特点

平行承发包是指建设单位将建设工程的设计、施工及材料的采购任务经过分解，分别发包给若干个设计单位、施工单位和材料供应单位，并分别与各方签订合同，各设计、施工和材料单位之间是平行的，如图4－2所示。

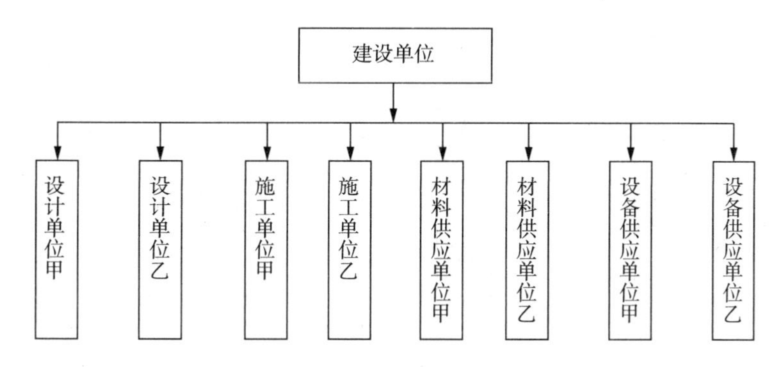

图4－2　平行承发包模式

［问一问］
如何理解平行承发包模式的特点？

平行承发包模式的重点是将项目进行合理分解、分类综合，以确定每个合同发包的内容，便于择优选择承包商。在进行任务分解与确定合同数量、内容时应考虑以下因素：首先，考虑工程项目的性质、规模、结构特点，工程项目规模大、范围广、专业多、工期长，往往合同数量多；其次，考虑市场情况，根据承建单位的专业性质、规模大小、市场分布状况，力求项目分包与市场结构相适应，合同任务与内容要适合各级别承包商的参与竞争，符合市场惯例；最后，要考虑贷款协议对承包商的要求。

2. 平行承发包模式的优缺点

（1）优点

第一，有利于缩短工期。由于设计和施工任务经过分解分别发包，设计阶段和施工阶段有可能形成搭接关系，从而缩短整个建设工程工期。

第二，有利于质量控制，整个工程经过分解分别分发包给各承建单位，合同约束与相互制约使每一部分都能较好地实现质量要求。

第三，有利于业主选择承建单位。这种模式的合同内容比较单一，合同价值小，风险小，可以使更多专业性强、规模小的承建企业参与竞争，业主就可以在更大的范围内选择承建商。

(2)缺点

第一,这种承发包模式合同数量多,业主与承建商合同管理麻烦,要加强合同管理力度,加强各承建单位之间的横向联系和协调工作。

第二,投资控制难度大,由于工程招标量大,多项合同价格需要确定,因此,合同总价不宜确定,增加了投资控制难度。同时,在施工过程中设计变更和修改较多,导致投资增加的可能性加大。

(二)平行承发包模式的监理模式

与平行承发包模式相适应的监理模式有以下两种主要形式。

(1)建设单位可以委托一家监理企业对整个工程项目实施监理。这种监理模式要求监理企业有较强的合同管理与组织协调能力、全面规划能力。监理单位可以组建多个分机构对各承建单位分别实施监理,项目总监理工程师应重点做好总体协调工作,加强横向联系,保证建设工程监理工作的有效运行,如图 4-3 所示。

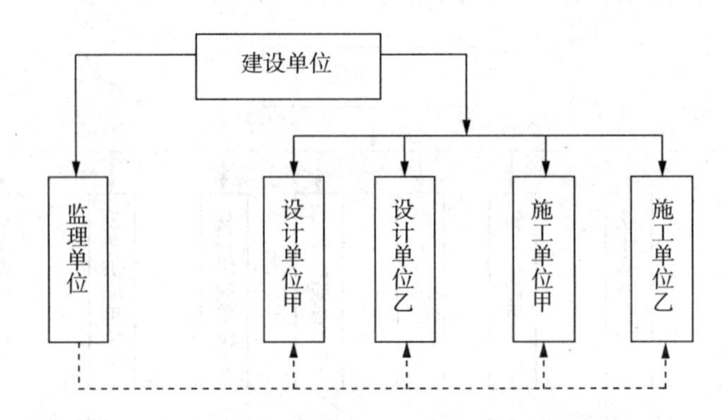

图 4-3 平行承发包模式委托一家监理的监理模式

(2)建设单位可以委托多家监理企业监理。采用这种模式,由于业主分别与多个监理单位签订委托监理合同,监理企业的监理对象单一,便于对承包商进行管理。但建设工程监理工作被肢解,各监理单位之间的相互协作与配合需要建设单位进行协调,缺少一个对工程进行总体规划与协调控制的监理单位,如图 4-4 所示。

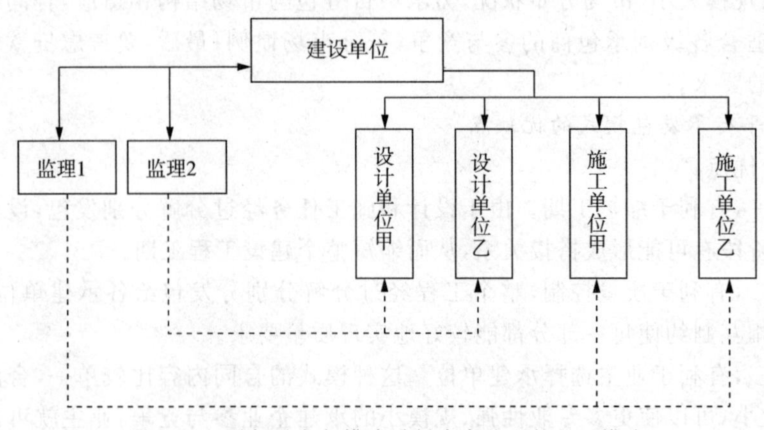

图 4-4 平行承发包模式委托多家监理的监理模式

二、设计或施工总承包模式与监理模式

(一)设计或施工总承包模式

1. 设计或施工总承包模式的特点

设计或施工总承包模式是指建设单位将主要部分设计发包给一个设计单位作为设计总承包,将主要施工任务发包给一个施工单位作为施工总承包,总承包单位可以将其部分任务再分包给其他承建单位,形成一个设计总承包合同和有关施工总承包合同及若干各分包合同的结构模式,如图 4-5 所示。

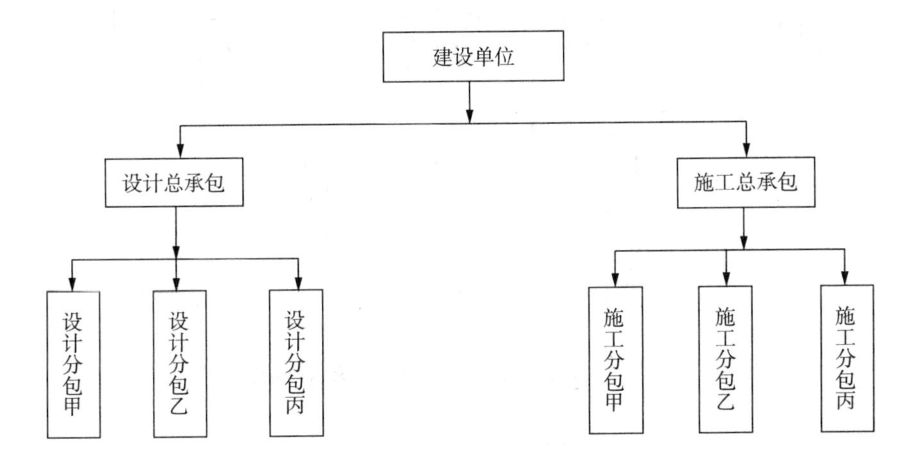

图 4-5　设计或施工总承包模式

2. 设计或施工总承包模式的优缺点

(1)优点

第一,有利于建设工程的组织管理和投资控制,由于建设单位只与一个设计总承包单位和一个施工总承包单位签订合同,合同数量少,因此,有利于组织协调和合同管理,同时,由于总包合同价格可以较早确定,易于造价控制。

第二,有利于质量控制和工期控制。这种模式既有分包自控,又有总承包单位的监督,还有工程监理单位的检查认可,有利于质量控制,同时总、分包单位之间起相互制约作用,有利于总体进度的协调控制。

(2)缺点

第一,建设周期长,由于只有在设计图纸全部完成后才能进行施工总承包招标,因此不能将设计与施工搭接。

第二,总包报价可能较高,对于规模较大的工程来说,通常只有大型承建单位有总承包的资格和能力,竞争相对不激烈。另外,对于分包出去的工程,总承包单位都要在分包报价的基础上加收管理费。

(二)设计或施工总承包模式的监理模式

对于设计或施工总承包模式,建设单位可以委托一家监理企业对工程实施阶段性全过程进行监理,也可以分别按照设计阶段和施工阶段委托监理。前者

的优点是监理单位可以对设计阶段和施工阶段的工程投资、进度、质量统筹进行考虑，有利于设计总包单位和施工总包单位的协调。虽然总包单位对承包合同承担最终，但分包单位的资质、能力直接影响工程各项目标的实现。因此，监理工程师必须做好对分包单位的资质、业绩的审查和确认工作，如图4－6和图4－7所示。

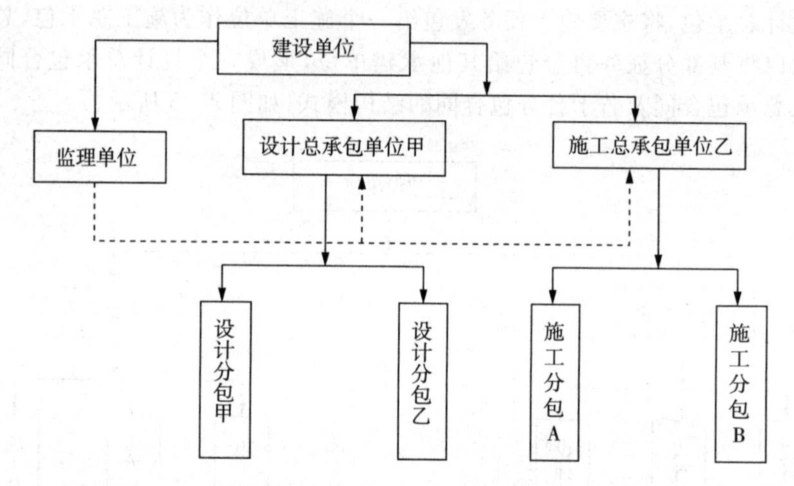

图4－6　设计或施工总承包模式委托一家监理的监理模式

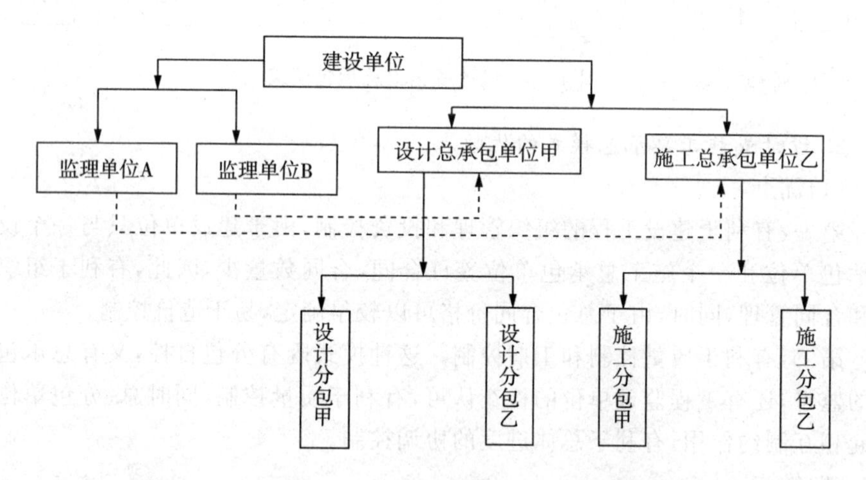

图4－7　设计或施工总承包模式委托多家监理的监理模式

三、工程项目总承包(3P工程项目)模式与监理模式

(一)工程项目总承包模式(3P工程项目)

1. 工程项目总承包模式(3P工程项目)的特点

工程项目总承包模式是建设单位把一个工程项目的全部设计任务和施工任务都发包给一个总承包单位，总承包单位可以自行完成全部设计和全部施工任务，也可以把项目的部分设计任务和部分施工任务在取得业主认可的前提下，分

别发包给其他设计单位和施工单位。

3P工程项目是政府和社会资本合作的公共基础设施中的一种项目，管理上与项目总承包模式类似。

按工程项目总承包模式(3P工程项目)发包的工程，项目总承包单位要向业主交出一个达到使用条件的项目，又称“交钥匙工程”，如图4-8所示。

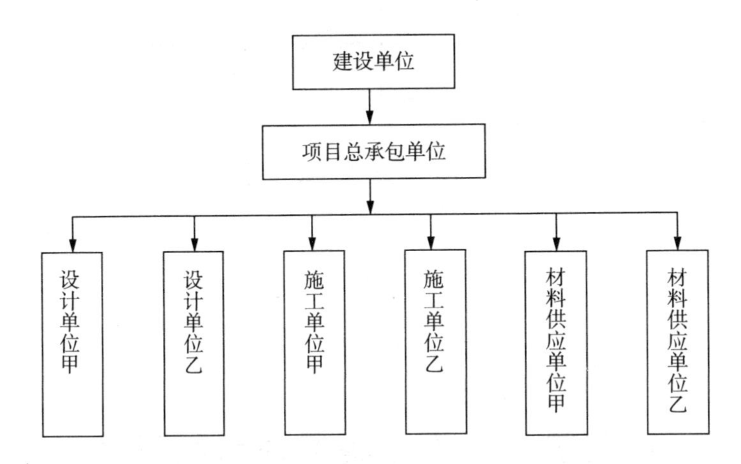

图4-8 工程项目总承包模式(3P工程项目)

2. 工程项目总承包模式的优缺点

(1)优点

第一，合同关系简单，组织协调工作量小。建设单位只与项目总承包单位签订一个合同，合同关系大大简化。监理工程师主要与项目总承包单位进行协调。

第二，合同建设期短。由于设计和施工由一个单位统筹安排，使两个阶段有机融合，一般能做到设计与施工阶段相互搭接，因此有利进度目标控制。

第三，有利于投资控制。通过设计与施工的统筹考虑，可以提高项目的经济性，从价值工程或全寿命费用的角度可以取得明显的经济效益，但这并不意味着项目总承包价格低。

(2)缺点

第一，合同条款不宜准确确定。合同条款难度一般较大，容易引起较多的合同纠纷。

第二，建设单位择优选择承包商的范围小。合同价格较高，承包商承担着较大的风险。

第三，质量控制难度大。质量标准和功能要求不易做到全面、具体、准确，同时质量的制约机制薄弱，缺少相互制约机制。

(二)工程项目总承包模式下的监理模式

在工程项目总承包模式下，建设单位可与总承包单位签订一份工程承包合同，一般宜委托一家监理单位进行监理，要求总监理工程师具备较全面的知识，如图4-9所示。

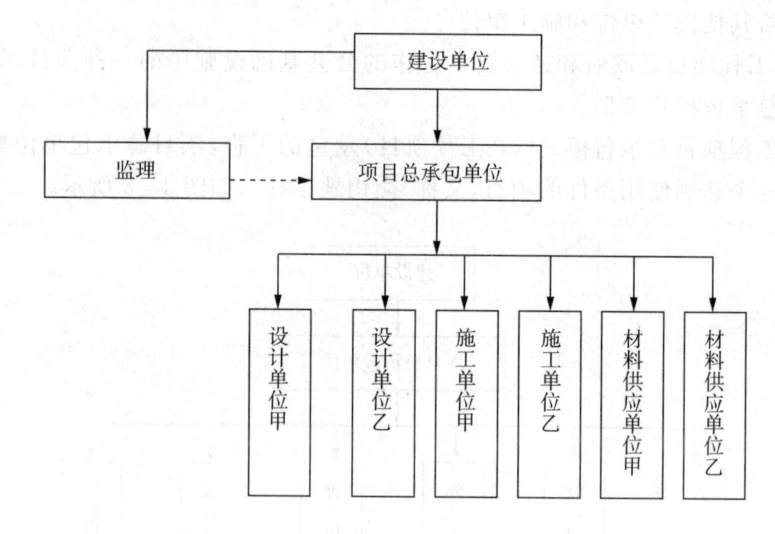

图 4－9　工程项目总承包模式

第三节　建设工程监理组织形式

监理单位与建设单位签订委托监理合同后，就意味着监理业务正式成立，进入工程项目建设监理的实施阶段。

一、建设工程监理实施程序

1. 确认或委托项目总监理工程师

监理单位应根据建设工程的规模、性质、建设单位对监理的要求，委派称职的人员担任总监理工程师，代表监理单位全面负责该工程的监理工作。通常情况下，监理单位在承接工程监理业务时，在参与工程监理的投标、编制监理大纲及与建设单位签订委托监理合同时，即应选派称职的人员主持该项目工作。在监理任务确定并签订委托监理合同后，该主持人即可作为项目总监理工程师。这样项目的总监理工程师在承接任务时已介入，从而更能了解建设单位的建设意图和对监理工作的要求，并与后续工作很好地衔接。总监理工程师是一个建设工程监理工作的总负责人，他对内向监理单位负责，对外向建设单位负责。

[想一想]
工程项目建设监理程序有哪些?

2. 收集和熟悉有关文件

监理单位组成项目监理部后，必须进一步熟悉该监理工程项目的情况，收集相关资料，以作为监理工作开展的依据，包括：①与工程项目有关的批文、报告、图纸、合同等；②工程所在地工程建设政策、法规等有关资料；③工程所在地区技术经济状况等有关建设条件资料；④类似工程项目建设情况的有关资料。

3. 编制工程项目监理规划和制定监理实施细则

工程项目监理规划是指对项目监理组织全面开展交流活动的纲领性文件，是监理人员有效开展工作的依据和指导性文件。在监理规划指导下，为具体指导工程项目投资、质量、进度控制，安全生产的监理工作的进行，应结合工程实际情况，编制相应的实施细则。

4. 监理交底

在监理工作实施前，总监理工程师应就监理工程项目管理工作的重点、难点及监理工作应该注意的问题，事先向监理部交底，增强监理工作的针对性和预见性。

5. 按合同实施监理工作

根据制定的监理规划，建立细则，规范化地开展监理工作，各项工作都按一定的逻辑顺序先后开展，不同专业、不同层次的专家群体职责分工严密，每项监理工作应达到措施具体、目标明确。

6. 监理工作结束，签署工程建设监理意见

委托监理合同规定监理单位在监理的项目完成后，要对该项目进行预验收。在预验收中提出的问题要向施工单位提出合理要求，待整改结束后，向建设单位提出工程质量评估报告并签署工程建设监理意见。

7. 提交工程建设监理档案资料和监理工作总结

监理工作完成后，监理单位向建设单位提交监理档案资料，其主要内容包括设计变更资料、工程变更资料、监理指令性文件、各种签证资料和其他约定提交的资料。

资料工作完成后，项目监理机构应及时进行监理工作总结。其一，向建设单位提交监理工作总结，主要内容包括：委托监理合同履行情况概述，监理任务或监理目标完成情况，由建设单位提供的供监理活动使用的办公用房、试验设施的清单，表明监理工作终结的说明等；其二，向监理单位提交监理工作总结，主要内容包括：监理工作经验，可采用的某种技术方法或经济组织措施的经验，签订监理合同、协调关系的经验，监理工作中存在的问题及改进的建议等。

二、建立项目监理机构的步骤

监理企业在组织项目监理机构时一般按以下步骤进行，如图 4－10 所示。

1. 确定建设工程监理组织目标

建设工程监理目标是项目监理机构建立的前提，项目监理机构的建立应根据委托监理合同中确定的监理组织目标，制定总目标并明确划分监理机构的分解目标。

2. 确定监理工作内容

根据监理组织目标和委托监理合同规定的监理任务，明确列出监理工作内容，并进行分类、归并及组合。对全过程监理工作可按设计阶段和施工阶段分别归并和组合。

[想一想]

设计阶段和施工阶段监理工作内容各有哪些？

施工阶段监理可以按投资、质量、进度、安全目标进行归并和组合。监理工作的归并与组合应便于监理目标控制，不仅应综合考虑监理工作的组织模式、工程结构特点、合同工期要求、工程复杂程度、工程管理及技术特点，还应考虑监理

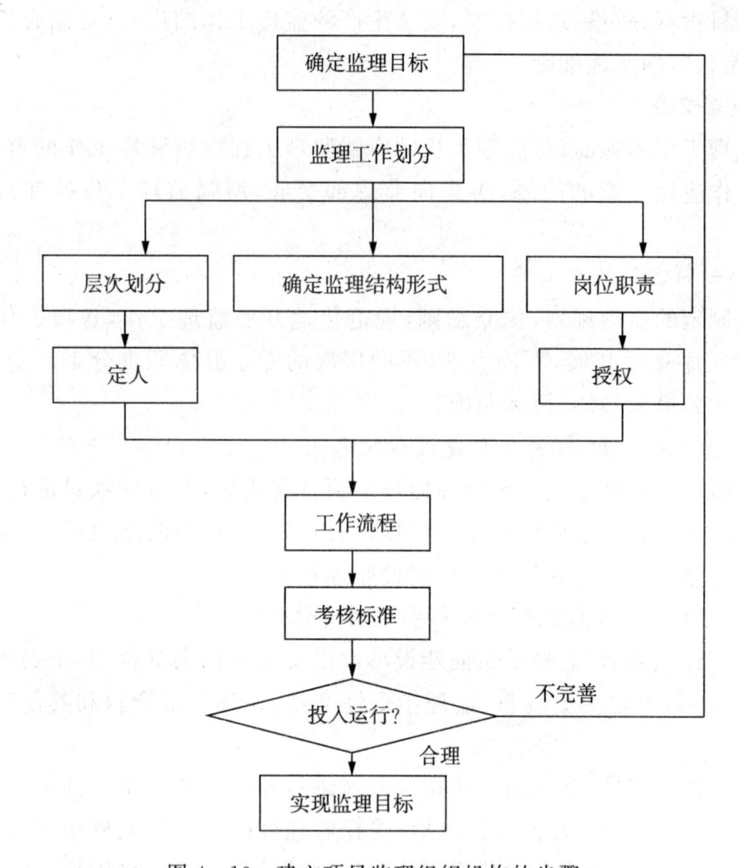

图 4-10 建立项目监理组织机构的步骤

单位自身组织管理水平、管理人员数量、技术业务特点等。

3. 监理组织结构设计

(1)选择监理组织结构形式

监理组织结构形式必须根据工程项目规模性质、建设阶段等适应监理工作的需要,以有利于进行项目合同管理、目标控制、决策指挥、信息沟通等方面的综合考虑。

(2)全面确定管理层次

项目监理机构由决策层、中间控制层、作业层三个层次组成。决策层是由总监理工程师和总监理工程师代表完成的,负责项目监理活动的决策。中间控制层即协调层和执行层,由专业监理工程师组成,具体负责监理规划的落实、监理目标控制、安全管理的监理工作和合同管理。作业层由监理员、见证取样员组成,具体负责监理活动的实施。

(3)制定岗位职责及考核标准

岗位职务及职责的确定,要有明确的目的性,不可因人设事。根据责、权、利一致的原则,应进行适当的授权,以承担相应的职责。确定考核标准,对监理人员的工作进行定期考核,包括考核内容、考核标准、考核时间。表 4-1 和表 4-2 分别列出了项目总监理工程师的岗位职责和专业监理工程师的岗位职责。

(4)制定工作流程

监理工作要求按照客观规律规范化地开展，必须制定科学、有序的工作流程。

(5)选派监理人员

根据组织中各岗位的需要，选择称职的监理人员，包括总监理工程师、专业监理工程师和监理员，必要时可配备总监理工程师代表。监理人员的选择除应考虑个人素质外，还应考虑其他因素。

[做一做]

总结并列表写出建立项目监理机构的几个步骤。

表 4-1　项目总监理工程师的岗位职责及标准

项目	职责内容	考核要求	
		标准	时间
工作目标	投资控制	符合投资控制计划目标	每月(季)末
	进度控制	符合合同工期及总进度控制计划目标	每月(季)末
	质量控制	符合质量控制计划目标	工程各阶段末
基本职责	根据监理合同，建立和有效管理项目监理机构	监理组织机构科学、合理 监理机构有效运行	每月(季)末
	主持编写与组织实施监理规划，审批监理实施细则	对工程监理工作系统策划 监理实施细则符合监理规划要求，具有可操作性	编写和审核完成后
	审查分包单位资质	符合合同要求	1周内
	监督和指导专业监理工程师对投资、进度、质量进行监理；审核、签发有关文件资料；处理有关事项	监理工作处于正常工作状态 工程处于受控状态	每月(季)末
	做好监理过程中有关各方的协调工作	工程处于受控状态	每月(季)末
	主持整理建设工程的监理资料	及时、准确、完整	按合同约定

表 4-2　专业监理工程师的岗位职责及标准

项目	职责内容	考核要求	
		标准	时间
工作目标	投资控制	符合投资控制分解目标	每周(月)末
	进度控制	符合合同工期及总进度控制分解目标	每周(月)末
	质量控制	符合质量控制分解目标	工程各阶段末

（续表）

项目	职责内容	考核要求	
		标准	时间
基本职责	熟悉工程情况，制订本专业监理工作计划和监理实施细则	反映专业特点，具有可操作性	实施前1个月
	具体负责本专业的监理工作	工程监理工作有序	每周（月）末
		工程处于受控状态	
	做好监理机构内各部门之间的监理任务的衔接配合工作	监理工作各负其责、相互配合	每周（月）末
	处理与本专业有关的问题；对投资、进度、质量有重大影响的监理问题应及时报告总监	工程处于受控状态	每周（月）末
		及时、真实	
	负责与本专业有关的签证、通知、备忘录，及时向总监理工程师提交报告、报表资料等	及时、真实、准确	每周（月）末
	管理本专业建设工程的监理资料	及时、准确、完整	周（月）末

三、项目监理机构的组织模式

项目监理机构的组织模式是指项目监理机构具体采用的管理组织结构，应根据建设工程的特点、承发包模式、建设单位委托的监理任务及监理单位自身情况而确定。常见的项目监理机构的组织模式有直线制监理组织、职能制监理组织、直线职能制监理组织和矩阵制监理组织。

1. 直线制监理组织

如图4－11所示，直线制监理组织在上下层之间是直接纵向联系，没有隔层的纵向联系。不同层次没有交叉关系，同一层各部门没有横向联系，这就是结构的直线性。这种组织形式的特点是项目监理机构中任何一个下级只接受唯一上级的命令，各级部门主管人员对所属部门的问题负责，项目监理机构不再另设职能部门。

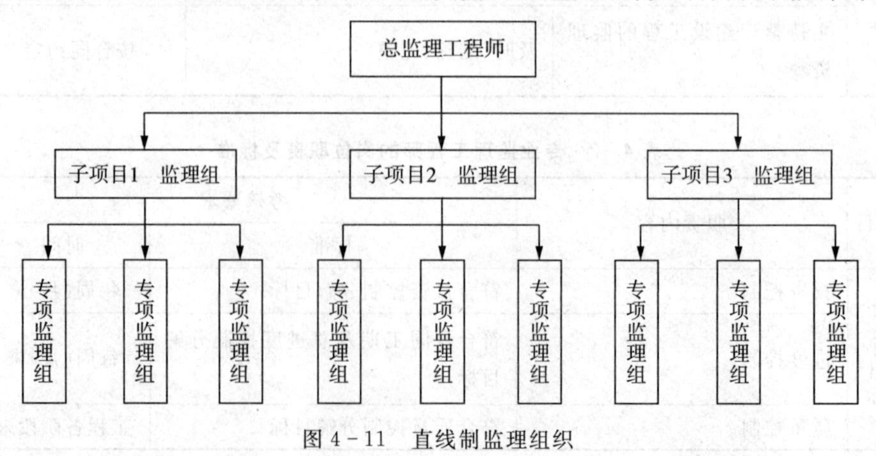

图4－11　直线制监理组织

直线制监理组织可分为按子项分解的直线制组织形式和按建设阶段分解的直线制组织形式，组织中各职位按垂直系统排列。总监理工程师负责整个项目规划、组织、指导与协调。子项目监理组分别负责各子项目的目标控制，具体指导现场专业或专项组的工作。

直线制监理组织的主要优点是组织结构简单、权力集中、命令统一、职责分明、决策迅速，专属关系明确。缺点是要求总监在业务和技能上是全能式人才，此种组织形式一般适用于监理项目可划分为若干个相对独立子项的大、中型建设项目。

2. 职能制监理组织

[问一问]

直线制监理组织有哪些特点？

如图 4－12 所示，职能制监理组织是在监理机构内设立一些职能部门，把相应的监理职责和权力交给职能部门，各职能部门在本职能范围内有权直接指挥下级。

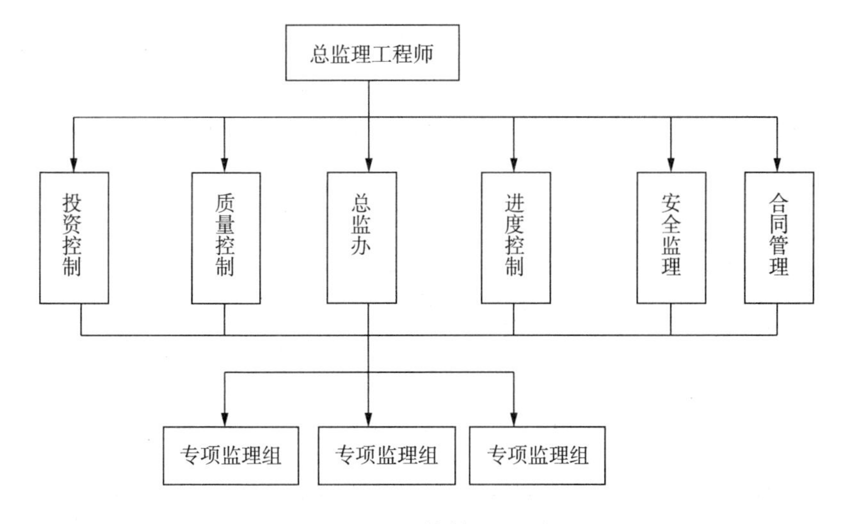

图 4－12　职能制监理组织

职能制监理组织形式的主要优点是加强了项目监理部目标控制的职能化分工，能够发挥职能机构的专业管理作用，提高了管理效率，使总监理工程师的负担减少。缺点是容易出现多头领导，职能部门间协调麻烦。如果上级指令存在矛盾，将使下级在工作中无所适从。该组织形式适用于项目地理位置相对集中的工程项目。

3. 直线职能制监理组织

如图 4－13 所示，直线职能制监理组织形式综合了直线制监理组织和职能制监理组织的优点，把管理部门和人员分为两类：一类是直线指挥部门人员，他们拥有对下级实行指挥和发布命令的权力，并对该部门的工作全面负责；另一类是职能部门人员，他们是直线指挥人员的参谋，只能对下级部门提供业务指导而不能直接进行指挥和发布命令。直线职能制监理组织领导集中、职责分明、管理效率高，但职能部门与指挥部门易产生矛盾，不利于信息传递。

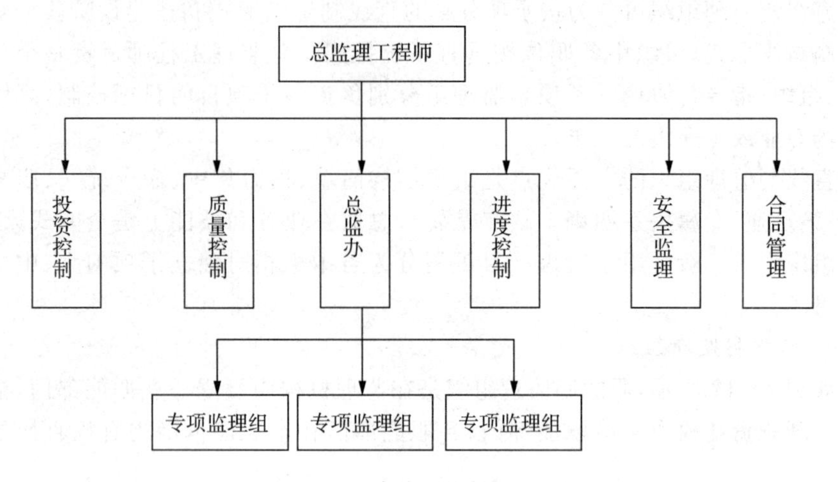

图 4－13　直线职能制监理组织

4. 矩阵制监理组织

矩阵制监理组织是由纵向职能系统与横向的子项目系统组成的矩阵组织结构，各专业监理组同时受职能机构和子项目组直接领导，如图 4－14 所示。

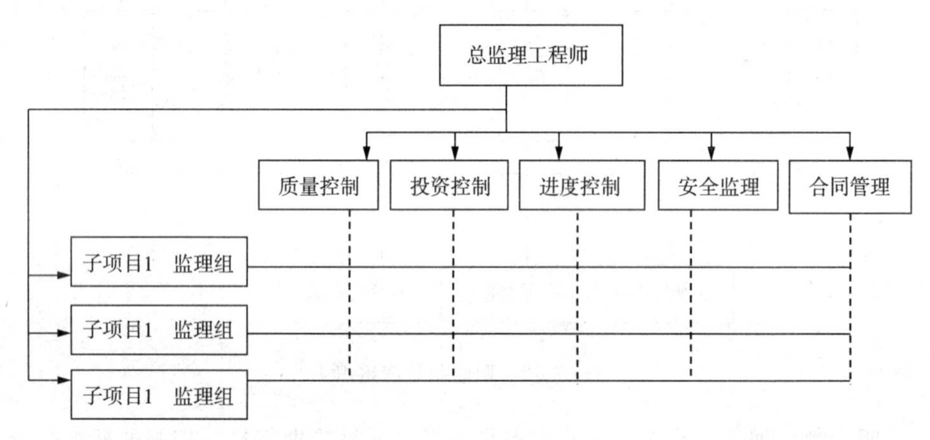

图 4－14　矩阵制监理组织

［想一想］
矩阵制监理组织有哪些特点？

矩阵制监理组织的优点是加强了各职能部门的横向联系，具有较大的机动性和适应性，对上下、左右集权与分权实行最优的结合，有利于解决复杂难题和培养监理人员的业务能力。缺点是纵横向协调工作量大，如果处理不当就会造成扯皮现象，使人员之间产生矛盾。它适用于较复杂的大型工程项目。

四、工程项目监理组织的人员配备及职责分工

1. 工程项目监理组织的人员配备

工程监理单位实施监理时，应在施工现场派驻项目监理机构。项目监理机构中人员数量和专业应根据监理的任务范围、内容、期限，以及工程的类别、规模、技术复杂程度、工程环境、工程进度、监理合同等因素综合考虑，形成组织优化、结构合理、整体素质高的监理组织，满足监理目标控制的要求。

(1)项目监理机构的人员结构

① 专业结构。项目监理组织的专业结构应针对监理项目的性质和委托监理合同进行设置。专业人员的配备要与所承担的监理任务相适应，监理人员和专业可随工程进展进行适当的调整，使专业结构合理，适应项目监理的需要。

② 技术职称结构。监理人员根据其技术职称分为高、中、初级三个层次。合理的人员层次有利于管理与分工。一般来说，决策、设计阶段的监理，具有高级和中级职称的人员在整个监理人员构成中应占多数，施工阶段的监理可有较多的初级职称的人员从事实际操作。

③ 年龄结构。监理组织结构要做到老年人、中年人、青年人年龄结构合理，老年人经验丰富，中年人综合素质好，青年人精力充沛，根据监理工作的需要形成合理的年龄结构，能充分发挥不同年龄层次的优势，有益于提高监理工作的效率与质量。

(2)项目监理机构的人员数量

① 影响项目监理机构人员数量确定的因素。配备足够数量的监理人员是保证监理工作正常开展的重要环节。确定监理人员的数量需要考虑工程建设强度、工程复杂程度、监理单位的业务水平和项目监理机构的组织结构和职能分工等因素。

a. 工程建设强度。工程建设强度是指单位时间内投入的建设工程资金的数量，它是衡量一线工程紧张程度的标准，计算公式为

$$工程建设强度=投资/工期$$

式中，投资和工期是指由监理单位所承担的那部分工程的建设投资和工期。一般投资额是合同价，工期是根据进度总目标和分目标确定的。

b. 工程复杂程度。一般情况下，工程复杂程度要考虑的因素有设计活动的多少、工程地点位置、气候条件、地形条件、工程地质、施工方法、工程性质、工期要求、材料供应和工程分散程度等。根据工程复杂程度的不同可划分为五个级别，即简单、一般、一般复杂、复杂、很复杂。工程复杂程度可采用定量的方法，对构成工程复杂程度的每个因素，根据工程实际情况给出相应的权重，将各影响因素的评分加权平均后，根据其值的大小确定该工程的复杂程度等级。如果按十分制计评，则平均分值为 1～3 分者为简单工程，平均分值为 3～5 分、5～7 分、7～9 分者依次为一般工程、一般复杂工程、复杂工程，9～10 分者为很复杂工程，如表 4－3 所示。

表 4－3　工程复杂程度指标值

级别	工程复杂程度等级	指标值
一级	简单	0～3
二级	一般	3～5
三级	一般复杂	5～7
四级	复杂	7～9
五级	很复杂	9～10

c. 监理单位的业务水平。监理单位由于人员素质、专业能力、管理水平、工程经验、设备手段等方面差异导致业务水平的不同，进而会影响到监理效益的高低。同样的工程项目，低水平的监理单位往往要比高水平的监理单位投入的人多。

d. 项目监理机构的组织结构和职能分工。项目监理机构的组织结构和职能分工情况关系到具体的监理人员配备，因此，监理组织结构要合理，任务职能分工要明确。当监理组织有业主方的参与，或有时监理工作需要委托专业咨询机构或专业监测、检验机构进行时，项目监理机构的监理人员数量可以适当减少。

② 项目监理机构人员数量的确定方式。项目监理机构的监理人员应遵循适用、精简、高效的原则，由总监理工程师、专业监理工程师和监理员组成且专业配套，监理人员数量应满足建设工程监理工作需要，必要时可设总监理工程师代表。具体可参照《项目监理机构人员配置标准(试行)》。

2. 项目监理机构各类人员的基本职责

监理机构各类人员的基本职责应按照工程建设阶段和建设工程情况确定。详见第二章相关内容。

第四节　建设工程监理的组织协调

一、组织协调概述

1. 组织协调的概念

协调是指联结、联合、调和所有的活动及力量，使各方配合得当，其目的是促使各方协同一致，以实现预定目标。协调工作应贯穿于整个建设工程实施及其管理过程中。

系统是由若干个相互关联而又相互制约的要素有组织、有秩序地组成的具有特定功能和目标的统一体。按照系统分析的方法，建设工程系统就是一个由人员、物质、信息等构成的人为组织系统。建设工程协调一般有三大类，即人员/人员界面、系统/系统界面和系统/环境界面。

建设工程组织是由各类人员组成的工作班子，由于每个人的性格、习惯、能力、岗位、任务、作用的不同，即使只有两个人在一起工作，也有潜在的人员矛盾或危机。这种人和人之间的间隔就是人员/人员界面。

工程建设系统是由若干个子项目组成的完整系统，子项目即子系统。由于子系统的功能和目标不同，容易产生各自"为政"的趋势和相互推诿的现象。这种子系统之间的间隔就是系统/系统界面。

工程建设是一个典型的开放系统，它具有环境适应性，能主动从外部世界取得必要的能量、物质和信息。在取得的过程中，不可能没有障碍和阻力，这种系统与环境之间的间隔就是系统/环境界面。

项目监理机构的协调管理就是在人员/人员界面、系统/系统界面、系统/环境界面之间对所有的活动及力量进行联结、联合、调和的工作。系统方法强调，要把系统作为一个整体来研究处理。因为总体作用的规模要比各子系统的作用规模之和大。为了顺利实现工程建设系统目标，必须重视协调管理，发挥协调的整体功能。特别是大、中型建设项目涉及面广、周期长、技术复杂、参与单位多，要保证项目的参与各方围绕建设工程开展工作，使项目的目标顺利实现，组织协调工作最为重要，也最为困难，是监理工作能否成功的关键。

2. 组织协调的层次和范围

从系统方法的角度看，项目监理机构协调的范围分为系统内部的协调和系统外部的协调。系统外部的协调又分为近外层协调和远外层协调，近外层和远外层的区别在于，建设工程与近外层关联单位一般有合同关系，与远外层关联单位一般没有合同关系。

二、监理协调工作的特点

1. 监理单位协调涉及的部门与单位多

监理单位对委托合同范围的监理工作，除了要和委托人和被监理单位发生工作协调，还会和勘察设计单位，政府建设主管部门，工程建设质量、安全监督站，建设方委托的检测单位、造价咨询单位，以及投资主体委托的审计部门等部门和单位发生工作上的协调关系。监理单位在和上述单位的工作协调中，由于相互之间的工作性质与工作关系不同，而要求监理的协调方式和方法有所差异。

2. 监理项目具有工作协调的“磨合期”

在监理工作的初期阶段，监理人员要与监理项目所涉及的部门和单位的人员打交道。在此期间，监理人员既要熟悉合同内工程对象的内外部环境与条件，又要与各方人员发生工作上的接触与交流。由于各方人员的工作经历、处事阅历、待事方法与方式、工作地位与工作作风等不尽相同，形成不同的办事作风、态度与风格，因此，监理工作要形成有效的协调机制，必须经过一个相互了解、相互适宜的“磨合期”。

3. 监理系统的对象是以人为主体

监理的工作性质体现为既不是工程产品勘察设计成果的完成者，又不是工程产品的生产操作者，而是用监理人员的知识与经验，在工程产品的建设生产过程中代表委托者履行监督管理的职能。因此，监理的工作无论是对服务者，还是对被管理者，主要是通过与有关人员接触实现监理工作的沟通，即监理协调的对象是各个有关方的人员。

4. 监理协调重在沟通联系

沟通联系即信息交流，是管理学原理中所强调的基本的现代管理学研究的内容之一，它表现为人员之间的、组织之间的、人员与机器之间的信息交流。监理工作对外的协调体现为组织之间及人之间的信息交流，对内体现为人员之间的信息交流。监理工作的特点决定了其只有通过经常性的沟通联络、信息交流来达到对监理项目各项工作情况的了解与认识，才能对工程建设中的问题作出相应而及时的决策。因此，监理工作的协调应重视沟通联络的重要性。

三、组织协调的工作内容

协调工作贯穿于工程建设项目的全过程，渗透到各工程建设项目的每个环节。

1. 项目监理机构内部的协调

(1)项目监理机构内部人际关系的协调

工程建设项目系统是由人组成的工作体系。工作效率如何，很大程度上取决于人际关系的协调程度，总监理工程师应首先抓好人际关系的协调，激励项目监理机构成员做好工作。

① 在人员安排上要量才录用。对于项目监理机构各个人员，要根据每个人的专长进行安排，做到人尽其才。人员的搭配应注意能力互补和性格互补，人员配备应尽可能少而精，防止出现力不胜任和忙闲不均现象。

② 在工作委任上要职责分明。对于项目机构内的每个岗位，都应订立明确的目标和岗位责任制，使管理职能不重不漏，做到事事有人管，人人有责，同时明确岗位职权。

③ 在效益评价上要实事求是。谁都希望自己的工作作出成绩并得到肯定。但工作成绩的取得，不仅需要付出主观努力，还需要一定的工作条件和相互配合。要发扬民主作风，实事求是评价，以免造成人员无功自傲或有功受屈，使每个人热爱自己的工作，并对工作充满信心和希望。

④ 在矛盾调解上要恰到好处。人员之间的矛盾总是存在的，一旦出现矛盾就应进行调解。调解时要注意工作方法，如果通过采取及时沟通、个别谈话和必要的批评措施还无法解决矛盾时，应采取必要的岗位变动措施。对上、下级矛盾要区别对待，如果是上级的问题上级应作自我批评，如果是下级的问题上级对下级应启发引导，对于无原则争论应当批评制止，这样才能使人们处于团结、和谐、热情的气氛中。

(2)项目监理机构内部组织关系的协调

① 在职能划分的基础上设置组织机构，根据工程对象及委托监理合同所规定的工作内容确定职能划分。

② 明确规定每个部门的目标、职能和权限，最好以规章制度的形式作出明文规定。

③ 事先预定各个机构在工作中的相互联系，防止出现脱节等贻误工作的现象。

[问一问]

1. 如何做好监理机构内部人际关系的协调？

2. 如何做好监理机构内部组织关系的协调？

④ 建立信息沟通制度，如采用召开工作例会、召开业务碰头会、发会议纪要、绘制工作流程图、使用计算机网络传递信息等方式来沟通信息。这样才能通过局部了解全部，服从全局的需要。

⑤ 及时清除工作中存在的矛盾和冲突，解决矛盾的方法应根据具体情况而定。如配合不佳导致的矛盾和冲突，应从配合关系入手来清除；争功要利导致的

矛盾和冲突应从考虑标准入手来清除;奖罚不公导致的矛盾和冲突,应从明确奖罚原则入手来解决等。

(3)项目监理机构内部需求关系的协调

建设工程监理实施中有人员的需求、实验设备的需求、材料供应的需求,而资源是有限的,因此,内部需求平衡至关重要。

① 对监理设备、材料的平衡。建设工程监理开始时,要做好监理规划和监理实施细则的编写,提出合理的资源配置。要注意抓住期限上的及时性、规格上的明确性、数量上的准确性、质量上的规定性。

② 对监理人员的平衡。一个工程包括多个分部分项工程,复杂性和要求各不相同,因此监理力量的安排必须考虑工程的进展、技术的要求,以保证工程监理目标的实现。

2. 监理工程师与建设单位之间的协调

监理实践证明,监理目标的顺利实现和监理工程师与建设单位协调的好坏有很大的关系。有的建设单位受原计划经济体制影响,合同意识差,随意性大,主要体现在:一是沿袭计划经济时期的基建管理模式,搞"大业主,小监理",在一个建设工程上,建设单位管理人员要比监理人员多或管理层次多,对监理工作干涉多,并插手监理人员应做的具体工作;二是不把合同规定的权力交给监理单位,致使监理工程师有职无权,无法发挥作用;三是科学管理意识差,在建设工程目标确定上压工期,压造价,在建设工程实施过程中变更多或时效不按要求,给监理工作的质量、进度、投资控制带来困难。因此,与建设单位协调是监理工作的重点和难点。监理工程师应从以下几个方面加强与建设单位的协调。

(1)理解建设工程的总目标,理解建设单位的意图。未能参加项目决策过程的监理工程师,必须了解项目构思的基础、起因、出发点,否则可能对监理目标及完成任务有不完整的理解,给工作造成很大的困难。

(2)利用工作之便,做好监理宣传工作,增进建设单位对监理工作的理解,特别是对建设工程管理各方职责及监理程序的理解;主动帮助建设单位处理建设工程中的事务性工作,以自己规范化、标准化、制度化的工作去影响和促进双方工作的协调一致。

(3)尊重建设单位,让建设单位业主一起投入建设工程全过程。尽管有预定的目标,但建设工程实施必须执行建设单位的指令,使建设单位满意。对建设单位提出的某些不适当的要求,只要不属于原则性问题,都可先执行,然后利用适当时机,采取适当方式加以说明或解释;对于原则性问题,可采取书面报告等方式予以说明,尽量避免发生误解,以使建设工程顺利实施。

3. 监理工程师与承包商的协调

因为监理工程师对质量、进度和投资的控制都是通过承包商的工作来实现的,所以做好与承包商的协调工作是监理工程师组织协调工作的重要内容。

(1)坚持原则,实事求是,严格按规范、规程办事,讲究科学态度。监理工程师在监理工作中应强调各方面利益的一致性和建设工程总目标;监理工程师应鼓励承包商将建设工程的实施状况、实施结果及遇到的困难和意见向他汇报，以寻找对目标控制可能的干扰。双方了解得越多越深刻，监理工作中的对抗和争执就越少。

(2)协调不仅是方法、技术问题，更多的是语言艺术、感情交流和用权适度问题。有时尽管协调意见是正确的，但由于方式和表达不妥，反而会激起施工阶段协调工作的内容化矛盾。高超的协调能力则往往能起到事半功倍的效果，令各方面都满意。

(3)施工阶段协调工作的内容。

① 与承包商项目经理关系的协调。从承包商项目经理及其工地工程师的角度来说，他们是希望监理工程师是公正、通情达理并容易理解别人的；希望从监理工程师处得到明确而不是含糊的指令，并且能够对他们所询问的问题给予及时的答复；希望监理工程师的指示能够在他们工作之前发出，他们可能对本本主义者及工作方法僵硬的监理工程师最为反感。这些心理现象，监理工程师应该非常清楚。一个既懂得坚持原则，又善于理解承包商项目经理的意见，工作方法灵活，随时可能提出或愿意接受变通方法的监理工程师肯定是受欢迎的。

② 进度问题的协调。由于影响进度的因素错综复杂，因此进度问题的协调工作也十分复杂。实践证明，有两项协调工作很有效：一是建设单位和承包商双方共同商定一级网络计划，并由双方主要负责人签字作为工程承包合同的附件；二是设立提前竣工奖，由监理工程师按一级网络计划节点考核，分期支付阶段工期奖，若整个工程最终不能保证工期，则由业主从工程款中将已付的阶段工期奖扣回并按合同规定予以罚款。

③ 质量问题的协调。在质量控制方面，应实行监理工程师质量签字认可制度。对没有出厂证明，不符合使用要求的原材料、设备和构件，不准使用；对工序交接实行报验签证，对不合格的工程部位不予验收签字，也不予计算工程量，不予支付工程款。在建设工程施工过程中，设计变更或工程内容增减是经常出现的，有些是合同签订时无法预料和明确规定的，对于这种变更，监理工程师要认真研究，合理计算价格，与有关方面充分协商，达成一致意见，并实行监理工程师签证制度。

④ 对承包商违约行为的处理。在施工过程中，监理工程师对承包商的某些违约行为进行处理是一件须慎重而又难免的事情。当发现承包商采用一种不适当的方法进行施工，或是用了不符合合同规定的材料时，监理工程师除了立即制止，可能还要采取相应的处理措施。遇到这种情况，监理工程师应该考虑的是自己的处理意见是不是监理权限以内的，根据合同要求，自己应该怎么做等。在发现质量缺陷并需要采取措施时，监理工程师必须立即通知承包商。监理工程师要有期限的概念，否则承包商有权认为监理工程师对已完成的工程内容是满意或认可的。

监理工程师担心的可能是工程总进度和质量受到影响。有时，监理工程师会发现，承包商的项目经理或某个工地工程师不称职。此时明智的做法是继续观察一段时间，待掌握足够的证据时，总监理工程师可以正式向承包商发出警告。万不得已时，总监理工程师有权要求撤换承包商的项目经理或工地工程师。

⑤ 合同争议的协调。对于工程中的合同争议，监理工程师应首先采用协商解决的方式，协商不成时才由当事人向合同管理机关申请调解。只有当对方严重违约而使自己的利益受到重大损失且不能得到补偿时才采用仲裁或诉讼手段。如果遇到非常棘手的合同争议问题，那么不妨暂时搁置，等待时机，另谋良策。

⑥ 分包单位的管理。主要是对分包单位明确合同管理范围，分层次管理。将总包合同作为一个独立的合同单元进行投资、进度、质量控制、安全管理的监理工作和合同管理，不直接和分包合同发生关系。对分包合同中的工程安全、质量、进度进行直接跟踪监控，通过总包商进行调控、纠偏。分包商在施工中发生的问题，由总包商负责协调处理，必要时监理工程师帮助协调，当分包合同条款与总包合同发生抵触，以总包合同条款为准。此外，分包合同不能解除总包商对总包合同所承担的任何责任和义务。分包合同发生的索赔问题一般由总包商负责，涉及总包合同中业主义务和责任时，由总包商通过监理工程师向业主提出索赔，由监理工程师进行协调。

⑦ 处理好人际关系。在监理过程中，监理工程师处于一种十分特殊的位置。建设单位希望得到真实、独立、专业的高质量服务，而总包商则希望监理单位能对合同条件有一个公正的解释。因此，监理工程师必须善于处理各种人际关系，既要严格遵守职业道德，礼貌而坚决地拒绝任何礼物，以保证行为的公正性，又要利用各种机会增进与各方面人员的友谊与合作，有利于工程的进展。否则，便有可能引起建设单位或承包商对其可信赖程度的怀疑。

[问一问]

施工阶段，监理机构协调的内容有哪些？

4. 监理单位与设计单位的协调方法

监理单位与设计单位都是受建设单位委托进行工作的，两者之间没有合同关系。因此，项目监理机构要与设计单位做好交流工作，需要建设单位的支持。

(1)尊重设计单位的意见，在设计单位向承包商介绍工程概况、设计意图、技术要求、施工难点等时，注意设计标准过高、设计遗漏、图纸差错等问题，并将其解决在施工之前；施工阶段，严格按图纸施工；结构工程验收、专业工程验收、竣工验收等工作，邀请设计代表参加；若发生质量事故，则应认真听取设计单位的处理意见。

(2)若在施工过程中发现设计问题，则应及时向设计单位提出，以免造成大的直接损失；若监理单位掌握比原设计单位更先进的新技术、新工艺、新材料、新结构、新设备时，则可主动向设计单位推荐。为使设计单位有修改设计的余地而不影响施工进度，应协调各方达成协议，约定一个期限，争取设计单位、承包商的理解和配合。

(3)注意信息传递的及时性和程序性。监理单位的工作联系单、工程变更单的传递，要按规定的程序进行。这里要注意的是，在工程监理的条件下，监理单位与设计单位都是受建设单位委托进行工作的，两者之间并没有合同关系，所以监理单位主要是和设计单位做好交流工作，协调要靠建设单位的支持。设计单位应就其设计质量对建设单位负责，因此《建筑法》第三十二条第三款规定："工程监理人员发现工程设计不符合建筑工程质量标准或者合同约定的质量要求的，应当报告建设单位要求设计单位改正。"

5. 监理单位与政府部门及其他单位的协调方法

一个建设工程的开展还存在政府部门及其他单位的影响，如政府部门、金融部门、社会团体、新闻媒体等，它们对建设工程起着一定的控制、监督、支持、帮助作用，这些关系如果协调不好，建设工程实施也可能严重受阻。

(1)监理单位与政府部门的协调

① 工程质量监督站是由政府授权的工程质量监督实施机构，对于委托监理的工程，质量监督站主要是核查勘察设计单位、施工单位和监理单位的资质，监督这些单位的质量行为和工程质量。监理单位在进行工程质量控制和质量问题处理时，要做好与工程质量监督站的交流和协调。

② 如果发生重大质量事故，在承包商采取急救、补救措施的同时，应督促承包商立即向政府有关部门报告情况，接受检查和处理。

③ 建设工程合同应送往公证机关公证，并报政府建设管理部门备案；征地、拆迁，依法要争取政府有关部门的支持和协作；现场消防设施的配置，宜请消防部门检查认可；要督促承包商在施工中注意防止环境污染，坚持做到文明施工。

(2)协调与社会团体的关系

一些大、中型建设工程建成后，不仅会给建设单位带来效益，还会给该地区的经济发展带来好处，同时给当地人民的生活带来方便，因此必然会引起社会各界的关注。建设单位和监理单位应把握机会，争取社会各界对建设工程的关心和支持。这是一种争取良好社会环境的协调。对于本部门的协调工作，从组织协调的范围看属于远外层的管理。根据目前的工程监理实践，对远外层关系的协调，应由建设单位主持，监理单位主要是协调近外层关系。若建设单位业主将部分或全部远外层关系协调工作委托监理单位承担，则应在委托监理合同专用条件中明确委托的工作和相应的报酬。

监理组织在与社会团体关系的协调中接触的社会团体很多，其性质、任务、权限各不相同。与项目有一定关系的社会团体主要有金融组织、服务部门、新闻单位等。监理组织协调好和这些社会团体的关系，有助于工程项目的实施。

① 监理组织与金融组织关系的协调。监理组织与金融组织关系最密切的是开户建设银行。建设银行既是金融机构，又代行部分政府职能。建筑安装工程价款，甲、乙双方都要通过开户建设银行进行结算。工程承包合同副本应报送开户银行审查，认为不符合有关规定的条款，甲、乙双方应协商修改，否则银行可不予拨款。若遇到在其他专业银行开户的建设单位拖欠工程款，监理组织可商请开户建设银行协助解决拨款问题。

② 监理组织与服务部门关系的协调。工程建设离不开社会服务部门的服务，监理组织应主动联系，求得他们对工程项目建设的支持和帮助。例如，为解

决施工运输和当地交通部门争道路、争时间问题，应主动上门协商，做出双方都能接受的统筹安排；为解决施工高峰期机具设备和周围作业用料不足问题，可提前与当地租赁服务单位取得联系，预约租赁，求得满意的租赁服务；为解决地方采购材料的货源问题，可和当地的建材生产、供应单位取得联系，请他们帮助落实货源，组织材料供应服务到现场。

四、组织协调的具体做法

工程监理组织协调的具体做法有多种形式，以下几种方法仅供参考。

(一)会议协调法

1. 第一次工地会议

第一次工地会议是建设工程尚未全面展开，总监理工程师下达开工令前，建设单位、工程监理单位和施工单位对各自人员及分工、开工准备、监理例会的要求等情况进行沟通和协调的会议，也是检查开工前各项准备工作是否就绪并明确监理程序的会议。

(1)第一次工地会议参加人员的组成

第一次工地会议由建设单位主持，监理单位、施工单位的授权代表必须出席会议，各方将要担任职务的项目负责人及指定的分包人参加会议。会议纪要由项目监理机构负责整理，并经与会各方代表签认，监理单位将其资料存档。

(2)第一次工地会议的主要内容

① 介绍人员及组织机构。建设单位或其代表应就其实施工程建设项目期间的职能机构、职责、范围及主要人员名单提出书面文件，并就有关细节进行说明。

总监理工程师向总监理工程师代表和专业监理工程师授权，并声明自己保留的权利，书面就授权书、组织机构图、职责范围及全体监理人员名单提交施工单位及建设单位。

施工单位应书面将项目经理或工地代表授权书、主要人员名单、职能机构框图、职责范围及有关人员资质材料提交给监理工程师，以取得监理工程师的批准。监理工程师应在本次会议上进行审查并口头批准(或有保留的批准)，会后正式予以书面确认。

② 介绍施工进度计划。施工单位的施工进度计划应在中标通知发出后合同规定的时间内提交给监理工程师。在第一次工地会议上，监理工程师就施工进度计划作出如下说明：施工单位进度计划可于何日批准或哪些分项已获得批准；根据批准或将要批准的施工进度计划，施工单位何日进行哪些施工，有无其他条件限制，有哪些重要的或复杂的分项工程还应单独编制进度计划提交批准。

③ 施工单位介绍施工准备情况。施工单位应就施工准备情况按如下内容提出陈述报告，监理工程师应逐项予以澄清、检查和评述：主要施工人员包括项目负责人、主要技术人员、主要机械操作人员，是否进场或何日进场；用于工程的进口材料、机械、仪器和设备、设施是否进场或何日进场，是否会对施工产生影响，并提交进场计划和清单；用于工程的本地材料来源是否落实，并提交进场计划和

清单;施工驻地及临时工程建设进展情况如何,并提交施工驻地及临时工程建设计划和分布图;工地实验室、流动实验室及设备是否准备就绪,将于何日安装,并提交实验室布置图、流动实验室分布图及仪器设备清单;施工测量的基础资料是否已经落实并通过复核,施工测量是否进行或将于何日完成,并应提供施工测量计划及有关资料;履约保函和动员预付款保函及各种保险是否已办理或于何日办理完毕,提交有关已办理的手续副本;为监理工程师提供的住房、交通、通信、办公等设备服务设施是否具备或将何日具备,并提交有关安排计划和清单;其他与开工条件有关的内容和事项。

④ 建设单位说明开工条件。建设单位代表就工程占地、临时用地、临时道路、拆迁及其他开工条件有关的问题进行说明。监理工程师应根据批准的施工进度计划的安排,对上述事项提出建议和要求。

⑤ 明确施工监理例行程序。监理工程师应沟通与施工单位之间的联系渠道,明确工作例行程序并提出有关表格及说明,一般包括:质量控制的主要程序、表格及说明;施工进度的主要程序、图表及说明;投资控制的主要程序、表格及说明;工程计量程序、报表及说明;索赔的主要程序、报表及说明;工程变更的主要程序、图表及说明;安全管理工作的监理工作程序;工程质量事故及安全事故的报告程序、报表及说明;函件的往来传递交接程序、报表及说明;确定事故过程中的工地会议举行时间、地点及程序;其他有关的制度规定等。

2. 工地会议

工地会议属于工程开工后举行的一种例行会议,用于解决施工过程中存在的问题。举行工地会议的目的在于监理工程师对工程实施中的进度、质量、投资的执行情况进行全面检查,为正确决策提供依据,确保工程顺利进行。

工地会议由总监理工程师主持,定期召开,其具体时间间隔可根据施工总存在问题的程度由总监理工程师决定,工地会议应在开工后整个活动期内定期举行,会议纪要由监理机构负责起草,并经与会代表会签。

(1)会议参加者

会议参加者应为总监理工程师、专业监理工程师及有关助理人员,施工单位驻地授权代表、指定分包单位及有关助理人员,建设单位代表及有关助理人员。

(2)会议的主要内容

会议按既定的例行议程进行,一般应由施工单位逐项陈述并提出问题和建议;监理工程师逐项组织讨论并作出决定或决议意向。会议一般按下列议程进行讨论和研究。

① 检查上次会议议定情况,分析未完成的原因。

② 检查工程建设项目进度计划完成情况,主要是关键线路上的施工进展情况及影响施工进度的因素,提出下一阶段进度目标及其落实措施。

③ 检查并分析工程质量状况,主要是针对存在的质量问题提出改进措施。

④ 检查工程量核定及工程款支付情况。

⑤ 检查施工现场安全状况,主要是对发生的安全事故、事故隐患及不安全因

素提出问题及措施，对交通和民众的干扰提出问题及措施。

⑥ 解决需要协调的有关事项。

⑦ 其他事项。

3. 现场协调会

[问一问]

监理机构会议协调法有哪些?

在整个建设工程施工期间，应根据具体情况定期或不定期召开不同层次的现场协调会。现场协调会的目标在于监理工程师对日常或经常性的施工活动进行检查、协调落实，使监理工作和施工活动密切配合。会议由监理工程师主持，施工单位或代表出席，有关监理工程师及施工技术人员酌情参加。会议只对近期建设工程施工中的问题进行证实、协调和落实，对发现的施工质量问题及时予以纠正，对其他重大问题只提出而不进行讨论，另外安排专门会议或在工地会议上进行研究处理。会议的主要内容包括施工单位报告近期施工活动，提出近期的施工计划安排，简要陈述发生或存在的问题。监理工程师就施工进度和施工质量予以简要评述，并根据施工单位提出的施工活动安排，安排监理工程师或助理监理人员进行旁站、巡视、平行检验、抽样试验、检测验收、测量、计算、权限处理等施工监理工作，对执行施工合同有关其他问题交换意见。

现场协调会以协调工作为主，讨论和证实有关问题，及时发现工程在施工过程中的问题，一般对出现问题不作出决议，重点对日常工作发出指令。监理工程师和施工单位通过现场协调会彼此交换意见、交流信息，促使监理工程师和施工单位双方保持良好关系，以利于工程建设活动的开展。

4. 专业性监理会议

除定期召开工地监理会议外，还应根据需要组织召开一些专业性协调会议，如加工订货会、业主直接分包的工程承包单位与总包单位之间的协调会、专业性较强的分包单位进场协调会等，均由监理工程师主持会议。

(二)交谈协调法

在实践中，并不是所有问题都需要通过开会来解决，有时可采用交谈协调法。交谈包括面对面的交谈、电话交谈、微信交谈、钉钉交谈等多种形式。无论是内部协调还是外部协调，交谈协调法的使用频率都是相当高的，其作用有以下几个。

1. 保持信息畅通

因为交谈具有方便性和及时性，所以建设工程参与各方之间及监理机构内部都愿意采用这一方法进行沟通。

2. 寻求协作和帮助

在寻求别人协作和帮助时，往往要及时了解对方的反应和意见，以便采取相应的对策。另外，相对于书面寻求协作，人们更难以拒绝面对面的请求。因此，采用交谈协调法请求协作和帮助比采用书面协调法实现的可能性要大。

3. 及时发布工程指令

在实践中，监理工程师一般采用交谈协调法先发布口头指令，这样可以和对方进行交流，了解对方是否正确理解了指令，随后再以书面形式加以确认。

(三)书面协调法

当会议或者交谈不方便或不需要,或者需要精确地表达自己的意见时,就会用到书面协调法。书面协调法的特点是具有合同效力,一般常用于以下几个方面。

1)不需要双方直接交流的书面报告、报表、指令和通知等。

2)需要以书面形式向各方提供详细信息和情况的报告、信函和备忘录等。

3)事后对会议记录、交谈内容或口头指令的书面确认。

(四)访问协调法

访问协调法主要用于外部协调中,具有走访和邀访两种形式。走访是指监理工程师在建设工程施工前或施工过程中,对与工程施工有关的各政府部门、公共事业机构、新闻媒介或工程毗邻单位等进行访问,向他们解释工程情况,了解他们的意见。邀访是指监理工程师邀请上述各单位(包括业主)代表到施工现场对工程进行指导性巡视,了解现场工作。因为在多数情况下,这些有关方面并不了解工程,不清楚现场的实际情况,如果进行一些不恰当的干预,会对工程产生不利影响。此时,访问协调法是一个相当有效的协调法。

(五)情况介绍法

情况介绍法通常是与其他协调方法紧密结合在一起的,它可能是在一次会议前,或者一次交谈前,或者一次走访或邀访前向对方进行的情况介绍。情况介绍法在形式上主要是口头的,有时也伴有书面的。介绍往往作为其他协调的引导,目的是使人了解情况。因此,监理工程师应重视任何场合下的每次介绍,要使别人能够理解所介绍的内容、问题、困难、想得到的协助等。

总之,组织协调是一种管理艺术和技巧,监理工程师需要掌握科学、心理学、行为科学方面的知识和技能,如鼓励、交际、表扬和批评的艺术,开会的艺术,谈话的艺术,谈判的技巧等。只有这样,监理工程师才能进行有效的协调。

思考题

1. 建设工程监理组织模式有哪些?
2. 建设工程监理实施程序是什么?
3. 项目监理机构组织设计的原则有哪些?
4. 建立项目监理机构的步骤有哪些?
5. 项目监理机构组织设计需考虑哪些因素?
6. 项目监理机构的组织模式有哪些?
7. 如何配备工程项目监理机构中的人员?
8. 项目监理机构中各类人员的基本职责有哪些?

第五章 建设工程监理工作内容和主要方式

【教学目标】

1. 了解：建设工程监理信息化。
2. 熟悉：建设工程监理主要方式。
3. 掌握：建设工程监理目标控制及安全生产管理。

【知识链接】

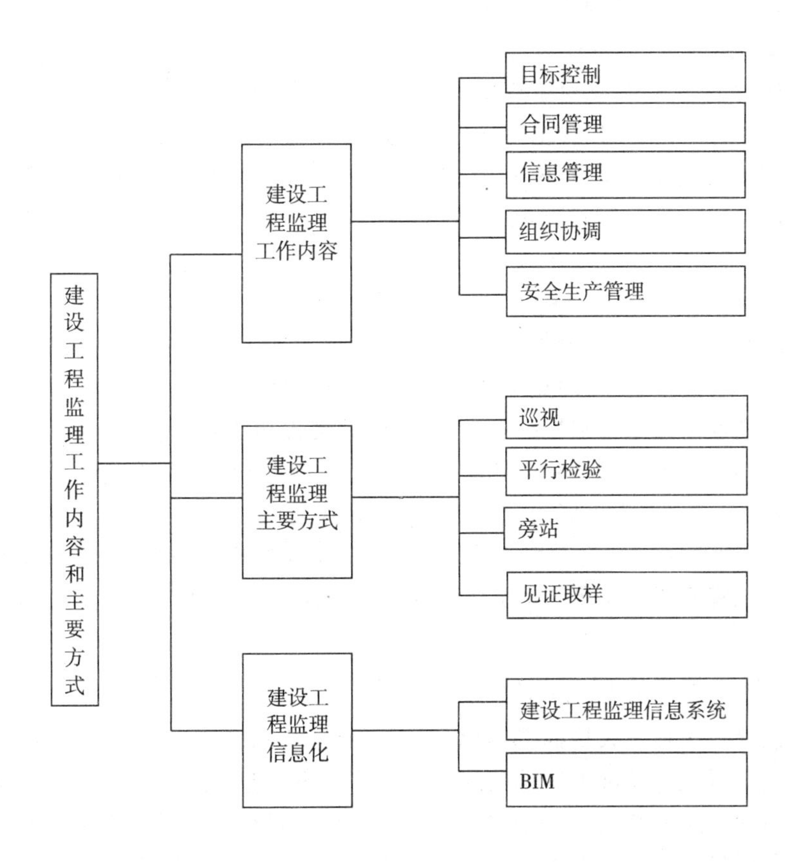

建设工程监理的主要工作内容是通过合同管理、信息管理和组织协调等手段，控制建设工程质量、造价和进度目标，并履行建设工程安全生产管理的法定职责。巡视、平行检验、旁站、见证取样则是建设工程监理的主要方式。

第一节　建设工程监理工作内容

一、目标控制

任何建设工程都有质量、造价、进度三大目标，这三大目标构成建设工程目标系统。工程监理单位受建设单位的委托，需要协调处理三大目标之间的关系、确定与分解三大目标，并采取有效措施控制三大目标。

(一)建设工程三大目标之间的关系

建设工程质量、造价、进度三大目标之间相互关联，共同形成一个整体。从建设单位角度出发，往往希望建设工程的质量优、投资省、工期短(进度快)，但在工程实践中，几乎不可能同时实现上述目标。确定和控制建设工程三大目标，需要统筹兼顾三大目标之间的密切关系，防止发生盲目追求单一目标而冲击或干扰其他目标，也不可分割三大目标。

1. 三大目标之间的对立关系

在通常情况下，如果对工程质量有较高的要求，就需要投入较多的资金和花费较长的建设时间；如果要抢时间、争进度，以极短的时间完成建设工程，势必会增加投资或者使工程质量下降；如果要减少投资、节约费用，势必会考虑降低工程项目的功能要求和质量标准。这些表明，建设工程三大目标之间存在着矛盾和对立的一面。

2. 三大目标之间的统一关系

在通常情况下，适当增加投资数量，为采取加快进度的措施提供经济条件，即可加快工程建设进度，缩短工期，使工程项目尽早动用，投资尽早收回，建设工程全生命期经济效益得到提高；适当提高建设工程功能要求和质量标准，虽然会造成一次性投资的增加和建设工期的延长，但能够节约工程项目动用后的运行费和维修费，从而获得更好的投资效益；如果建设工程进度计划制订得既科学又合理，使工程进展具有连续性和均衡性，不但可以缩短建设工期，而且有可能获得较好的工程质量和降低工程造价。这些表明，建设工程三大目标之间存在着统一的一面。

(二)建设工程三大目标的确定与分解

控制建设工程三大目标，需要综合考虑建设工程项目三大目标之间的相互关系。在分析论证基础上明确建设工程项目质量、造价、进度总目标；需要从不同角度将建设工程总目标分解成若干分目标、子目标及可执行目标，从而形成“自上而下层层展开、自下而上层层保证”的目标体系，为建设工程三大目标动态控制奠定基础。

1. 建设工程总目标的分析论证

建设工程总目标是建设工程目标控制的基本前提，也是建设工程监理成功与否的重要判据。确定建设工程总目标，需要根据建设工程投资方及利益相关者需求，并结合建设工程本身及所处环境的特点进行综合论证。

分析论证建设工程总目标，应遵循下列基本原则。

(1)确保建设工程质量目标符合工程建设强制性标准。工程建设强制性标准是有关人民生命财产安全、人体健康、环境保护和公众利益的技术要求，在追求建设工程质量、造价和进度三大目标间的最佳匹配关系时，应确保建设工程质量目标符合工程建设强制性标准。

(2)定性分析与定量分析相结合。在建设工程目标系统中，质量目标通常采用定性分析方法，而造价、进度目标可采用定量分析方法。对于某一建设工程而言，采用不同的质量标准，会有不同的工程造价和工期，需要采用定性分析与定量分析相结合的方法综合论证建设工程三大目标。

(3)不同建设工程三大目标可具有不同的优先等级。建设工程质量、造价和进度三大目标的优先顺序并不是固定不变的。由于每一项建设工程的建设背景、复杂程度、投资方及利益相关者需求等不同，决定了三大目标的重要性顺序不同。有的建设工程工期要求紧迫，有的建设工程资金紧张等，从而决定了三大目标在不同建设过程中具有不同的优先等级。

总之，建设工程三大目标之间密切联系、相互制约，需要应用多目标决策、多级递阶、动态规划等理论统筹考虑、分析论证，努力在“质量优、投资省、工期短”之间寻求最佳匹配。

2. 建设工程总目标的逐级分解

为了有效地控制建设工程三大目标，需要逐级分解建设工程总目标。按工程参建单位、工程项目组成的时间进展等制定分目标、子目标及可执行目标，形成如图 5-1 所示的建设工程目标体系。在建设工程目标体系中，各级目标之间相互联系，上一级目标控制下一级目标，下一级目标保证上一级目标的实现，最终保证建设工程总目标的实现。

(三)建设工程三大目标控制的任务和措施

1. 三大目标动态控制过程

建设工程目标体系构建后，建设工程监理工作的关键在于动态控制。为此，需要在建设工程实施过程中监测实施绩效，并将实施绩效与计划目标进行比较，采取有效措施纠正实施绩效与计划目标之间的偏差，力求使建设工程实现预定目标。建设工程目标体系的 PDCA(plan，计划；do，执行；check，检查；action，纠偏)动态控制过程如图 5-2 所示。

2. 三大目标控制任务

(1)建设工程质量控制任务

建设工程质量控制就是通过采取有效措施，在满足工程造价和进度要求的前提下，实现约定的质量目标。

(1)质量目标：符合国家现行的工程质量的法律法规、技术标准和规范规定。

(2)影响工程质量的因素：主要是人、材料、机械、方法和环境五个方面。

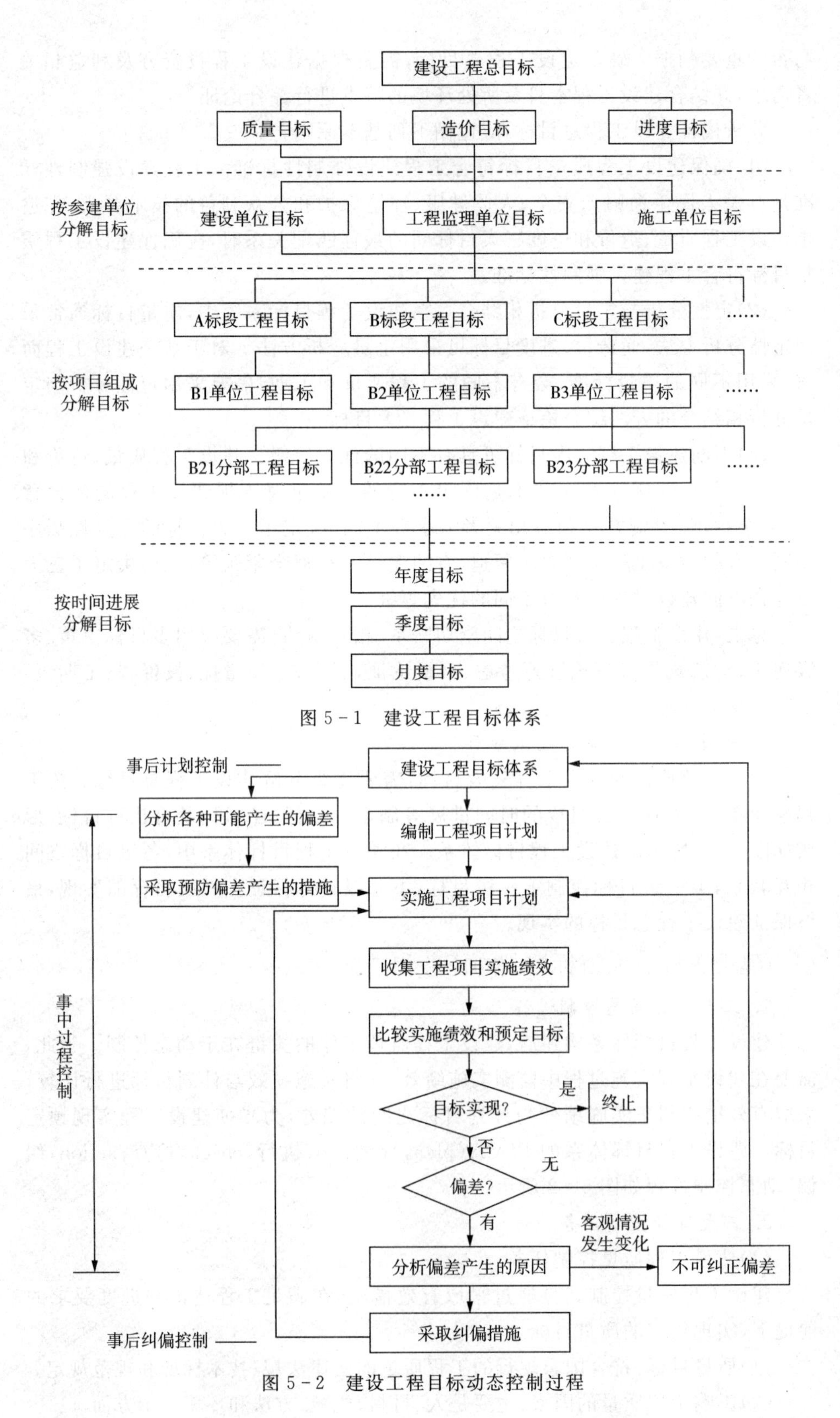

图 5－1　建设工程目标体系

图 5－2　建设工程目标动态控制过程

项目监理机构在建设工程施工阶段质量控制的主要任务是通过对施工投入、施工和安装过程、施工产出品（分项工程、分部工程、单位工程、单项工程等）进行全过程控制，以及对施工单位及人员的资格、材料和设备、施工机械和机具、施工方案和方法、施工环境实施全面控制，以期按标准实现预定的施工质量目标。

为完成施工阶段质量控制任务，项目监理机构需要做好以下工作：协助建设单位做好施工现场准备工作，为施工单位提交合格的施工现场；审查确认施工总包单位及分包单位资格；检查工程材料、构配件、设备质量；检查施工机械和机具质量；审查施工组织设计和施工方案；检查施工单位的现场质量管理体系和管理环境；控制施工工艺过程质量；验收分部分项工程和隐蔽工程；处置工程质量问题、质量缺陷；协助处理工程质量事故；审核工程竣工图，组织工程预验收；参加工程竣工验收等。

（2）建设工程造价控制任务

建设工程造价控制就是采取有效措施，在满足工程质量和进度要求的前提下，力求使工程实际造价不超过预定造价目标。

项目监理机构在建设工程施工阶段造价控制的主要任务是通过工程计量、工程付款控制、工程变更费用控制、预防并处理好费用索赔、挖掘降低工程造价潜力等，使工程实际费用支出不超过计划投资。

为完成施工阶段造价控制任务，项目监理机构需要做好以下工作：协助建设单位制订施工阶段资金使用计划，严格进行工程计量和付款控制，做到不多付、不少付、不重复付；严格控制工程变更，力求减少工程变更费用；研究确定预防费用索赔的措施，以减少、避免施工索赔；及时处理施工索赔，并协助建设单位进行反索赔；协助建设单位按期提交合格施工现场，保质、保量、适时、适地提供由建设单位负责提供的工程材料和设备；审核施工单位提交的工程结算文件等。

（3）建设工程进度控制任务

建设工程进度控制是指通过采取有效措施，在满足工程质量和造价要求的前提下，力求使工程实际工期不超过计划工期目标。

影响建设工程进度的因素很多，主要有：资金因素（工程款能否按合同拨付），材料、设备因素（不能及时供应或不合理使用材料及设备，造成返工），人为因素（施工不协调），技术因素（施工方案不当、计划不周、错误的施工工艺）。

项目监理机构在建设工程施工阶段进度控制的主要任务是通过完善建设工程控制性进度计划、审查施工单位提交的进度计划、做好施工进度动态控制工作、协调各相关单位之间的关系、预防并处理好工期索赔，力求实际施工进度满足计划施工进度的要求。

为完成施工阶段进度控制任务，项目监理机构需要做好以下工作：完善建设工程控制性进度计划；审查施工单位提交的施工进度计划；协助建设单位编制和实施由建设单位负责供应的材料及设备供应进度计划；组织进度协调会议，协调有关各方关系；跟踪检查实际施工进度；研究制定预防工期索赔的措施，做好工程延期审批工作等。

3. 三大目标控制措施

为了有效地控制建设工程项目目标，应从组织、技术、经济、合同等多方面采取措施。

(1)组织措施

组织措施是其他各类措施的前提和保障，包括建立健全实施动态控制的组织机构、规章制度和人员，明确各级目标控制人员的任务和职责分工，改善建设工程目标控制的工作流程；建立建设工程目标控制工作考评机制，加强各单位(部门)之间的沟通协作；加强动态控制过程中的激励措施，调动和发挥员工实现建设工程目标的积极性和创造性等。

(2)技术措施

为了对建设工程目标实施有效控制，需要对多个可能的建设方案、施工方案等进行技术可行性分析。为此，需要对各种技术数据进行审核、比较，需要对施工组织设计、施工方案等进行审查、论证等。此外，在整个建设工程实施过程中，还需要采用工程网络计划技术、信息化技术等实施动态控制。

(3)经济措施。无论是对建设工程造价目标实施控制，还是对建设工程质量、进度目标实施控制，都离不开经济措施。经济措施不仅仅是审核工程量、工程款支付申请及工程结算报告，还需要编制和实施资金使用计划，对工程变更方案进行技术经济分析等，而且通过投资偏差分析和未完工程投资预测，可发现一些可能引起未完工程投资增加的潜在问题，从而便于以主动控制为出发点，采取有效措施加以预防。

(4)合同措施。加强合同管理是控制建设工程目标的重要措施。建设工程总目标及分目标将反映在建设单位与工程参建主体所签订的合同中。由此可见，通过选择合理的承发包模式和合同计价方式，选定满意的施工单位及材料设备供应单位，拟定完善的合同条款，并动态跟踪合同执行情况及处理好工程索赔等，是控制建设工程目标的重要合同措施。

二、合同管理

建设工程实施过程中会涉及许多合同，如勘察设计合同、施工合同、监理合同、咨询合同、材料设备采购合同等。合同管理是在市场经济体制下组织建设工程实施的基本手段，也是项目监理机构控制建设工程质量、造价、进度三大目标的重要手段。

完整的建设工程施工合同管理应包括施工招标的策划与实施，合同计价方式及合同文本的选择，合同谈判及合同条件的确定，合同协议书的签署，合同履行检查，合同变更、违约及纠纷的处理，合同订立和履行的总结评价等。

根据《建设工程监理规范》，项目监理机构在处理工程暂停及复工、工程变更、工程索赔及施工合同争议与解除等方面的合同管理职责如下。

(一)工程暂停与复工处理

1. 签发工程暂停令的情形

项目监理机构发现下列情况之一时,总监理工程师应及时签发工程暂停令。

(1)建设单位要求暂停施工且工程需要暂停施工的。

(2)施工单位未经批准擅自施工或拒绝项目监理机构管理的。

(3)施工单位未按审查通过的工程设计文件施工的。

(4)施工单位违反工程建设强制性标准的。

(5)施工存在重大质量、安全事故隐患或发生质量、安全事故的。

总监理工程师在签发工程暂停令时应根据停工原因的影响范围和影响程度确定工程项目停工范围。总监理工程师在签发工程暂停令,应事先征得建设单位同意,在紧急情况下未能事先报告时,应在事后及时向建设单位作出书面报告。

2. 工程暂停相关事宜

暂停施工事件发生时,项目监理机构应如实记录所发生的实际情况。总监理工程师应会同有关各方按施工合同约定,处理因工程暂停引起的与工期、费用有关的问题。

因施工单位原因暂停施工时,项目监理机构应检查、验收施工单位的停工整改过程、结果。

3. 复工申请或指令

当暂停施工原因消失、具备复工条件时,施工单位提出复工申请的,项目监理机构应审查施工单位报送的工程复工报审表及有关材料,符合要求后,总监理工程师应及时签署审查意见,并应报建设单位批准后签发工程复工令;施工单位未提出复工申请的,总监理工程师应根据实际情况指令施工单位恢复施工。

(二)工程变更处理

1. 施工单位提出的工程变更处理程序

项目监理机构可按下列程序处理施工单位提出的工程变更。

(1)总监理工程师组织专业监理工程师审查施工单位提出的工程变更申请,提出审查意见。对涉及工程设计文件修改的工程变更,应由建设单位转交原设计单位修改工程设计文件,必要时,项目监理机构应建议建设单位组织设计、施工等单位召开论证工程设计文件的修改方案的专题会议。

(2)总监理工程师组织专业监理工程师对工程变更费用及工期影响做出评估。

(3)总监理工程师组织建设单位、施工单位等共同协商确定工程变更费用及工期变化,会签工程变更单。

(4)项目监理机构根据批准的工程变更文件监督施工单位实施工程变更。

2. 建设单位要求的工程变更处理职责

项目监理机构可对建设单位要求的工程变更提出评估意见,并应督促施工单位按会签后的工程变更单组织施工。

(三)工程索赔处理

工程索赔包括费用索赔和工程延期申请。项目监理机构应及时收集、整理有关工程费用、施工进度的原始资料,为处理工程索赔提供证据。

项目监理机构应以法律法规、勘察设计文件、施工合同文件、工程建设标准、索赔事件的证据等为依据处理工程索赔。

1. 费用索赔处理

项目监理机构应按《建设工程监理规范》规定的费用索赔处理程序和施工合同约定的时效期限处理施工单位提出的费用索赔。当施工单位的费用索赔要求与工程延期要求相关联时,项目监理机构可提出费用索赔和工程延期的综合处理意见,并应与建设单位和施工单位协商。

因施工单位原因造成建设单位损失,建设单位提出索赔时,项目监理机构应与建设单位和施工单位协商处理。

2. 工程延期审批

项目监理机构应按《建设工程监理规范》规定的工程延期审批程序和施工合同约定的时效期限审批施工单位提出的工程延期申请。施工单位因工程延期提出费用索赔时,项目监理机构可按施工合同约定进行处理。

(四)施工合同争议与解除的处理

1. 施工合同争议的处理

项目监理机构应按《建设工程监理规范》规定的程序处理施工合同争议。在处理施工合同争议过程中,对未达到施工合同约定的暂停履行合同条件的,应要求施工合同双方继续履行合同。

在存在施工合同争议的仲裁或诉讼过程中,项目监理机构应按仲裁机关或法院要求提供与争议有关的证据。

2. 施工合同解除的处理

(1)因建设单位原因导致施工合同解除时,项目监理机构应按施工合同约定与建设单位和施工单位协商确定施工单位应得款项,并签发工程款支付证书。

(2)因施工单位原因导致施工合同解除时,项目监理机构应按施工合同约定,确定施工单位应得款项或偿还建设单位的款项,与建设单位和施工单位协商后,书面提交施工单位应得款项或偿还建设单位款项的证明。

因非建设单位、施工单位原因导致施工合同解除时,项目监理机构应按施工合同约定处理合同解除后的有关事宜。

三、信息管理

建设工程信息管理是指对建设工程信息的收集、加工、整理、存储、传递、应用等一系列工作的总称。信息管理是建设工程监理的重要手段之一,及时掌握准确、完整的信息,可以使监理工程师更加卓有成效地完成建设工程监理与相关服务工作。信息管理工作的好坏,将直接影响建设工程监理与相关服务工作的成败。

建设工程信息管理贯穿工程建设全过程，其基本环节包括信息的收集、加工、整理、分发、检索和存储。

(一)建设工程信息的收集

在建设工程的不同进展阶段会产生大量的信息。工程监理单位的介入阶段不同，决定了信息收集的内容不同。如果工程监理单位接受委托在建设工程决策阶段提供咨询服务，则需要收集与建设工程相关的市场、资源、自然环境、社会环境等方面的信息；如果是在建设工程设计阶段提供项目管理服务，则需要收集的信息有：工程项目可行性研究报告及前期相关文件资料；同类工程相关资料；拟建工程所在地信息；勘察、测量、设计单位相关信息；拟建工程所在地政府部门相关规定；拟建工程设计质量保证体系及进度计划等。如果是在建设工程施工招标阶段提供相关服务，则需要收集的信息有：工程立项审批文件；工程地质、水文地质勘察报告；工程设计及概算文件；施工图设计审批文件；工程所在地工程材料、构配件、设备、劳动力市场价格及变化规律；工程所在地工程建设标准及招投标相关规定等。

在建设工程施工阶段，项目监理机构应从下列方面收集信息。

(1)建设工程施工现场的地质、水文、测量、气象等数据；地上、地下管线，地下硐室，地上既有建筑物、构筑物及树木、道路，建筑红线，水、电、气管道的引入标志；地质勘察报告、地形测量图及标桩等环境信息。

(2)施工机构组成及进场人员资格；施工现场质量及安全生产保证体系；施工组织设计及(专项)施工方案、施工进度计划；分包单位资格等信息。

(3)进场设备的规格型号、保修记录；工程材料、构配件、设备的进场、保管、使用等信息。

(4)施工项目管理机构管理程序；施工单位内部工程质量、成本、进度控制及安全生产管理的措施及实施效果；工序交接制度；事故处理程序；应急预案等信息。

(5)施工中需要执行的国家、行业或地方工程建设标准；施工合同履行情况。

(6)施工过程中发生的工程数据，如地基验槽及处理记录、工序交接检查记录、隐蔽工程检查验收记录、分部分项工程检查验收记录等。

(7)工程材料、构配件、设备质量证明资料及现场测试报告。

(8)设备安装试运行及测试信息，如电气接地电阻、绝缘电阻测试，管道通水、通气、通风试验，电梯施工试验，消防报警、自动喷淋系统联动试验等信息。

(9)工程索赔相关信息，如索赔处理程序、索赔处理依据、索赔证据等。

(二)建设工程信息的加工、整理、分发、检索和存储

1. 信息的加工和整理

信息的加工和整理主要是将所获得的数据和信息通过鉴别、选择、核对、合并、排序、更新、计算、汇总等，生成不同形式的数据和信息，目的是提供给各类管理人员使用。加工和整理数据及信息，往往需要按照不同的需求分层进行。

工程监理人员对于数据和信息的加工要从鉴别开始。一般而言，工程监理

人员自己收集的数据和信息的可靠度较高；而对于施工单位报送的数据，就需要鉴别、选择、核对，对于动态数据需要及时更新。为了便于应用，还需要对收集的数据和信息按照工程项目组成（单位工程、分部工程、分项工程等）、工程项目目标（质量、造价、进度）等进行汇总和组织。

科学的信息加工和整理需要基于业务流程图和数据流程图，结合建设工程监理与相关服务业务工作绘制业务流程图和数据流程图，不仅是建设工程信息加工和整理的重要基础，还是优化建设工程与相关服务业务处理过程、规范建设工程监理与相关服务行为的重要手段。

（1）业务流程图。业务流程图以图示形式表示业务处理过程。通过绘制业务流程图，可以发现业务流程的问题或不完善之处，进而可以优化业务处理过程。某项目监理机构的工程量处理业务流程图如图 5－3 所示。

（2）数据流程图。数据流程图根据业务流程图，将数据流程以图示形式表示出来。数据流程图的绘制应自上而下地层层细化。根据图 5－3 绘制的工程量处理数据流程图如图 5－4 所示。

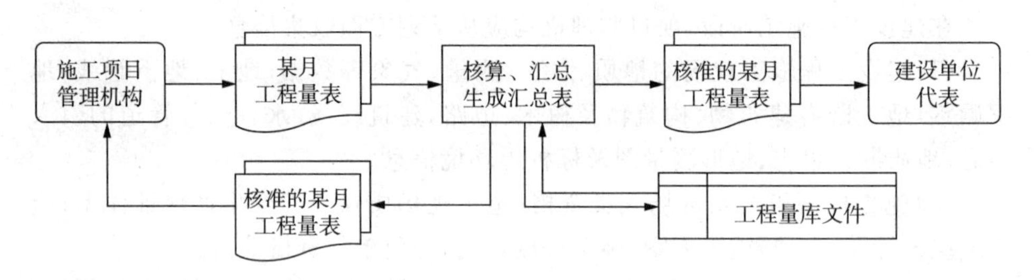

图 5－3　某项目监理机构的工程量处理业务流程图

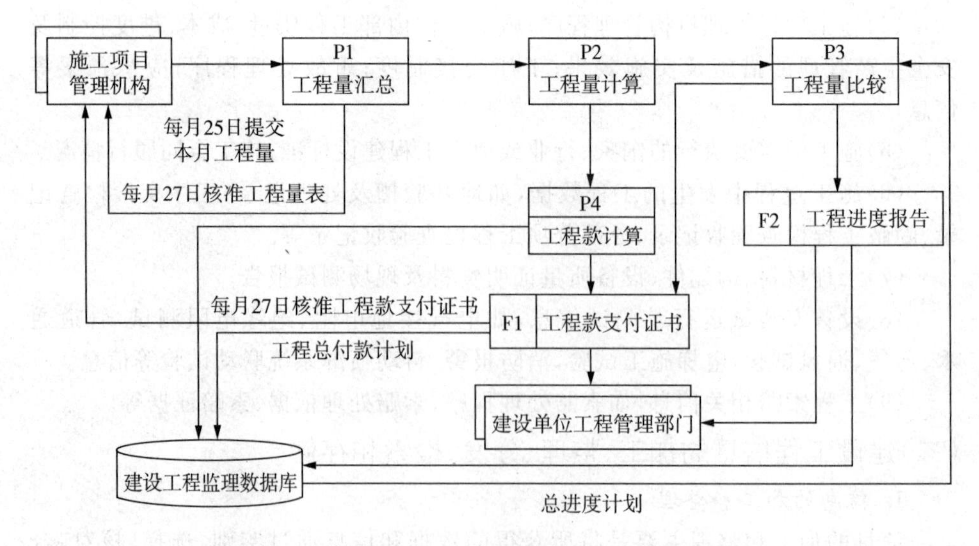

图 5－4　某项目监理机构的工程量处理数据流程图

2. 信息的分发和检索

加工整理后的信息要及时提供给需要使用信息的部门和人员，信息的分发要根据需要来进行，信息的检索需要建立在一定的分级管理制度上。信息分发和检索的基本原则是需要信息的部门和人员有权在需要的第一时间方便地得到所需要的信息。

(1)信息分发

设计信息分发制度时需要考虑以下几个方面。

① 了解信息使用部门和人员的使用目的、使用周期、使用频率、获得时间及信息的安全要求。

② 决定信息分发的内容、数量、范围、数据来源。

③ 决定分发信息的数据结构、类型、精度和格式。

④ 决定提供信息的介质。

(2)信息检索

设计信息检索时需要考虑以下几个方面。

① 允许检索的范围、检索的密级划分、密码管理等。

② 检索的信息能否及时、快速地提供，实现的手段。

③ 所检索信息的输出形式，能否根据关键词实现智能检索等。

3. 信息的存储

存储信息需要建立统一的数据库。需要根据建设工程实际，规范地组织数据文件。

(1)按照工程进行组织，同一工程按照质量、造价、进度、合同等类别组织，各类信息再进一步根据具体情况进行细化。

(2)工程参建各方要协调统一数据存储方式，数据文件名要规范化，要建立统一的编码体系。

(3)尽可能以网络数据库形式存储数据。减少数据冗余，保持数据的唯一性，并实现数据共享。

四、组织协调

建设工程监理目标的实现，需要监理工程师具有扎实的专业知识，以及对建设工程监理程序的有效执行。此外，监理工程师还要具有较强的组织协调能力。通过组织协调，监理工程师能够使影响建设工程监理目标实现的各方主体有机配合、协同一致，促进建设工程监理目标的实现。

组织协调是一种管理艺术和技巧，监理工程师尤其是总监理工程师需要掌握领导科学、心理学、行为科学方面的知识和技能，如激励、交际、表扬和批评的艺术、开会艺术、谈话艺术、谈判技巧等。只有这样，监理工程师才能进行有效的组织协调。具体内容详见第四章第四节，在此不再赘述。

[想一想]

组织协调的作用有哪些?

五、安全生产管理

项目监理机构应根据法律法规、工程建设强制性标准，履行建设工程安全生产管理的监理职责，并应将安全生产管理的监理工作内容、方法和措施纳入监理规划及监理实施细则。

(一)施工单位安全生产管理体系的审查

1. 审查施工单位的管理制度、人员资格及验收手续

项目监理机构应审查施工单位现场安全生产规章制度的建立和实施情况;审查施工单位安全生产许可证的符合性和有效性;审查施工单位项目经理、专职安全生产管理人员和特种作业人员的资格;核查施工机械和设施的安全许可验收手续。

施工单位在使用施工起重机械和设施及整体提升脚手架、模板等自升式架设设施前,应当组织有关单位进行验收,也可以委托具有相应资质的检验检测机构进行验收;使用承租的机械设备和施工机具及配件的,由施工总承包单位、分包单位、出租单位和安装单位共同进行验收,验收合格的方可使用。

2. 审查专项施工方案

项目监理机构应审查施工单位报审的专项施工方案,符合要求的,应由总监理工程师签认后报建设单位。超过一定规模的危险性较大的分部分项工程的专项施工方案,应检查施工单位组织专家进行论证、审查的情况,以及是否附具安全验算结果。

专项施工方案审查的基本内容包括以下两个方面。

(1)编审程序应符合相关规定。专项施工方案由施工项目经理组织编制,只有经施工单位技术负责人签字后,才能报送项目监理机构审查。

(2)安全技术措施应符合工程建设强制性标准。

(二)专项施工方案的监督实施及安全事故隐患的处理

1. 专项施工方案的监督实施

项目监理机构应要求施工单位按已批准的专项施工方案组织施工。专项施工方案需要调整时,施工单位应按程序重新提交项目监理机构审查。

项目监理机构应巡视检查危险性较大的分部分项工程专项施工方案实施情况。发现未按专项施工方案实施时,应签发监理通知单,要求施工单位按专项施工方案实施。

2. 安全事故隐患的处理

[想一想]
如何履行建设工程安全生产管理的监理职责?

项目监理机构在实施监理过程中,发现工程存在安全事故隐患时,应签发监理通知单,要求施工单位整改;情况严重时,应签发工程暂停令,并应及时报告建设单位。施工单位拒不整改或不停止施工时,项目监理机构应及时向有关主管部门报送监理报告。

紧急情况下,项目监理机构可通过电话、传真或者电子邮件等方式向有关主管部门报告,事后应形成监理报告。

第二节 建设工程监理主要方式

项目监理机构应根据建设工程监理合同约定,采用巡视、平行检验、旁站、见证取样等方式对建设工程实施监理。巡视、平行检验、旁站、见证取样是建设工

程监理的主要方式。

一、巡视

巡视是指项目监理机构监理人员对施工现场进行定期或不定期的检查活动。巡视检查是项目监理机构对实施建设工程监理的重要方式之一，是监理人员针对施工现场进行的日常检查。

(一)巡视的作用

巡视是监理人员针对现场施工质量和施工单位安全生产管理情况进行的检查工作，监理人员通过巡视检查，能够及时发现施工过程中出现的各类质量、安全问题，对不符合要求的情况及时要求施工单位进行纠正并督促整改，使问题消失在萌芽状态。巡视对于实现建设工程目标、加强安全生产管理等起着重要作用，具体体现在以下几个方面。

(1)观察、检查施工单位的施工准备情况。

(2)观察、检查包括施工工序、施工工艺、施工人员、施工材料、施工机械、周边环境等在内的施工情况。

(3)观察、检查施工过程中存在的质量问题、质量缺陷并及时采取相应措施。

(4)观察、检查施工现场存在的各类生产安全事故隐患并及时采取相应措施。

(5)观察、检查并解决其他相关问题。

(二)巡视内容和发现问题的处理

项目监理机构应在监理规划的相关章节中编制体现巡视工作的方案、计划、制度等相关内容，以及在监理实施细则中明确巡视要点、巡视频率和措施，并明确巡视检查记录表。在监理过程中，监理人员应按照监理规划及监理实施细则中规定的频次进行现场巡视(如上午、下午各一次)，巡视检查内容以现场施工质量、生产安全事故隐患为主，且不限于工程质量、安全生产方面的内容。监理人员在巡视检查中发现的施工质量、生产安全事故隐患等问题，以及采取的相应处理措施、所取得的效果等，应及时、准确地记录在巡视检查记录表中。

总监理工程师应根据经审核批准的监理规划和监理实施细则对现场监理人员进行交底，明确巡视检查要点、巡视频率和采取措施及采用的巡视检查记录表；合理安排监理人员进行巡视检查工作；督促监理人员按照监理规划及监理实施细则的要求开展现场巡视检查工作；总监理工程师应检查监理人员巡视的工作成果，与监理人员就当日巡视检查工作进行沟通，对发现的问题及时采取相应处理措施。

1. 巡视内容

监理人员在巡视检查时，应主要关注施工质量、安全生产两个方面的情况。

(1)施工质量方面

① 天气情况是否适宜施工作业，如果不适宜施工作业，是否已采取相应措施。

② 施工人员作业情况，是否按照工程设计文件、工程建设标准和批准的施工组织设计(专项)施工方案施工。

③ 使用的工程材料、设备和构配件是否已检测合格。

④ 施工单位主要管理人员到岗履职情况，特别是施工质量管理人员是否到位。

⑤ 施工机具、设备的工作状态；周边环境是否有异常情况等。

(2)安全生产方面

① 施工单位安全生产管理人员到岗履职情况、特种作业人员持证情况。

② 施工组织设计中的安全技术措施和专项施工方案落实情况。

③ 安全生产、文明施工制度、措施落实情况。

④ 危险性较大的分部分项工程施工情况，重点关注是否按方案施工。

⑤ 大型起重机械和自升式架设设施运行情况。

⑥ 施工临时用电情况。

⑦ 其他安全防护措施是否到位；工人违章情况。

⑧ 施工现场存在的事故隐患，以及按照项目监理机构的指令整改实施情况。

⑨ 项目监理机构签发的工程暂停令执行情况等。

2. 巡视发现问题的处理

监理人员按照监理规划及监理实施细则的要求开展巡视检查工作；在巡视检查中发现问题，应及时采取相应处理措施(例如，巡视监理人员发现个别施工人员在砌筑作业中所用的砂浆饱满度不够，可口头要求施工人员加以整改)；巡视监理人员认为发现的问题自己无法解决或无法判断是否能够解决时，应立即向总监理工程师汇报；在监理巡视检查记录表中及时、准确、真实地记录巡视检查情况；对已采取相应处理措施的质量问题、生产安全事故隐患，检查施工单位的整改落实情况，反映在巡视检查记录表中。

监理文件资料管理人员应及时将巡视检查记录表归档，同时，注意巡视检查记录表与监理日志、监理通知单等其他监理资料的呼应关系。

[问一问]

1. 巡视的作用是什么?

2. 如何开展巡视工作?

3. 巡视发现问题应如何处理?

二、平行检验

平行检验是项目监理机构在施工单位进行自检的同时，按照有关规定、建设工程监理合同约定对同一检验项目进行的检测试验活动。平行检验的内容包括工程实体量测(检查、试验、检测)和材料检验等内容，是项目监理机构控制建设工程质量的重要手段之一。

1. 平行检验的作用

《建筑工程施工质量验收统一标准》(GB 50300—2013)规定，施工现场质量管理检查记录、检验批、分项工程、分部(子分部)工程、单位(子单位)工程等的验收记录(检查判定结果)由施工单位填写，验收结论由监理(建设)单位填写。监理人员不应只根据施工单位自己的检查、验收情况填写验收结论，而应该在施工单位检查、验收之上进行平行检验，这样的质量验收结论才更具有说服力。同样，对于原材料、设备、构配件及工程实体质量等，也应在见证取样或施工单位委托检验的基础上进行平行检验，以使检验、检测结论更加真实、可靠。平行检验是项目监理机构在施工阶段进行质量控制的重要工作之一，也是工程质量预验收和工程竣工验收的重要依据之一。

2. 平行检验的工作内容和职责

项目监理机构首先应依据建设工程监理合同编制符合工程特点的平行检验方案，明确平行检验的方法、范围、内容、频率等，并设计各平行检验记录表式。在建设工程监理实施过程中，应根据平行检验方案的规定和要求，开展平行检验工作。对平行检验不符合规范、标准的检验项目，应分析原因后按照相关规定进行处理。

负责平行检验的监理人员应根据经审批的平行检验方案，对工程实体、原材料等进行平行检验，平行检验的方法包括量测、检验、试验等，在平行检验的同时，记录相关数据，分析平行检验结果、检测报告结论等，提出相应的建议和措施。

监理文件资料管理人员应将平行检验方面的文件资料等单独整理、归档。平行检验的资料是竣工验收资料的重要组成部分。

[问一问]

平行检验的工作内容和职责是什么？

三、旁站

旁站是指项目监理机构对工程的关键部位或关键工序的施工质量进行的监督活动。关键部位、关键工序应根据工程类别、特点及有关规定确定。

1. 旁站的作用

每项建设工程在施工过程中都存在对结构安全、重要使用功能起着重要作用的关键部位和关键工序，对这些关键部位和关键工序的施工质量进行重点控制，直接关系到建设工程整体质量能否达到设计标准要求及建设单位的期望。

旁站是建设工程监理工作中用以监督工程质量的一种手段，可以起到及时发现问题、第一时间采取措施、防止偷工减料、确保施工工艺工序按施工方案进行、避免其他干扰正常施工的因素发生等作用。旁站与监理工作其他方法结合使用，成为工程质量控制工作中相当重要和必不可少的工作方式。

2. 旁站的工作内容

项目监理机构在编制监理规划时，应制订旁站方案，明确旁站的范围、内容、程序和旁站人员的职责等。旁站方案是监理人员在充分了解工程特点及监控重点的基础上，确定必须加以重点控制的关键工序、特殊工序，并以此制订的旁站作业指导方案。现场监理人员必须按此执行并根据方案的要求，有指导性地进行检查，将可能发生的工程质量问题和隐患加以消除。

旁站应在总监理工程师的指导下，由现场监理人员负责具体实施，在旁站实施前，项目监理机构应根据旁站方案和相关的施工验收规范，对旁站人员进行交底。

监理人员实施旁站时，发现施工单位有违反工程建设强制性标准行为的，有权责令施工单位立即整改;发现其施工活动已经或者可能危及工程质量的,应当及时向监理工程师或者总监理工程师报告,由总监理工程师下达局部施工暂停指令或者采取其他应急措施。

旁站记录是监理工程师或者总监理工程师依法行使有关签字权的重要依据。对于需要旁站的关键部位、关键工序施工,凡没有实施旁站或者没有旁站记录的,专业监理工程师或者总监理工程师不得在相关文件上签字,在工程竣工验收后,工程监理单位应当将旁站记录存档备查。

项目监理机构应按照规定的关键部位、关键工序实施旁站。建设单位要求项目监理机构超出规定的范围实施旁站的,应当另行支付监理费用。具体费用标准由建设单位与工程监理单位在合同中约定。

3. 旁站的工作职责

旁站人员的主要工作职责包括但不限于以下内容。

(1)检查施工单位现场质量管理人员到岗、特殊工种人员持证上岗,以及施工机械、建筑材料准备情况。

(2)在现场跟班监督关键部位、关键工序的施工方案及工程建设强制性标准执行情况。

(3)核查进场建筑材料、建筑构配件、设备和商品混凝土的质量检验报告等,并可在现场施工单位进行检验或者委托具有资格的第三方进行复验。

(4)做好旁站记录和监理日志,保存旁站原始资料。

(5)旁站人员应当认真履行职责,对需要旁站的关键部位、关键工序在施工现场跟班监督,及时发现和处理旁站过程中出现的质量问题,如实且准确地做好旁站记录。凡旁站监理人员未在旁站记录上签字的,不得进行下一道工序施工。

总监理工程师应当及时掌握旁站工作情况,并采取相应措施解决旁站过程中发现的问题。监理文件资料管理人员应妥善保管旁站方案、旁站记录等相关资料。

[问一问]

什么是旁站?旁站的作用有哪些?

四、见证取样

见证取样是指项目监理机构对施工单位进行的涉及结构安全的试块、试件及工程材料现场取样、封样、送检工作的监督活动。

(一)见证取样的一般规定和程序

项目监理机构应根据工程的特点和具体情况,制定工程见证取样送检构造柱制度,将材料进场报验、见证取样送检的范围、工作程序、见证人员和取样人员的职责、取样方法等内容纳入监理实施细则,并可召开见证取样工作专题会议,要求工程参建各方在施工过程中必须严格按制定的工作程序执行。

为保证试件能代表母体的质量状况和取样的真实,制止出具只对试件(来样)负责的检测报告,保证建设工程质量检测工作的科学性、公正性和准确性,以确保建设工程质量,根据建设部(已撤销)《关于印发〈房屋建筑工程和市政基础设施工程实行见证取样和送检制度的规定〉的通知》的要求,在建设工程质量检测中实行见证取样和送检制度，见证取样和送检是指在建设单位或工程监理单位人员的见证下，由施工单位的现场试验人员对工程中涉及结构安全的试块、试件和材料在现场取样，并送至经过省级以上建设行政主管部门对其资质认可和质量技术监督部门对其计量认证的质量检测单位进行检测。

1. 见证取样的一般规定

(1)见证取样涉及三方行为，即施工方、见证方、试验方。

(2)试验室的资质资格管理：①各级工程质量监督检测机构[有 CMA(China Metrology Accreditation，中国计量认证)章，即计量认证，1 年审查一次]；②建筑企业试验室应逐步转为企业内控机构，4 年审查 1 次。

第三方试验室检查：①计量认证书、CMA 章；②附件、备案证书。

CMA 是依据《中华人民共和国计量法》为社会提供公正数据的产品质量检验机构。

计量认证分为两级实施：一级为国家级，由国家认证认可监督管理委员会组织实施；另一级为省级，实施的效力均完全一致。

见证人员必须取得见证人员证书，并且通过建设单位授权，授权后只能承担所授权工程的见证工作。对进入施工现场的所有建筑材料，必须按规定要求实行见证取样和送检试验，检验报告纳入质保资料。

2. 见证取样的程序

(1)授权

建设单位或工程监理单位应向施工单位、工程受监的质监站和工程检测单位递交见证单位和见证人员授权书。授权书应写明本工程见证人员的单位及见证人员的姓名、证号，见证人员不得少于两人。

(2)取样

施工单位取样人员在现场抽取和制作试样时，见证人员必须在旁见证，并且应对试样进行监护，和委托送检的送检人员一起采取有效的封样措施或将试样送至检测单位。

(3)送检

检测单位在接受委托检验时，须有送检单位填写委托单，见证人员应出示见证人员证书，并在检验委托单上签名。检测单位均须实施密码管理制度。

(4)出具检验报告

检测单位应在检验报告上加盖“有见证取样送检”印章。如果发生试样不合格情况，则应在 24 小时内上报受监质监站，并建立不合格项目台账。

应注意的是，检测单位对检验报告有以下五点要求：①检验报告应使用计算机打印；②检验报告采用统一用表；③检验报告签名一定要手签；④检验报告应有“有见证检验”专用章统一格式；⑤注明见证人员的姓名。

(二)见证监理人员的工作内容和职责

总监理工程师应督促专业监理工程师制定见证取样实施细则，实施细则中包括材料进场报验，见证取样送检的范围、工作程序、见证人员和取样人员的职责、取样方法等内容。总监理工程师还应检查监理人员见证取样工作的实施情况，包括现场检查和资料检查，同时积极听取监理人员的汇报，如果发现问题，则应及时要求施工单位采取相应措施。

见证取样监理人员应根据见证取样实施细则要求按程序实施见证取样工作，包括：在现场进行见证，监督施工单位取样人员按随机取样方法进行取样；对试样进行监护、封样加锁；在检验委托单上签字，并出示见证人员证书；协助建立包括见证取样送检计划、台账等在内的见证取样档案等。

［说一说］
见证监理人员的工作内容和职责有哪些？

监理文件资料管理人员应全面、妥善、真实记录试块、试件及工程材料的见证取样台账等。

第三节　建设工程监理信息化

随着工程建设规模不断扩大，工程建设信息量不断增加，依靠传统的数据处理方式已难以适应工程监理需求。与此同时，建筑信息模型（building information modeling，BIM）、大数据、物联网、云计算、移动互联网、人工智能、地理信息系统（geographic information system，GIS）等现代信息技术快速发展，也为工程监理信息化提供了重要技术支撑。

一、建设工程监理信息系统

基于互联网和计算机技术，建设工程监理信息系统已成为工程监理的基本手段。

（一）工程监理信息系统的主要作用

工程监理信息系统作为处理工程监理信息的人一机系统，其主要作用体现在以下几个方面。

（1）利用计算机数据存储技术存储和管理与工程监理有关的信息，并随时进行查询和更新。

（2）利用计算机数据处理功能，快速、准确地处理工程监理所需要的信息，如工程质量检测数据分析、工程投资动态比较分析和预测、工程进度计划编制和动态比较分析、施工安全数据分析等。

［说一说］
工程监理信息系统的主要作用是什么？

（3）利用计算机分析运算功能，快速提供高质量的决策支持信息和方案比选。

（4）利用计算机网络技术，实现工程参建各方、各部门之间的信息共享和协同工作。

（5）利用计算机虚拟现实技术，直观展示工程项目大量数据和信息。

（二）工程监理信息系统的基本功能

工程监理信息系统的目标是实现工程监理信息系统管理和提供必要的监理决策支持。工程监理信息系统可为工程监理单位及项目监理机构提供标准化、结构化数据；提供预测、决策所需要的信息及分析模型；提供建设工程目标动态控制的分析报告;提供解决建设工程监理问题的多个备选方案。概括而言,工程监理信息系统应具有以下基本功能。

1. 信息管理

信息管理是指能够收集、加工、整理、存储、传递、应用工程监理信息,为工程监理单位及项目监理机构提供基本支撑。

2. 动态控制

针对工程质量、造价、进度三大目标,不仅能辅助编制相关计划,还能动态分析比较和预测,为项目监理机构实施工程质量、造价、进度动态控制提供支持。

3. 决策支持

决策支持是指能够进行工程建设方案及监理方案比选,为项目监理机构科学决策提供支撑。

4. 协同工作

随着互联网技术的快速发展及协同工作理念的逐步形成,由工程监理单位单独应用的信息系统逐步转变为工程参建各方共同应用的信息平台。越来越被广泛应用的工程监理信息平台,可以实现工程参建各方信息共享和协同工作。特别是近年来 BIM 技术的应用,为工程监理信息管理提供了可视化手段。

二、BIM

BIM 是利用数字模型对工程进行设计、施工和运营的过程,以多种数字技术为依托,可以实现建设工程全寿命期集成管理。在建设工程实施阶段,借助 BIM 技术,可以进行设计方案比选、实际施工模拟,在施工之前就能发现施工阶段会出现的各种问题,以便能提前处理,从而可提供合理的施工方案,合理配置人员、材料和设备,在最大范围内实现资源的合理运用。

(一)BIM 的特点

BIM 具有可视化、协调性、模拟性、优化性、可出图性等特点。

1. 可视化

可视化即“所见即所得”。对于工程建设而言,可视化的作用非常大。目前,在工程建设中所用的施工图纸只是将各个构件信息用线条来表达,其真正的构造形式需要工程建设参与人员自行想象。但对于现代建筑而言,构件的形式各异、造型复杂,仅凭人脑去想象不太现实。BIM 可将以往的线条式构件形成一种三维的立体实物图形展示在人们面前,如图 5－5 所示。

应用 BIM 技术,不仅可以用来展示效果,还可以生成所需要的各种报表。更重要的是,在工程设计、建造、运营过程中的沟通、讨论、决策都能在可视化状态下进行。

2. 协调性

协调是工程建设实施过程中的重要工作。在通常情况下,工程实施过程中一旦遇到问题,就需要将各有关人员组织起来召开协调会,找出问题发生的原因及解决办法,然后采取相应补救措施。应用 BIM 技术,可以将事后协调转

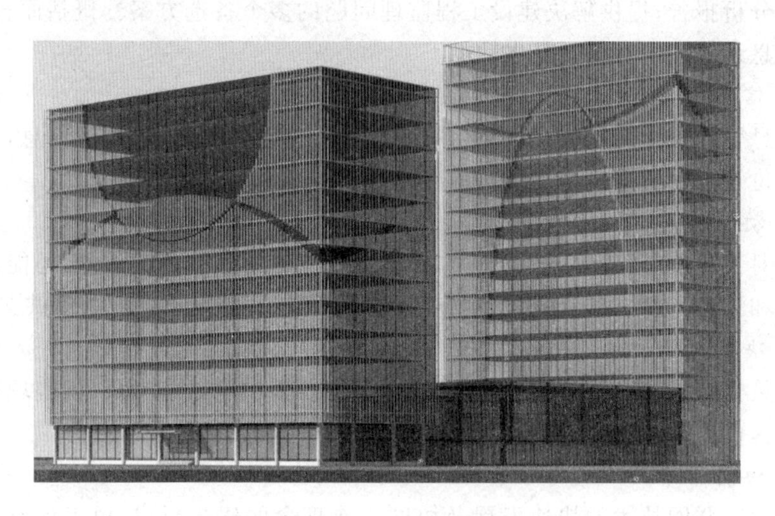

图 5-5　3D结构模型

变为事前协调。例如，在工程设计阶段，可应用 BIM 技术协调解决施工过程中建筑物内设施的碰撞问题。又如，在工程施工阶段，可以通过模拟施工，事先发现施工过程中存在的问题。此外，还可对空间布置、防火分区、管道布置等问题进行协调处理。

3. 模拟性

应用 BIM 技术，在工程设计阶段，可对节能、紧急疏散、日照、热能传导等进行模拟；在工程施工阶段，可根据施工组织设计将 3D 模型加施工进度（4D）模拟实际施工，从而通过确定合理的施工方案指导实际施工，还可进行 5D 模拟，实现造价控制；在运营阶段，可对日常紧急情况的处理进行模拟，如地震人员逃生模拟及消防人员疏散模拟等。

4. 优化性

应用 BIM 技术，可提供建筑物实际存在的信息，包括几何信息、物理信息、规则信息等，并能在建筑物变化后自动修改和调整这些信息。现代建筑物越来越复杂，在优化过程中须处理的信息量已远远超出人脑的能力极限，须借助其他手段和工具来完成，BIM 技术与其配套的各种优化工具为复杂工程项目进行优化提供了可能。目前，基于 BIM 技术的优化可完成以下工作。

(1)设计方案优化。将工程设计与投资回报分析结合起来，可以实时计算设计变化对投资回报的影响。这样，建设单位对设计方案的选择就不会仅仅停留在对形状的评价上，可以知道哪种设计方案更适合自身需求。

(2)特殊项目的设计优化。有些工程部位往往存在不规则设计，如裙楼、幕墙、屋顶、大空间等处，这些工程部位通常也是施工难度较大、施工问题比较多的地方，对这些部位的设计和施工方案进行优化，可以缩短施工工期、降低工程造价。

[说一说]

BIM 技术的特点是什么?

5. 可出图性

应用 BIM 技术对建筑物进行可视化展示、协调、模拟、优化后，还可输出有关图纸或报告。

（1）综合管线图（经过碰撞检查和设计修改，消除了相应错误）。

（2）综合结构留洞图（预埋套管图）。

（3）碰撞检查侦错报告和建议改进方案。

（二）BIM在工程监理中的应用

工程监理单位应用BIM的主要任务是通过借助BIM理念及其相关技术搭建统一的数字化工程监理信息平台，实现工程在建设过程中各阶段数据信息的整合及其应用，进而更好地为建设单位创造价值，提高工程建设的效率和质量。

1. 在工程监理过程中应用BIM技术期望实现的目标

（1）可视化展示。应用BIM技术可实现建设工程完工前的可视化展示，与传统的、单一的设计效果图等表现方式相比，由于数字化工程监理信息平台包含工程建设各阶段所有的数据信息，基于这些数据信息制作的各种可视化展示将更准确、更灵活地表现工程项目，并辅助各专业、各行业之间的沟通交流。

（2）提高工程设计和项目管理质量。BIM技术可帮助工程项目各参建方在工程建设全过程中更好地沟通协调，为做好设计管理工作及进行工程项目技术、经济可行性论证，提供了更为先进的手段和方法，从而可提升工程项目管理的质量和效率。

（3）控制工程造价。通过数字化工程信息模型，确保工程项目各阶段各参建方在工程建设全过程中更好地沟通协调，为做好设计管理工作，进行工程项目技术、经济可行性论证，提供了更为先进的手段和方法，从而可提升工程项目管理的质量和效率。

（4）缩短工程施工周期。借助BIM技术，实现对各重要施工工序的可视化整合，协助建设单位、设计单位、施工单位、工程监理单位更好地沟通协调与论证，合理优化施工工序。

2. 应用范围

现阶段，工程监理单位运用BIM技术提升服务价值，仍处于初级阶段，其应用范围主要包括以下几个方面。

（1）可视化模型建立。可视化模型建立是应用BIM的基础，包括建筑、结构、设备等专业工种。

（2）管线综合。随着工程建设快速发展，对协同设计与管线综合的要求更加强烈。BIM技术的出现可以很好地实现碰撞检查，使建设工程监理服务价值得到进一步提升。

（3）4D虚拟施工。将BIM技术与进度计划软件数据进行集成，可以按月、按周、按天看到工程施工进度并根据现场情况进行实时调整，分析不同施工方案的优劣，从而得到最佳施工方案并提高工程项目的资源利用率。

（4）成本核算。BIM是一个包含丰富数据、面向对象、具有智能和参数特点的建筑数字化标识。借助这些信息，计算机可以快速对各种构件进行统计分析，完成成本核算。通过将工程设计和投资回报分析相结合，实时计算设计变更对投资回报的影响，合理控制工程总造价。

由于工程项目本身的特殊性，工程在建设过程中随时都可能出现无法预计的各类问题，而BIM技术的数字化手段本身也是一项全新技术。因此，在建设工程监理与项目管理服务过程中，使用BIM技术具有开拓性意义，同时，也对建设工程监理与项目管理团队带来极大的挑战，建设工程监理与项目管理团队不仅要具有优秀的技术和服务能力，还要具有强大的资源整合能力。

思考题

1. 建设工程三大目标之间的关系是什么？
2. 建设工程三大目标控制的任务和措施有哪些？
3. 项目监理机构在处理工程暂停与复工、工程变更、工程索赔及施工合同争议与解除等方面的合同管理职责有哪些？
4. 建设工程信息管理包括哪些基本环节？
5. 安全生产管理的监理工作内容有哪些？
6. 项目监理机构巡视内容和发现问题的处理有哪些？
7. 总监理工程师在巡视、旁站中应分别发挥什么作用？
8. 项目监理机构平行检验的工作内容和职责有哪些？
9. 旁站的工作内容和职责有哪些？
10. 见证取样的工作程序是什么？见证监理人员的工作内容和职责有哪些？
11. BIM技术有哪些特点？BIM技术可在哪些方面应用于工程监理中？

第六章 建设工程安全生产管理的监理工作

【教学目标】

1. 了解：工程建设安全监理的含义、依据、措施和作用。
2. 熟悉：工程建设安全生产和安全责任体系。
3. 掌握：工程建设施工过程的安全监理方法、安全监理文件的编写。

【知识链接】

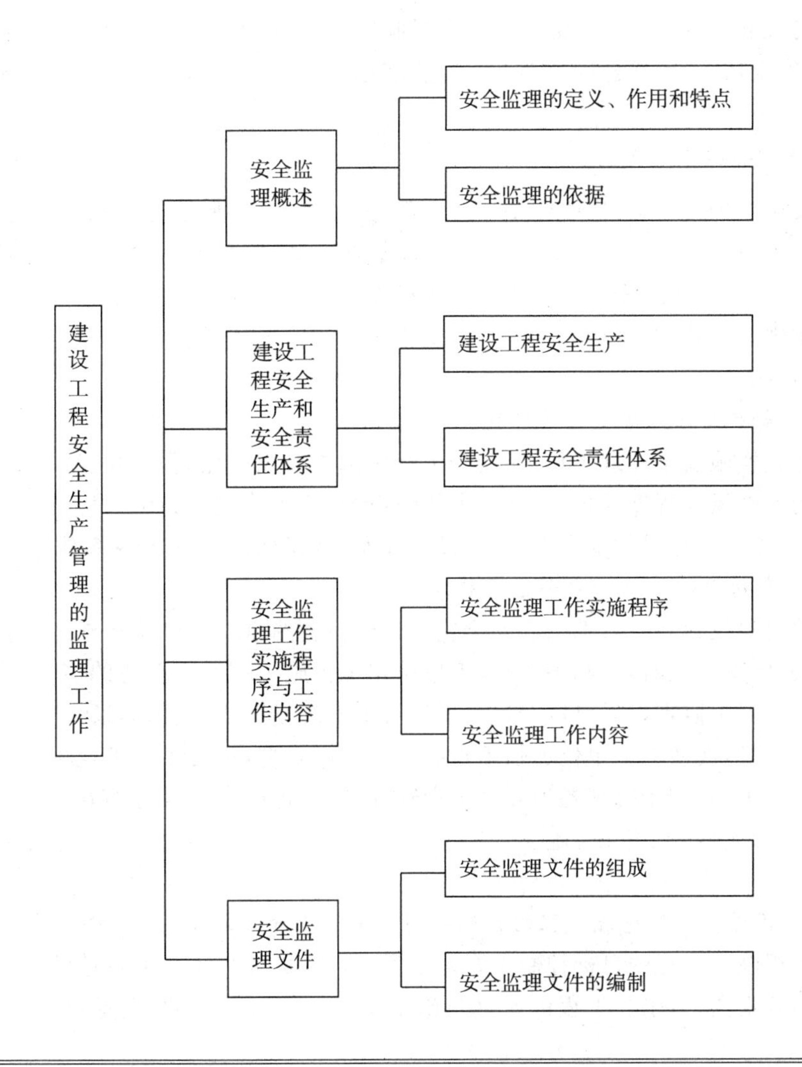

第一节　安全监理概述

根据《安全生产法》《建筑法》的相关规定，国务院颁布了《建设工程安全生产管理条例》，赋予监理行业安全监理责任，并对安全监理的主要内容、工作程序、监理责任作了具体的规定。特别是2021年9月1日实施的新修订的《安全生产法》"三个必须""全员安全生产责任制""安全标准化与隐患排查、分级管控"要求的提出，对建设工程监理参与安全生产的管理工作赋予了新的要求。因此，建设工程安全生产管理的监理工作（安全监理）是建设工程安全生产、综合治理方针内容之一。

一、安全监理的定义、作用和特点

（一）安全监理的定义

安全监理是指工程监理企业接受建设单位（业主）的委托和授权，依据国家现行有关相关法律、法规和工程建设强制性标准，以及委托监理合同、施工承包合同、安全协议书等合同文件，在所监理的过程中落实安全责任制所开展的活动。

（二）安全监理的作用

安全监理是建设监理的重要组成部分，是建设工程安全管理的重要内容。监理人员不但要了解和掌握施工安全的专业知识，学习相关法律法规和技术规范，充分发挥在施工安全监理方面的预控作用，对作为施工安全责任主体的施工单位加强监督管理，督促施工单位健全施工安全保证体系和有效运行，实现安全监理目标。

1. 减少或防止建筑安全事故

通过实施安全监理工作，使安全生产逐步走向规范化、程序化、科学化，使施工中的安全风险程度降低，消除了事故隐患，制止了建设行为中的盲目性和随意性，确保了工程建设的安全性，对建设工程安全顺利地实施起到保障作用。

2. 有利于转变政府安全监督的方式

政府建设行政主管部门和安全监督机构检查的重点是企业在施工过程中的实体安全，不能及时发现和查处施工单位在工程施工过程中存在的违规、违章行为。实行安全监理以后可以全过程加强对施工现场的安全管理，通过采取审查、监督等手段，促使施工单位加强工程的安全生产管理，提高了施工现场的生产安全管理水平，有利于完善各项安全生产管理制度，提高企业自身的安全控制意识和能力，形成政府、建设、施工、监理对安全生产工作的齐抓共管局面和有效机制。

3. 有利于实现建筑工程的目标控制与工程投资的效益最大化

工程施工过程的目标控制主要是投资、质量、进度。这三大目标的实现及控制离不开安全。首先，工程的质量与施工安全是不可分割的，质量存在隐患，易造成安全事故，安全事故又影响工程质量，因此施工质量与安全是相辅相成的。其次，施工投资和进度也与施工安全紧密相连。保障建筑工程的施工安全需要投入一定的资金，虽然增加了工程的总投资，但在施工过程中，通过对施工安全的控制及管理，不仅可有效减少和防止人员伤亡、财产损失，相对减少建筑工程的总投资，还保证了施工的进度按原计划顺利进行，促使工程竣工，提高整体的经济效益，可实现建筑工程的目标控制与工程投资的效益最大化。

4. 法律、法规赋予施工安全监理责任

《建设工程监理规范》将建设工程安全生产管理法定职责明确为：一是根据法律法规、工程建设强制性标准，履行建设工程安全生产管理的监理职责，并应将安全生产管理的监理工作内容、方法和措施纳入监理规范及监理实施细则；二是严格审查施工单位现场安全生产规章制度的建立和实施情况；三是严格审查施工单位报审的专项施工方案；四是严格要求施工单位按已批准的专项施工方案组织施工；五是巡视检查危险性较大的分部分项工程专项施工方案实施情况；六是在实施监理过程中发现工程存在安全事故隐患时，及时签发监理通知单要求施工单位整改，情况严重时及时报告建设单位及有关主管部门。

(三)安全监理的特点

安全监理的特点主要体现在责任体系、工作内容、方法和手段这三个方面的内容。

1. 安全监理的责任体系

安全监理的责任体系是从监理单位到项目监理机构，从总监理工程师到每个监理人员都有相应的安全监理责任，充分贯彻"安全生产、人人有责"的原则。有健全的责任体系是安全监理的第一特点。

2. 安全监理的工作内容

安全监理的工作内容是抓住一个重点和两个关键。一个重点就是抓危险性较大的分部分项工程，两个关键就是方案审查和实施监督必须符合强制性条文，督促承包单位落实安全生产管理体系并有效运行，目的是促进施工单位管好施工安全，实现安全生产。

3. 安全监理的方法和手段

安全监理必须从审查承包单位的安全管理体系入手，这是安全监理的关键。

监理对专项施工方案的审查，第一，首先强调的是符合性审查。危险性较大的工程，需要经专家论证的必须论证。第二，是针对性审核，审核安全技术措施和专项方案是否针对本工程特点，施工部位、所处环境、使用设备、施工管理模式和现场实际情况，要具有较强的可操作性。

二、安全监理的依据

安全监理的依据包括有关安全生产、劳动保护、环境保护、消防等的法律法规和标准规范、建设工程批准文件和设计文件、建设工程委托监理合同和有关的建设工程合同等。

1. 有关安全生产、劳动保护等的法律法规和标准规范

有关建设工程安全生产、劳动保护等的法律法规和标准规范包括《安全生产法》《中华人民共和国劳动法》《中华人民共和国环境保护法》《中华人民共和国消防法》《建设工程安全生产管理条例》等法律法规，以及部门规章及地方性法规等，也包括《工程建设标准强制性条文》《建设工程监理规范》以及有关的工程安全技术标准、规范、规程等。

2. 建设工程批准文件

建设工程批准文件包括批准的可行性研究报告、建设项目选址意见书、建设用地规划许可证、建设工程规划许可证、施工许可证，以及初步设计文件、施工图设计文件等。

3. 建设工程委托监理合同和有关的建设工程合同

工程监理单位应当根据两类合同进行安全监理。这两类合同包括工程监理单位与建设单位签订的建设工程委托监理合同、建设单位与施工单位签订的有关的建设工程合同。

第二节　建设工程安全生产和安全责任体系

一、建设工程安全生产

建设工程安全生产是指在工程建设施工生产过程中，要努力改善劳动条件，克服不安全因素，防止伤亡事故的发生，使劳动生产在保证劳动者安全健康和国家财产及人民生命财产安全的前提下顺利进行。

(一)安全生产方针

安全生产方针是安全第一、预防为主、综合治理。安全生产工作坚持人民至上、生命至上，把保护人民生命安全摆在首位，树牢安全发展理念。强化和落实生产经营单位的主体责任，建立生产经营单位负责、职工参与、政府监管、行业自律和社会监督的机制。

[问一问]

安全生产方针是什么？

我国安全生产方针经历了一个从“安全生产”到“安全第一、预防为主、综合治理”的产生和发展过程，现代安全管理强调在生产中要做好预知预防工作，尽可能将事故消灭在萌芽状态中。

(二)安全生产管理的原则

1. 安全生产原则

(1)管生产必须管安全的原则。

(2)安全具有一票否决权的原则。

(3)职业安全卫生“三同时”的原则，即职业安全卫生技术措施及设施应与主体工程同时设计、同时施工、同时投产使用。

(4)事故处理“四不放过”的原则，即事故原因未查清不放过；事故责任者和职工群众未受到教育不放过；安全隐患没有整改预防措施不放过；施工责任者不

处理不放过。

2. 安全生产要处理好的五种关系

(1)安全与危险的并存。

(2)安全与生产的统一。

(3)安全与质量的同步。

(4)安全与速度的互促。

(5)安全与效益的兼顾。

3. 安全与生产要坚持的六项原则

(1)坚持管生产同时管安全原则。

(2)坚持目标管理原则。

(3)坚持预防为主原则。

(4)坚持全过程控制原则。

(5)坚持持续改进原则。

二、建设工程安全责任体系

(一)法律责任

法律责任是行为人实施了违法行为,引起不利于行为人的法律后果,即违法者承担相应的法律责任,要受到法律的相应制裁。

(1)法律责任的特征

① 法律责任是以违法行为为前提的。行为人只有违反了法律规范,实施了违法行为,才能引起法律后果,承担法律责任。

[问一问]

法律责任的概念是什么?

② 法律责任以法律制裁为必然结果。

③ 法律责任具有国家强制性,通过国家强制力迫使违法行为人接受不利于自己的法律后果,从而保证法律的执行。

(2)法律责任的分类

根据违法行为所违反的法律的性质,法律责任分为民事责任、行政责任、经济责任、刑事责任、违宪责任和国家赔偿责任。

(二)安全生产责任

《建设工程安全生产管理条例》对建设工程参与各方及相关方的安全责任进行了明确的规定。

1. 建设单位的安全责任

(1)建设单位应当向施工单位提供施工现场及毗邻区域内供水、排水、供电、供气、供热、通信、广播电视等地下管线资料,气象和水文观测资料,相邻建筑物和构筑物、地下工程的有关资料,并保证资料的真实、准确、完整。建设单位因建设工程需要,向有关部门或者单位查询前款规定的资料时,有关部门或者单位应当及时提供。

(2)建设单位不得对勘察、设计、施工、工程监理等单位提出不符合建设工程安全生产法律、法规和强制性标准规定的要求,不得压缩合同约定的工期。

建设单位在编制工程概算时，应当确定建设工程安全作业环境及安全施工措施所需费用。

(3)建设单位不得明示或者暗示施工单位购买、租赁、使用不符合安全施工要求的安全防护用具、机械设备、施工机具及配件、消防设施和器材。

(4)建设单位在申请领取施工许可证时，应当提供建设工程有关安全施工措施的资料。依法批准开工报告的建设工程，建设单位应当自开工报告批准之日起 15 日内，将保证安全施工的措施报送建设工程所在地的县级以上地方人民政府建设行政主管部门或者其他有关部门备案。

(5)建设单位应当将拆除工程发包给具有相应资质等级的施工单位。建设单位应当在拆除工程施工 15 日前，将下列资料报送建设工程所在地的县级以上地方人民政府建设行政主管部门或者其他有关部门备案：①施工单位资质等级证明；②拟拆除建筑物、构筑物及可能危及毗邻建筑的说明；③拆除施工组织方案；④堆放、清除废弃物的措施。

实施爆破作业的，应当遵守国家有关民用爆炸物品管理的规定。

2. 施工单位的安全责任

(1)建设工程实行施工总承包的，由总承包单位对施工现场的安全生产负总责。总承包单位应当自行完成建设工程主体结构的施工。总承包单位依法将建设工程分包给其他单位的，分包合同中应当明确各自的安全生产方面的权利、义务。总承包单位和分包单位对分包工程的安全生产承担连带责任。分包单位应当服从总承包单位的安全生产管理，分包单位不服从管理导致生产安全事故的，由分包单位承担主要责任。

(2)施工单位从事建设工程的新建、扩建、改建和拆除等活动，应当具备国家规定的注册资本、专业技术人员、技术装备和安全生产等条件，依法取得相应等级的资质证书，并在其资质等级许可的范围内承揽工程。

(3)施工单位主要负责人依法对本单位的安全生产工作全面负责。施工单位应当建立健全安全生产责任制度和安全生产教育培训制度，制定安全生产规章制度和操作规程，保证本单位安全生产条件所需资金的投入，对所承担的建设工程进行定期和专项安全检查，并做好安全检查记录。

施工单位的项目负责人应当由取得相应执业资格的人员担任，对建设工程项目的安全施工负责，落实安全生产责任制度、安全生产规章制度和操作规程，确保安全生产费用的有效使用，并根据工程的特点组织制定安全施工措施，消除安全事故隐患，及时、如实报告生产安全事故。

(4)施工单位对列入建设工程概算的安全作业环境及安全施工措施所需费用，应当用于施工安全防护用具及设施的采购和更新、安全施工措施的落实、安全生产条件的改善，不得挪作他用。

(5)施工单位应当设立安全生产管理机构，配备专职安全生产管理人员。

专职安全生产管理人员负责对安全生产进行现场监督检查。发现安全事故隐患，应当及时向项目负责人和安全生产管理机构报告；对违章指挥、违章操作的，应当立即制止。

专职安全生产管理人员的配备办法由国务院建设行政主管部门会同国务院其他有关部门制定。

(6)垂直运输机械作业人员、安装拆卸工、爆破作业人员、起重信号工、登高架设作业人员等特种作业人员，必须按照国家有关规定经过专门的安全作业培训，并取得特种作业操作资格证书后，方可上岗作业。

(7)施工单位应当在施工组织设计中编制安全技术措施和施工现场临时用电方案，对下列达到一定规模的危险性较大的分部分项工程编制专项施工方案，并附具安全验算结果，经施工单位技术负责人、总监理工程师签字后实施，由专职安全生产管理人员进行现场监督：①基坑支护与降水工程；②土方开挖工程；③模板工程；④起重吊装工程；⑤脚手架工程；⑥拆除、爆破工程；⑦国务院建设行政主管部门或者其他有关部门规定的其他危险性较大的工程。

对所列工程中涉及深基坑、地下暗挖工程、高大模板工程的专项施工方案，施工单位还应当组织专家进行论证、审查。

对达到一定规模的危险性较大工程的标准，由国务院建设行政主管部门会同国务院其他有关部门制定。

(8)建设工程施工前，施工单位负责项目管理的技术人员应当对有关安全施工的技术要求向施工作业班组、作业人员作出详细说明，并由双方签字确认。

(9)施工单位应当在施工现场入口处、施工起重机械、临时用电设施、脚手架、出入通道口、楼梯口、电梯井口、孔洞口、桥梁口、隧道口、基坑边沿、爆破物及有害危险气体和液体存放处等危险部位，设置明显的安全警示标志。安全警示标志必须符合国家标准。

施工单位应当根据不同施工阶段和周围环境及季节、气候的变化，在施工现场采取相应的安全施工措施。施工现场暂时停止施工的，施工单位应当做好现场防护，所需费用由责任方承担，或者按照合同约定执行。

(10)施工单位应当将施工现场的办公、生活区与作业区分开设置，并保持安全距离；办公、生活区的选址应当符合安全性要求。职工的膳食、饮水、休息场所等应当符合卫生标准。施工单位不得在尚未竣工的建筑物内设置员工集体宿舍。

施工现场临时搭建的建筑物应当符合安全使用要求。施工现场使用的装配式活动房屋应当具有产品合格证。

(11)施工单位对因建设工程施工可能造成损害的毗邻建筑物、构筑物和地下管线等，应当采取专项防护措施。

施工单位应当遵守有关环境保护法律、法规的规定，在施工现场采取措施，防止或者减少粉尘、废气、废水、固体废物、噪声、振动和施工照明对人和环境的危害和污染。

在城市市区内的建设工程，施工单位应当对施工现场实行封闭围挡。

(12)施工单位应当在施工现场建立消防安全责任制度，确定消防安全责任人，制定用火、用电、使用易燃易爆材料等各项消防安全管理制度和操作规程，设置消防通道、消防水源，配备消防设施和灭火器材，并在施工现场入口处设置明显标志。

(13)施工单位应当向作业人员提供安全防护用具和安全防护服装，并书面告知危险岗位的操作规程和违章操作的危害。

作业人员有权对施工现场的作业条件、作业程序和作业方式中存在的安全问题提出批评、检举和控告，有权拒绝违章指挥和强令冒险作业。

在施工中发生危及人身安全的紧急情况时，作业人员有权立即停止作业或者在采取必要的应急措施后撤离危险区域。

(14)作业人员应当遵守安全施工的强制性标准、规章制度和操作规程，正确使用安全防护用具、机械设备等。

(15)施工单位采购、租赁的安全防护用具、机械设备、施工机具及配件，应当具有生产(制造)许可证、产品合格证，并在进入施工现场前进行查验。

施工现场的安全防护用具、机械设备、施工机具及配件必须由专人管理，定期进行检查、维修和保养，建立相应的资料档案，并按照国家有关规定及时报废。

(16)施工单位在使用施工起重机械和整体提升脚手架、模板等自升式架设设施前，应当组织有关单位进行验收，也可以委托具有相应资质的检验检测机构进行验收；使用承租的机械设备和施工机具及配件的，由施工总承包单位、分包单位、出租单位和安装单位共同进行验收。验收合格的方可使用。

《特种设备安全监察条例》规定的施工起重机械，在验收前应当经有相应资质的检验检测机构监督检验合格。

施工单位应当自施工起重机械和整体提升脚手架、模板等自升式架设设施验收合格之日起30日内，向建设行政主管部门或者其他有关部门登记。登记标志应当置于或者附着于该设备的显著位置。

(17)施工单位的主要负责人、项目负责人、专职安全生产管理人员应当经建设行政主管部门或者其他有关部门考核合格后方可任职。

施工单位应当对管理人员和作业人员每年至少进行一次安全生产教育培训，其教育培训情况记入个人工作档案。安全生产教育培训考核不合格的人员，不得上岗。

(18)作业人员进入新的岗位或者新的施工现场前，应当接受安全生产教育培训。未经教育培训或者教育培训考核不合格的人员，不得上岗作业。

施工单位在采用新技术、新工艺、新设备、新材料时，应当对作业人员进行相应的安全生产教育培训。

(19)施工单位应当为施工现场从事危险作业的人员办理意外伤害保险。

意外伤害保险费由施工单位支付。实行施工总承包的，由总承包单位支付意外伤害保险费。意外伤害保险期限自建设工程开工之日起至竣工验收合格止。

3. 工程监理单位的安全责任

(1)工程监理单位应当审查施工组织设计中的安全技术措施或者专项施工方案是否符合工程建设强制性标准。

(2)工程监理单位在实施监理过程中,发现存在安全事故隐患的,应当要求施工单位整改;情况严重的,应当要求施工单位暂时停止施工,并及时报告建设单位。施工单位拒不整改或者不停止施工的,工程监理单位应当及时向有关主管部门报告。

(3)工程监理单位和监理工程师应当按照法律、法规和工程建设强制性标准实施监理,并对建设工程安全生产承担监理责任。

第三节　安全监理工作实施程序与工作内容

一、安全监理工作实施程序

(一)明确项目监理机构安全监理职责

1. 总监理工程师的安全监理责任

(1)对监理的工程项目安全监理负总责,并根据工程项目的特点,对施工组织设计和施工方案进行审批,并签署审批意见。

(2)对于需要组织专家论证的专项施工方案,参加专家论证会,并监督施工单位根据专家论证结论,修改专项施工方案,审核后上报建设单位项目负责人审批,组织实施和监督检查。

(3)负责对监理人员的安全技术培训。

(4)组织编制安全监理规划和安全监理细则。

(5)负责主持召开安全监理例会。

(6)负责对承包单位项目部人员的相应资格的审核。

(7)负责对所监理工地的安全设施及设备进行验收。

(8)负责安全监理旁站工作。

(9)负责组织对工程进行全面的安全检查,发现隐患,要求施工单位立即整改,情况严重的,应当要求施工单位暂时停止施工,并及时报告建设单位。施工单位拒不整改或者不停止施工的,应当及时向有关主管部门报告。

2. 安全监理工程师的安全监理责任

(1)对所监理项目的安全监理负责,并根据工程项目的特点,对施工组织设计和施工方案进行审核,并签署审核意见。

(2)参与对组织专家论证的施工方案进行审核。

(3)参与编制工程安全监理规划和细则。

(4)参加安全监理例会,并整理好安全监理例会纪要。

(5)参与对所监理工地的安全设施及设备进行验收。

(6)做好安全监理旁站工作。

(7)负责对工程全面的安全检查,一旦发现隐患,立即向总监理工程师汇报,落实总监理工程师的安全指令。

3. 专业监理工程师的安全监理责任

(1)对所分管的项目专业范围的安全监理负责,并根据工程项目的特点,对施工组织设计和施工方案进行审核,并签署审核意见。

(2)对需要组织专家论证的施工方案进行审核,并将审核意见报总监理工程师。

(3)参加编制工程安全监理规划和细则。

(4)参加安全监理例会。

(5)参与对所监理工地的安全设施及设备进行验收。

(6)负责安全监理旁站工作。

(7)参加安全检查工作,一旦发现隐患,立即向总监理工程师汇报,落实总监理工程师的安全指令。

4. 监理员的安全监理责任

(1)在专业工程师及安全监理工程师的指导下,做好施工现场的安全检查工作,并记好安全监理日志。

(2)随时关注施工安全,发现安全隐患及时报告。

(3)参加安全监理例会。

(4)参与对现场的安全设施和设备进行验收。

(5)做好安全监理旁站工作,并填写好旁站记录。

(二)编制安全监理工作方案及安全监理工作细则

(三)制定安全监理工作制度

安全监理工作制度主要有以下几项。

1. 首次安全监理工作会议

(1)在工程开工前(可与第一次工地例会合并召开)由总监理工程师召集施工总包单位的项目经理、技术员、安全员等管理人员,并邀请建设单位相关人员参加,在首次安全生产工作交底上,分析并列出施工过程中各个阶段及分部、分项工程中的危险性较大的清单,研究对危险源的控制要求和对策。

(2)要求施工单位针对本工程建设特点,对工程施工过程中产生危险源较突出的进行罗列,除要求施工单位编制专项安全技术措施,还应该制定应急预案。

2. 安全生产例会

(1)在项目建设过程中,由总监理工程师和安全监理工程师定期主持召开安全生产例会(可与每周工程例会合并召开),检查施工过程中存在的安全隐患及落实危险性较大工程的监控措施情况。

(2)会上应检查上次会议执行情况,施工单位人员、施工机械及现场施工安全状况,安全生产隐患的整改落实情况和必要的新议程,对所发现和提出的安全施工隐患,应在会上明确整改措施和责任人员。

(3)会议中提出的要求和决议应形成书面的会议纪要，并得到与会各方的确认。

3. 安全生产现场会议

施工单位应主要针对现场安全管理工作好的和差的典型情况，适时组织召开安全生产现场会议，总结并推广好的经验和做法，对典型的、常见的安全隐患进行点评，提出改进措施，总结经验教训，明确各项安全生产管理要求，由监理项目部将会议情况专项编写安全监理现场会议纪要。

4. 审查核验制度

(1)审查施工总承包单位安全生产规章制度和安全管理机构建立情况，并应督促施工总包单位检查各施工分包单位的安全生产规章制度建立情况。

(2)审查施工总承包、专业分包、劳务分包单位的资质证书和安全生产许可证的合法有效性、三类人员证书、项目经理建造师注册证书、专职安全生产管理人员配备与到位数量核查应符合相关规定，特种作业人员操作证其合法有效性。

(3)审核施工单位与建设单位、总包单位和分包单位是否签订安全生产协议书，以及审查施工总包、专业、劳务分包单位合同备案。

(4)审核施工组织设计中安全技术措施符合工程建设强制性标准，施工单位内部编审手续程序。

(5)审核安全防护、文明施工措施费用使用情况及费用清单依据。

(6)审核施工现场安全质量标准化达标工地考核评分。

5. 检查验收制度

(1)总监理工程师、安全监理工程师必须了解识别本工程的危险性较大的分部分项工程，编制相应的安全监理实施细则，并向全体监理人员、施工单位做安全监理工作交底，使全体监理人员及施工单位明确安全监理工作内容要求，严格督促施工单位按照施工组织设计要求和安全技术措施的规定开展施工作业活动。

(2)危险性较大的分部分项工程施工前，督促施工单位编制方案的技术人员应参与交底会议(交底内容要有记录)，交底与被交底双方履行签字手续，交底后资料监理部收集备案，在施工实施过程中进行检查。

(3)危险性较大的分部分项工程在实施过程中，应督促施工单位及时进行验收，符合验收要求后，由施工单位技术人员、项目负责人、安全员履行签字手续，安全监理应对相应资料进行收集并备案。

(4)对于基坑施工、模板支撑、起重吊装、脚手架、施工机械安装(拆除)等危险性较大的工程作业情况应加强巡视检查和验收，根据作业进展情况安排巡视次数，但每日不得少于一次巡视检查，并填写危险性较大的工程巡视检查记录。

(5)监理项目部应重点核查以下大型起重机械和自升式架设设施的验收手续：①塔式起重机；②施工升降机；③附着升降式脚手架；④吊篮；⑤自升式模板

架体。

装拆、加节、升降前，监理项目部应按照大型起重机械、自升式架设设施检查记录表中的检查内容进行检查，会同施工单位对设备基础和建筑物的机械附着部位共同检查验收。

6. 督促整改制度

(1)监督施工承包单位按照工程建设强制性标准和专项安全施工方案组织施工，制止违章作业施工。

(2)对施工过程中的高危作业等增加频率进行巡视检查，发现严重违规施工和存在安全隐患时，及时责令施工单位限时整改，并检查整改结果。签署复查意见，情况严重的，由总监下达工程暂停施工令并报告建设单位、施工单位，拒不整改的应及时向当地安全监督部门报告。

(3)督促施工单位和各参建单位认真做好日常安全检查工作，不断对施工现场的安全生产隐患加以排查。

7. 报告制度

(1)施工现场一旦发生伤亡事故，监理项目部总监应在 2 小时以内向上级部门报告，同时签发工程暂停令并督促施工单位及时向受监应急部门报告。

(2)保护施工现场及时收集和整理安全事故资料。

(3)项目总监理工程师要填写安全事故报表，在施工发生的规定时间内向监理公司报送相关资料。

8. 教育培训制度

(1)总监理工程师、安全监理人员须经培训上岗。

(2)建立监理人员安全生产岗前培训教育。

(3)公司组织专项安全技术培训教育(邀请安全培训专家讲座)。

9. 资料管理与归档制度

监理项目部应在做好日常工程建设安全工作的同时，及时和完善建立安全监理工作台账相关资料，以真实、有效地反映安全监理工作的依据、计划、实施和效果。

(四)规范化地开展安全监理工作

二、安全监理工作内容

1. 施工准备阶段的安全监理

(1)监理单位应根据《建设工程安全生产管理条例》的规定，按照工程建设强制性标准、《建设工程监理规范》和相关行业监理规范的要求，编制包括安全监理内容的项目监理规划，明确安全监理的范围、内容、工作程序和制度措施，以及人员配备计划和职责等。

(2)对危险性较大的分部分项工程(简称“危大工程”)，监理单位应当编制监理实施细则。监理实施细则应当明确安全监理的方法、措施和控制要点，并按照 2018 年 5 月 22 日住房和城乡建设部颁发的《关于实施(危险性较大的分部分项工程安全管理规定〉有关问题的通知》要求，对施工单位报审的专项方案进行审查，并提出审查意见。审查的主要内容应当包括以下几个方面。

① 工程概况：危大工程概况和特点、施工平面布置、施工要求和技术保证条件。

② 编制依据：相关法律、法规、规范性文件、标准、规范及施工图设计文件、施工组织设计等。

③ 施工计划：包括施工进度计划、材料与设备计划。

④ 施工工艺技术：技术参数、工艺流程、施工方法、操作要求、检查要求等。

⑤ 施工安全保证措施：组织保障措施、技术措施、监测监控措施等。

⑥ 施工管理及作业人员配备和分工：施工管理人员、专职安全生产管理人员、特种作业人员、其他作业人员等。

⑦ 验收要求：验收标准、验收程序、验收内容、验收人员等。

⑧ 应急处置措施。

⑨ 计算书及相关施工图纸。

对于超过一定规模的危大工程专项施工方案，专家论证的主要内容应当包括：专项施工方案内容是否完整、可行；专项施工方案计算书和验算依据、施工图是否符合有关标准规范；专项施工方案是否满足现场实际情况，并能够确保施工安全。

(3)审查总包、专业分包单位的安全许可证(原件)。

(4)检查施工单位建立健全项目安全保证体系和安全生产规章制度，以及专职安全生产管理人员配备情况，督促施工单位对分包单位的安全生产工作实行统一领导、统一管理。

(5)审查施工单位编制的施工组织设计中的安全技术措施是否符合工程建设强制性标准要求。审查的主要内容包括以下几个方面。

① 施工单位编制的地下管线保护措施方案是否符合强制性标准要求。

② 基坑支护与降水、土方开挖与边坡防护、模板、起重吊装、脚手架、拆除、爆破等分部分项工程的专项施工方案是否符合强制性标准要求。

③ 施工现场临时用电施工组织设计或者安全用电技术措施和电气防火措施是否符合强制性标准要求。

④ 冬季、雨季等季节性施工方案的制定是否符合强制性标准要求。

⑤ 施工总平面布置图是否符合安全生产的要求，办公、宿舍、食堂、道路等临时设施设置及排水、防火措施是否符合强制性标准要求。

(6)审查项目经理和专职安全生产管理人员是否具备合法资格，是否与投标文件相一致。

(7)审核特种作业人员的特种作业操作资格证书是否合法有效。

(8)检查施工单位是否有针对工程特点和施工现场实际制定的应急救援预案和建立的应急救援体系。

2. 施工阶段的安全监理

(1)检查施工单位安全生产保证体系的运行及专职安全生产管理人员的到

岗工作情况。

(2)监督施工单位按照施工组织设计中的安全技术措施和专项施工方案组织施工,及时制止违规施工作业。

[想一想]

施工阶段的安全监理工作内容是什么?

(3)定期巡视检查施工过程工程作业情况,若存在不安全因素或重大安全隐患应下达整改令,至整改合格方可正常使用。

(4)检查施工现场各种安全标志和安全防护措施是否符合强制性标准要求,并检查安全生产费用的使用情况。

(5)督促施工单位进行安全自查工作,并对施工单位的自查情况进行抽查,参加建设单位组织的安全生产专项检查。

(6)在定期召开的监理会议上,将安全生产列入会议主要内容之一,评述施工现场安全生产现状和存在的问题,提出整改要求,制定预防措施,使安全生产落到实处。

(7)对危险性较大的分部分项、易发生安全事故源和薄弱环节等作为安全监理工作重点,定期进行巡视检查,加大监督力度。

3. 交工验收阶段的安全监理

交工验收阶段的安全监理的主要工作内容如下。

(1)协助建设单位落实工程建设项目"三同时"的规定。审查安全设施等是否按设计要求与主体工程同时建成交付使用。

(2)对完工工程进行工程质量评估,并及时提供分部、单位工程质量评估报告及安全监理工作总结。

(3)总监理工程师组织监理工程师根据规范和强制性标准条文对承包单位报送的完工工程的实物质量进行竣工预验收、竣工资料进行审查,并在对存在的问题整改的结果进行复验合格的基础上,向建设方提出竣工验收的建议。协助建设方组织竣工验收。

(4)工程竣工后,监理单位应将有关安全生产的技术文件、验收记录、监理规划、监理实施细则、监理月报、监理会议纪要及相关书面通知等按规定立卷归档。

4. 工程质量保修期的监理工作内容

工程质量保修期内的监理工作根据监理合同约定,当建设方在使用中对工程质量提出异议或本监理公司在回访中发现影响使用的质量缺陷时,将派专人进行现场查验。如果其结果在保修范围内,则通知施工方进行保修。

第四节　安全监理文件

[问一问]

安全监理文件包括哪些?

一、安全监理文件的组成

安全监理文件包括安全监理大纲、安全监理规划、安全监理实施细则、安全会议纪要、安全监理月报、安全监理工作总结。

二、安全监理文件的编制

1. 编制原则

安全监理文件的编制应根据国家安全生产法律法规、《建设工程安全生产管理条例》及委托安全监理约定的要求，结合工程特点和施工现场实际情况，明确项目监理机构的安全监理工作内容、方法、制度和措施，并应做到有针对性、指导性及可操作性。

2. 安全监理大纲

安全监理大纲(或监理大纲中安全监理方案)是工程监理单位在建设单位进行监理招标时为承揽监理业务而编制的监理文件。

安全监理大纲包括以下主要内容。

(1)拟派往项目监理机构的安全监理人员情况简介，包括总监理工程师、监理工程师等的资格、职务等情况；

(2)拟采取的监理方案，内容包括建设工程安全目标的控制方案，项目监理机构的监理方案、合同管理方案，组织协调方案等。

(3)拟提供给建设单位的阶段性安全监理文件，对承揽监理业务和建设单位了解工程现场安全生产情况起到一定的重要作用。

3. 安全监理规划

安全监理规划(或监理规划中安全监理方案)应根据法律和法规的要求、工程项目特点及施工现场的实际情况，明确项目经理部的安全监理工作目标，确定安全监理工作制度、方法和措施。安全监理规划应具有针对性。

安全监理规划应具有以下内容。

(1)安全监理依据。

(2)安全监理目标。

(3)安全监理工作内容。

(4)项目监理机构安全监理岗位、人员及职责。

(5)安全监理工作制度。

(6)须经监理复核安全许可验收手续的施工机械和安全设施一览表。

(7)拟定的危险性较大的分部分项工程一览表。

(8)拟定编制的专项安全监理实施细则一览表。

(9)对新材料、新技术、新工艺及特殊结构施工编制防范安全风险的监督实施方案。

4. 安全监理实施细则

安全监理实施细则应针对施工单位编制的专项施工方案和现场实际情况，依据监理规划中安全监理方案提出的工作目标和管理要求，明确监理人员的分工和职责、监理工作的方法和手段、安全监理检查点和检查记录要求。

[想一想]

如何编制安全监理实施细则?

安全监理实施细则应具有以下内容。

(1)编制具实施细则的依据。

(2)危险性较大的分部分项工程的特点和施工现场环境状况。

(3)安全监理人员安排及职责。

(4)安全监理工作方法及措施。

(5)针对性的安全监理检查、控制点。

(6)相关过程的检测记录和资料目录。

5. 对施工单位进行的安全技术交底

对施工单位进行安全技术交底的内容包括安全监理范围、工作程序、监督要点、工作制度、管理手段、使用表式及安全监理人员职责。

6. 安全生产专项会议或安全监理例会纪要

应做好安全生产专项会议或安全监理例会会议记录,会议讨论有关安全生产决定的事项应形成会议纪要。

7. 安全监理月报

(1)项目监理机构在施工现场实施的安全监理活动应载入监理月报,设立安全监理专篇或单独编写安全监理月报。

(2)安全监理月报由专职安全监理人员或专业监理工程师编写,经总监理工程师审定。

(3)安全监理月报应具有以下内容:

① 当月施工现场安全生产状况简介;

② 施工单位和本单位安全生产保证体系运行情况及文明施工状况评价,即施工单位的安全生产保证体系运行情况、本单位安全生产保证体系运行情况、文明施工状况评价。

③ 危险性较大的分部分项工程施工安全状况分析(必要时附照片)。

④ 安全生产问题及安全生产事故的调查分析、处理情况。

⑤ 强制性标准的执行情况。

⑥ 当月安全监理的主要工作和效果。

⑦ 当月安全监理签发的监理文件和资料。

⑧ 存在问题及下月安全监理工作的计划和措施。

⑨ 其他相关内容。

8. 安全监理工作总结

工程项目结束时,项目监理机构编写的监理工作总结应有安全监理内容,或单独编写安全监理工作总结。

安全监理工作总结应具有以下内容。

(1)工程施工安全生产概况。

(2)委托安全监理约定执行情况。

(3)安全监理保证体系运行情况。

(4)安全监理目标实现情况。

(5)对施工过程中重大安全生产问题、安全事故隐患及安全事故的处理和结论。

(6)安全监理工作效果及评价。
(7)必要的影像资料等。

思 考 题

1. 安全监理的定义和作用是什么?
2. 监理工程师如何落实安全生产监理责任?
3. 安全监理规划、安全监理实施细则的主要内容有哪些?
4. 安全生产方针是什么?
5. 安全监理文件包括哪些?其编制原则是什么?

第七章 建设工程监理文件及信息档案管理

【教学目标】

1. 了解：建设工程监理文件的组成、作用、编写方法、实施程序。
2. 熟悉：信息档案管理工作（概念、内容、分类、保存）。
3. 掌握：主要监理文件（监理规划、监理细则、监理日志、旁站记录）的编写。

【知识链接】

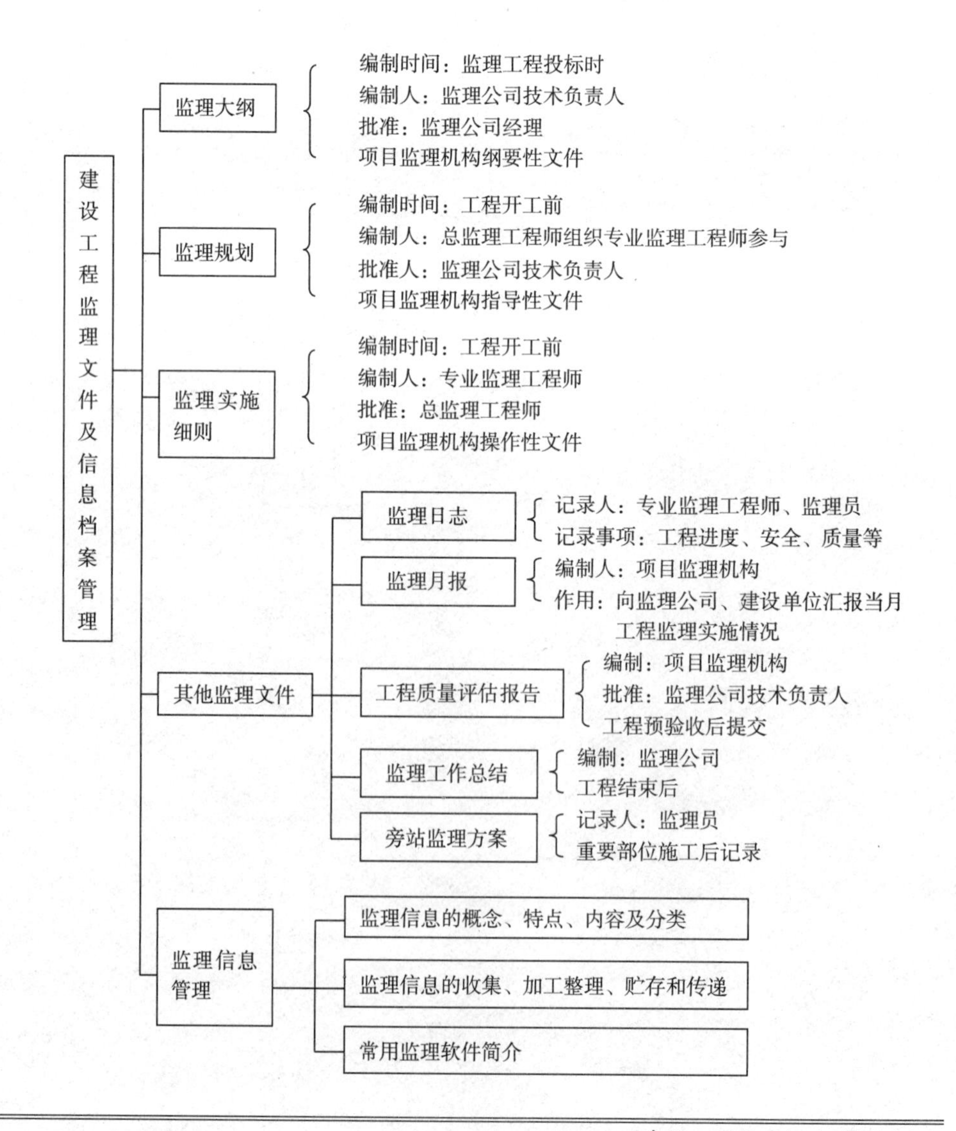

第一节　建设工程监理文件概述

一、建设工程监理文件的定义

建设工程监理文件是指监理单位受建设单位(项目业主)的委托，在进行建设工程监理的工作期间，对建设工程实施过程中形成的与监理工作相关的系列文件的总称。文件的形式可以是文字，也可以是图表、声(视)频。

按照建设工程档案分类，建设工程监理文件主要有以下几种。

(1)勘察设计文件、建设工程监理合同及其他合同文件。

(2)监理规划、监理实施细则。

(3)监理月报中的有关质量问题。

(4)设计交底和图纸会审会议纪要。

(5)施工组织设计、(专项)施工方案、施工进度计划报审文件资料。

(6)分包单位资格报审会议纪要。

(7)施工控制测量成果报验文件资料。

(8)总监理工程师任命书，工程开工令、暂停令、复工令，开工或复工报审文件资料。

(9)工程材料、构配件、设备报验文件资料。

(10)见证取样和平行检验文件资料。

(11)工程质量检验报验资料及工程有关验收资料。

(12)工程变更、费用索赔及工程延期文件资料。

(13)工程计量、工程款支付文件资料。

(14)监理通知单、工作联系单与监理报告。

(15)第一次工地会议，监理例会、专题会议等会议纪要。

(16)监理月报、监理日志、旁站记录。

(17)工程质量或安全生产事故处理文件资料。

(18)工程质量评估报告及竣工验收文件资料。

(19)监理工作总结。

[问一问]

建设工程监理文件包括哪些内容?

二、建设工程监理文件在建设工程中的作用

建设工程监理文件可以为监理单位取得监理项目并开展科学、规范化的监理工作创造良好的前提和依据；是工程项目建设过程中真实、全面的反映和评价；是项目建成竣工后监理单位作为项目监理资料移交建设单位的重要组成部分；是监理单位具有重要历史价值的资料，有利于监理单位不断提高建设监理工作水平。

[想一想]

建设工程监理文件有哪些作用?

三、建设工程监理文件档案资料管理

(一)监理文件档案资料管理

1. 监理文件档案资料管理的基本概念

建设工程监理文件档案资料管理是指监理工程师受建设单位委托,在进行建设工程监理的工作期间,对建设工程实施过程中形成的与监理相关的文件和档案进行收集积累、加工整理、立卷归档和检索利用等一系列工作。建设工程监理文件档案资料管理的对象是监理文件档案资料,它们是工程建设监理信息的主要载体之一。

2. 监理文件档案资料管理的意义

(1)对监理文件档案资料进行科学管理,可以为建设工程监理工作的顺利开展创造良好的前提条件。

(2)对监理文件档案资料进行科学管理,可以极大地提高监理工作效率。

(3)对监理文件档案资料进行科学管理,可以为建设工程档案的归档提供可靠保证。

3. 建设工程监理文件和档案资料的传递流程

项目监理部的信息管理部门是专门负责建设工程项目信息管理工作的,其中包括监理文件档案资料管理。因此,在工程全过程中形成的所有资料都应统一归口传递到信息管理部门,进行集中加工、收发和管理,信息管理部门是监理文件和档案资料传递渠道的中枢。

(二)建设工程监理文件档案资料管理的主要内容

建设工程监理文件档案资料管理的主要内容是:监理文件档案资料收、发文与登记;监理文件档案资料传阅;监理文件档案资料分类存放;监理文件档案资料归档、借阅、更改与作废。

1. 监理文件和档案收文与登记

所有收文应在收文登记表上进行登记(按监理信息分类别进行登记)。应记录文件名称、文件摘要信息、文件的发放单位(部门)、文件编号及收文日期,必要时应注明接收文件的具体时间,最后由项目监理部负责收文人员签字。

2. 监理文件档案资料传阅与登记

监理工程师确定文件、记录是否需要传阅,如果需要传阅,则应确定传阅人员的名单和范围,并注明在文件传阅纸上,随同文件和记录进行传阅。

3. 监理文件资料发文与登记

发文由总监理工程师或其授权的监理工程师签名,并加盖项目监理部图章,对盖章工作应进行专项登记。

4. 监理文件档案资料分类存放

监理文件档案经收文、发文、登记和传阅工作程序后,必须使用科学的分类方法进行存放,这样既可满足项目实施过程中查阅、求证的需要,又方便项目竣工后文件和档案的归档及移交。

5. 监理文件档案资料归档

监理文件档案资料归档内容、组卷方法及监理档案的验收、移交和管理工作，应根据现行《建设工程监理规范》《建设工程文件归档规范（2019 年版）》(GB/T 50328—2019)并参考工程项目所在地区建设工程行政主管部门、建设监理行业主管部门、地方城市建设档案管理部门的规定执行。

按照《建设工程文件归档规范（2019 年版）》，监理文件有 6 类 27 个，要求在不同的单位归档保存，现分述如下。

(1)监理管理文件

① 监理规划（建设单位、监理单位、城建档案管理部门必须归档保存）。

② 监理实施细则（建设单位、监理单位、城建档案管理部门必须归档保存，施工单位选择性保存）。

③ 监理月报（监理单位必须归档，建设单位选择性归档）；

④ 监理会议纪要（建设单位、监理单位必须归档，施工单位选择性归档）；

⑤ 监理工作日志（监理单位必须归档）；

⑥ 监理工作总结（监理单位、城建档案管理部门必须归档）。

⑦ 工作联系单（建设单位必须归档，施工单位、监理单位选择性归档）。

⑧ 监理工程师通知（建设单位必须归档，施工单位、监理单位、城建档案管理部门选择性归档）。

⑨ 监理工程师通知回复单（建设单位必须归档，施工单位、监理单位、城建档案管理部门选择性归档）。

⑩ 工程暂停令（建设单位、城建档案管理部门必须归档，施工单位、监理单位选择性归档）。

⑪ 工程复工报审表（建设单位、施工单位、监理单位、城建档案管理部门必须归档）。

(2)进度控制文件

① 工程开工报审表（建设单位、施工单位、监理单位、城建档案管理部门必须归档）。

② 施工进度计划报审表（建设单位必须归档，施工单位、监理单位选择性归档）。

(3)质量控制文件

① 质量事故报告及处理资料（建设单位、施工单位、监理单位、城建档案管理部门必须归档）；

② 旁站监理记录（监理单位必须归档，建设单位、施工单位选择性归档）；

③ 见证取样和送检人员备案表（建设单位、施工单位、监理单位必须归档）；

④ 见证记录（建设单位、施工单位、监理单位必须归档）；

⑤ 工程技术文件报审表（施工单位选择性归档）。

(4)造价控制文件

① 工程款支付（建设单位必须归档，施工单位、监理单位选择性归档）。

② 工程款支付证书（建设单位必须归档，施工单位、监理单位选择性归档）。

③ 工程变更费用报审表(建设单位必须归档,施工单位、监理单位选择性归档)。

④ 费用索赔申请表(建设单位必须归档,施工单位、监理单位选择性归档)。

⑤ 费用索赔审批表(建设单位必须归档,施工单位、监理单位选择性归档)。

(5)工期管理文件

① 工程延期申请表(建设单位、施工单位、监理单位、城建档案管理部门必须归档)。

② 工程延期审批表(建设单位、监理单位、城建档案管理部门必须归档)。

(6)监理验收文件

① 竣工移交证书(建设单位、施工单位、监理单位、城建档案管理部门必须归档)。

② 监理资料移交书。

6. 监理文件档案资料借阅、更改与作废

项目监理部存放的文件和档案原则上不得外借,如政府部门、建设单位或施工单位确有需要,应经过总监理工程师或其授权的监理工程师同意,并在信息管理部门办理借阅手续。

[想一想]

如何对工程监理文件档案资料进行管理?

监理文件档案的更改应由原制定部门相应责任人执行,涉及审批程序的,由原审批责任人执行。若指定其他责任人进行更改和审批,则新责任人必须获得所依据的背景资料。监理文件档案更改后,由信息管理部门填写监理文件档案更改通知单,并负责发放新版本文件。

[问一问]

工程监理文件档案资料由谁主持整理归档?

发放过程中必须保证项目参建单位中所有相关部门都得到相应文件的有效版本。文件档案换发新版时,应由信息管理部门负责将原版本收回作废。考虑到日后有可能出现追溯需求,信息管理部门可以保存作废文件的样本以备查阅。

四、建设工程监理文件的组成

1. 监理文件的组成

按照时间的先后,监理文件可以分为监理大纲、监理规划、监理实施细则(简称监理细则)、监理日记、监理例会(专题)纪要、监理月报、工程质量评估报告、监理工作总结。

按照文件的作用,监理文件可以分为纲要性文件(监理大纲)、指导性文件(监理规划)、实施性文件(监理细则、旁站记录)、记载性文件[监理日记、监理例会(专题)纪要、监理月报]、结论性文件(工程质量评估报告)、总结性文件(监理工作总结)。

2. 监理文件之间的层次及相互关系

监理文件大致上可分为三个层面:战略(纲要)层(监理大纲)、指导层(监理规划);操作(实施层)[监理细则、旁站记录、监理日记、监理例会(专题)纪要、监理月报、工程质量评估报告、监理工作总结、旁站监理方案]。

监理大纲是监理单位为取得工程监理工作在工程实施前编制的,是向建设单位(项目业主)表明如何规范化开展监理工作的纲要性、前提性文件,是监理规划编制的重要依据。

监理规划是工程开始监理前编制的，是对实施监理工作作出的全面的指导性文件，是监理细则编制的依据。

监理细则是专业工程开始施工前，针对专业工程的特点、控制要点而编制的监理实施性文件。

监理大纲、监理规划、监理细则是相互关联的，如表7－1所示，它们都是建设工程监理工作文件的组成部分，其间存在着明显的依据性关系。在编写监理规划时，一定要严格根据监理大纲的有关内容来编写；在制定监理实施细则时，一定要在监理规划的指导下进行。

表7－1　监理大纲、监理规划、监理细则三者之间的关系

区别	监理大纲	监理规划	监理细则
编制人(负责人)	监理单位经营部门或技术管理部门	总监理工程师主持	专业监理工程师编写
编制时间	投标时	签订合同后	项目监理组织建立后
作用	为承揽到监理业务	指导项目监理机构全面开展监理工作	指导本专业具体监理业务
编制对象	整个项目监理工作	整个项目监理工作	专业监理工作

一般来说，监理单位开展监理活动时应当编制以上工作文件。但这也不是一成不变的，就像工程设计一样，对于简单的监理活动只编写监理细则即可，而有些建设工程也可以制定较详细的监理规划，而不再编写监理细则。

[想一想]

1. 什么叫监理文件？

2. 项目监理文件有哪些组成？

3. 监理大纲、监理规划、监理细则三者之间的关系如何？

第二节　建设工程监理大纲

一、监理大纲的编制目的和作用

监理大纲又称监理方案，是监理企业在业主开始委托监理的过程中，特别是在业主进行监理招标过程中，为承揽到监理业务而编写的监理方案性文件。既为获得业主认可，又是实施监理前编制监理规划的前期框架性文件。

监理大纲的作用主要为以下两个。

(1)是使业主认可监理大纲中的监理方案，从而承揽到监理业务。

(2)为项目监理机构今后开展监理工作指明了基本方案。

二、编写监理大纲的准备工作

(1)编制依据：依据业主所发布的监理招标文件的要求而制定，并符合监理大纲的编写格式及内容要求。

(2)编制人：应当是监理企业经营部门或技术主管部门，也应当包括拟定的总监理工程师。这样有利于中标监理后，便于总监理工程师主持编制监理规划，并实施监理。

三、监理大纲的主要内容

1. 拟派往项目监理机构的监理人员情况介绍

在监理大纲中，监理单位需要介绍拟派往所承揽或投标工程的项目监理机构的主要监理人员，并对他们的资格情况进行说明。其中，应该重点介绍拟派往投标工程的项目总监理工程师的情况，这往往决定承揽监理业务的成败。

2. 拟采用的监理方案

监理单位应当根据业主所提供的工程信息，并结合自己为投标所初步掌握的工程资料，制定出拟采用的监理方案。监理方案的具体内容包括项目监理机构的方案、建设工程三大目标的具体控制方案、工程建设各种合同的管理方案、项目监理机构在监理过程中进行组织协调的方案等。

3. 将提供给业主的监理阶段性文件

在监理大纲中，监理单位还应该明确未来工程监理工作中向业主提供的监理阶段性文件，这将有助于满足业主掌握工程建设过程的需要，有利于监理单位顺利承揽该建设工程的监理业务。

4. 监理工作方法及措施

监理工作方法及措施原则性地阐述了监理工作“如何做”。

(1)各专业施工工艺过程的质量控制、每项工程质量控制要点及采取的相应的控制手段。

(2)工序的交接验收。

(3)隐蔽工程的检查验收。

(4)工程变更和处理。

(5)设计变更和技术核定的处理。

(6)工程质量事故的处理。

(7)行使质量监督权。

(8)组织现场质量协调会。

其他包括监理工作制度、监理设施等主要内容。

[想一想]

1. 编制监理大纲有什么目的?

2. 监理大纲的作用有哪些?

3. 监理大纲的内容包括哪些?

第三节 建设工程监理规划

监理规划是监理单位接受建设单位委托并签订委托监理合同之后，由项目总监理工程师主持，根据委托监理合同，在监理大纲的基础上，结合工程实际，广泛收集工程信息和资料的情况下制定的，经监理单位技术负责人批准，用来指导项目监理机构全面开展监理工作的指导性文件。

一、监理规划的作用

1. 指导项目监理机构全面开展监理工作

监理规划的基本作用就是指导项目监理机构全面开展监理工作，建设工程监理的中心目的是协助业主实现建设工程总目标。实现建设工程总目标是一个系统的过程。它需要制订计划，建立组织，配备合适的监理人员，进行有效的领导，实施工程的目标控制。只有系统地做好上述工作，才能完成建设工程监理的任务，实施目标控制。在实施建设监理的过程中，监理单位要集中精力做好目标控制工作。因此，监理规划需要对项目监理机构开展的各项监理工作作出全面的、系统的组织和安排。它包括确定监理工作目标，制定监理工作程序，确定目标控制、安全管理、合同管理、信息管理、组织协调等各项措施和确定各项工作的方法及手段。

2. 监理规划是建设监理主管机构对监理单位监督管理的依据

政府建设监理主管机构对建设工程监理单位要实施监督、管理和指导，对其人员素质、专业配套和建设工程监理业绩要进行核查和考评，以确认其资质和资质等级，以使我国整个建设工程监理行业能够达到应有的水平。要做到这一点，除了进行一般性的资质管理工作，更为重要的是通过监理单位的实际监理工作来认定它的水平。监理单位的实际水平可从监理规划和它的实施中充分地表现出来。因此，政府建设监理主管机构对监理单位进行考核时，应当十分重视对监理规划的检查，也就是说，监理规划是政府建设监理主管机构监督、管理和指导监理单位开展监理活动的重要依据。

3. 监理规划是业主确认监理单位履行合同的主要依据

监理单位如何履行监理合同，如何落实业主委托监理单位所承担的各项监理服务工作，作为监理的委托方，业主不但需要而且应当了解和确认监理单位的工作。同时，业主有权监督监理单位全面、认真地执行监理合同。监理规划正是业主了解和确认这些问题的资料，是业主确认监理单位是否履行监理合同的主要说明性文件。监理规划应当能够全面而详细地为业主监督监理合同的履行提供依据。实际上，监理规划的前期文件，即监理大纲，是监理规划的框架性文件。而且，经由谈判确定的监理大纲应当纳入监理合同的附件中，成为监理合同文件的组成部分。

4. 监理规划是监理单位内部考核的依据和重要的存档资料

从监理单位内部管理制度化、规范化、科学化的要求出发，需要对各项目监理机构(包括总监理工程师和专业监理工程师)的工作进行考核，其主要依据就是经过内部主管负责人审批的监理规划。通过考核，可以对有关监理人员的监理工作水平和能力作出客观、正确的评价，从而有利于今后在其他工程上更加合理地安排监理人员，提高监理工作效率。

[想一想]
监理规划有哪些作用?

从建设工程监理控制的过程可知，监理规划的内容必然随着工程的进展而逐步调整、补充和完善。它在一定程度上真实地反映了一个建设工程监理工作的全貌，是最好的监理工作过程记录。因此，它是每家工程监理单位的重要存档资料。

二、监理规划的编制

(1)监理规划的编制应针对项目的实际情况，明确项目监理机构的工作目标，确定具体的监理工作制度、程序、方法和措施，并应具有可操作性。

(2)监理规划编制的程序与依据应符合下列规定。

① 监理规划应在签订委托监理合同及收到设计文件后开始编制，完成后必须经监理单位技术负责人审核批准，并应在召开第一次工地会议前报送建设单位。

② 监理规划应由总监理工程师主持、专业监理工程师参加编制。

[问一问]

监理规划的编制依据是什么?

③ 编制监理规划应依据建设工程的相关法律、法规、标准及政府批准的工程建设文件，与建设工程项目有关的设计文件及工程实施过程中输出的有关工程信息，监理大纲、委托监理合同文件及与建设工程项目相关的合同文件，建设单位的合理要求。

三、监理规划的内容

建设工程监理规划应将委托监理合同中规定的监理单位承担的责任及监理任务具体化，并在此基础上制定实施监理的具体措施。

施工阶段建设工程监理规划通常包括以下内容。

(一)建设工程概况

建设工程概况部分主要编写以下内容。

(1)建设工程名称。

(2)建设工程地点。

(3)建设工程组成及建筑规模。

(4)主要建筑结构类型。

(5)预计工程投资总额。预计工程投资总额可以按以下两种费用编列：建设工程投资总额、建设工程投资组成简表。

(6)建设工程计划工期。可以以建设工程的计划持续时间或开工、竣工的具体日历时间表示。

① 以建设工程的计划持续时间表示：建设工程计划工期为“××个月”或“×××天”。

② 以建设工程的具体日历时间表示：建设工程计划工期由××××年××月××日至××××年××月××日。

(7)工程质量要求。应具体提出建设工程的质量目标要求。

(8)建设工程设计单位及施工单位名称。

(9)建设工程项目结构图与编码系统。

(二)监理工作范围

监理工作范围是指监理单位所承担的监理任务的工程范围。如果监理单位承担全部建设工程的监理任务，监理范围为全部建设工程，否则应按监理单位所承担的建设工程的建设标段或子项目划分确定建设工程的监理工作范围。

(三)监理工作内容

1. 建设工程立项阶段建设监理工作的主要内容

(1)协助业主准备工程报建手续。

(2)可行性研究咨询/监理。

(3)技术经济论证。

(4)编制建设工程投资概算。

2. 设计阶段建设监理工作的主要内容

(1)结合建设工程特点,收集设计所需的技术经济资料。

(2)编写设计要求文件。

(3)组织建设工程设计方案竞赛或设计招标,协助业主选择勘察设计单位。

(4)拟定和商谈设计委托合同内容。

(5)向设计单位提供设计所需的基础资料。

(6)配合设计单位开展技术经济分析,搞好设计方案的比选、优化设计。

(7)配合设计进度,组织设计单位与有关部门,如消防、环保、土地、人防、防汛、园林,以及供水、供电、供气、供热、电信等部门的协调工作。

(8)组织各设计单位之间的协调工作。

(9)参与主要设备、材料的选型。

(10)审核工程估算、概算、施工图预算。

(11)审核主要设备、材料清单。

(12)审核工程设计图纸。

(13)检查和控制设计进度。

(14)组织设计文件的报批。

3. 施工招标阶段建设监理工作的主要内容

(1)拟定建设工程施工招标方案并征得业主同意。

(2)准备建设工程施工招标条件。

(3)办理施工招标申请。

(4)编写施工招标文件。

(5)标底经业主认可后,报送所在地方建设主管部门审核。

(6)组织建设工程施工招标工作。

(7)组织现场勘察与答疑会,回答投标人提出的问题。

(8)组织开标、评标及定标工作。

(9)协助业主与中标单位商签施工合同。

4. 材料、设备采购供应的建设监理工作主要内容

对于由业主负责采购供应的材料、设备等物资,监理工程师应负责制订计划,监督合同的执行和供应工作。具体内容包括以下几个方面。

(1)制订材料、设备供应计划和相应的资金需求计划。

(2)通过质量、价格、供货期、售后服务等条件的分析和比选,确定材料、设备等物资的供应单位。重要设备尚应访问现有使用用户,并考察生产单位的质量保证体系。

(3)拟定并商签材料、设备的订货合同。

(4)监督合同的实施,确保材料、设备的及时供应。

5. 施工准备阶段建设监理工作的主要内容

(1)审查施工单位选择的分包单位的资质。

(2)监督检查施工单位质量保证体系及安全技术措施,完善质量管理程序与制度。

(3)参加设计单位同施工单位的技术交底。

(4)审查施工单位上报的实施性施工组织设计,重点对施工方案、劳动力、材料、机械、设备的组织及保证工程质量、安全、工期和控制造价等方面的措施进行监督,并向业主提出监理意见。

(5)在单位工程开工前检查施工单位的复测资料,特别是两个相邻施工单位之间的测量资料、控制桩橛是否交接清楚,手续是否完善,质量有无问题,并对贯通测量、中线及水准桩的设置、固桩情况进行审查。

(6)对重点工程部位的中线、水平控制进行复查。

(7)监督落实各项施工条件,审批一般单项工程、单位工程的开工报告,并报业主备查。

6. 施工阶段建设监理工作的主要内容

(1)施工阶段的质量控制

① 对所有的隐蔽工程在进行隐蔽以前进行检查和办理签证,对重点工程要派监理人员驻点跟踪监理,签署重要的分项工程、分部工程和单位工程质量评定表。

② 对施工测量、放样等进行检查,对发现的质量问题应及时通知施工单位纠正,并做好监理记录。

③ 检查确认运到现场的工程材料、构件和设备质量,并应查验试验、化验报告单及出厂合格证是否齐全、合格,监理工程师有权禁止不符合质量要求的材料、设备进入工地和投入使用。

④ 监督施工单位严格按照施工规范、设计图纸的要求进行施工,严格执行施工合同。

⑤ 对工程主要部位、主要环节及技术复杂工程加强检查。

⑥ 检查施工单位的工程自检工作,数据是否齐全,填写是否正确,并对施工单位质量评定自检工作作出综合评价。

⑦ 对施工单位的检验测试仪器、设备、度量衡进行定期检验,不定期地进行抽验,保证度量资料的准确。

⑧ 监督施工单位对各类土木和混凝土试件按规定进行检查和抽查。

⑨ 监督施工单位认真处理施工中发生的一般质量事故,并认真做好监理记录。

⑩ 对大、重大质量事故及其他紧急情况,应及时报告业主。

(2)施工阶段的进度控制。

① 监督施工单位严格按施工合同规定的工期组织施工。

② 对控制工期的重点工程,审查施工单位提出的保证进度的具体措施,如果发生延误,则应及时分析原因,采取对策。

③ 建立工程进度台账,核对工程形象进度,按月、季向业主报告施工计划执

行情况、工程进度及存在的问题。

(3)施工阶段的投资控制。

① 审查施工单位申报的月、季度计量报表,认真核对其工程数量,不超计、不漏计,严格按合同规定进行计量支付签证。

② 保证支付签证的各项工程质量合格、数量准确。

③ 建立计量支付签证台账,定期与施工单位核对清算。

④ 按业主授权和施工合同的规定审核变更设计。

(4)施工阶段的安全生产管理职责

7. 施工验收阶段建设监理工作的主要内容

(1)督促、检查施工单位及时整理竣工文件和验收资料,受理单位工程竣工验收报告,提出监理意见。

(2)根据施工单位的竣工报告,提出工程质量检验报告。

(3)组织工程预验收,参加业主组织的竣工验收。

8. 建设监理合同管理工作的主要内容

(1)拟定本建设工程合同体系及合同管理制度,包括合同草案的拟定、会签、协商、修改、审批、签署、保管等工作制度及流程。

(2)协助业主拟定工程的各类合同条款,并参与各类合同的商谈。

(3)合同执行情况的分析和跟踪管理。

(4)协助业主处理与工程有关的索赔事宜及合同争议事宜。

9. 委托的其他服务

监理单位及其监理工程师受业主委托,还可承担以下几个方面的服务:

(1)协助业主准备工程条件,办理供水、供电、供气、电信线路等申请或签订协议。

(2)协助业主制定产品营销方案。

(3)为业主培训技术人员。

[做一做]

熟悉监理规划的主要内容。

(四)监理工作目标

建设工程监理目标是指监理单位所承担的建设工程的监理控制预期达到的目标,通常以建设工程的投资、进度、质量三大目标的控制值和安全生产目标来表示。

1. 投资控制目标

投资控制目标以××年预算为基价,静态投资为××万元(或合同价为××万元)。

2. 工期控制目标

工期控制目标为×个月或自××××年××月××日至××××年××月××日。

3. 质量控制目标

质量控制目标为建设工程质量合格及业主的其他要求。监理工作依据如下。

(1)工程建设方面的法律、法规。

(2)政府批准的工程建设文件。

(3)建设工程监理合同。

(4)其他建设工程合同。

4. 安全生产目标

安全生产目标按施工合同要求。

(五)项目监理机构的组织形式

项目监理机构的组织形式应根据建设工程监理的要求选择。项目监理机构可用组织结构图表示。

(六)项目监理机构的人员配备计划

项目监理机构的人员配备应根据建设工程监理的进程合理安排。

(七)项目监理机构的人员岗位职责

项目监理机构监理人员分工及岗位职责应根据监理合同约定的监理工作范围和内容及《建设工程监理规范》的规定,由总监理工程师根据项目监理机构监理人员的专业、技术水平、工作能力、实践经验等安排和明确。

(八)监理工作程序

监理工作程序比较简单明了的表达方式是监理工作流程图,一般可对不同的监理工作内容分别制定监理工作程序,如分包单位资质审查基本程序、工程延期管理基本程序、工程暂停及复工管理的基本程序。

(九)监理工作方法及措施

建设工程监理控制目标是指监理单位所承担的建设工程的监理控制预期达到的目标,通常以建设工程的投资、进度、质量这三大目标的控制值和安全生产管理的监理工作来表示。

1. 投资控制目标方法与措施

(1)投资目标分解。

① 按建设工程的投资费用组成分解。

② 按年度、季度分解。

③ 按建设工程实施阶段分解。

④ 按建设工程组成分解。

(2)投资使用计划可列表编制。

(3)投资目标实现的风险分析。

(4)投资控制的工作流程与措施:

① 工作流程图。

② 投资控制的具体措施。

a. 投资控制的组织措施:建立健全项目监理机构,完善职责分工及有关制度,落实投资控制的责任;投资控制的技术措施:在设计阶段,推行限额设计和优化设计;在招标投标阶段,合理确定标底及合同价;对材料、设备进行采购,通过质量价格比选,合理确定生产供应单位;在施工阶段,通过审核施工组织设计和施工方案，使组织施工合理化。

b. 投资控制的经济措施：及时进行计划费用与实际费用的分析比较。对原设计或施工方案提出合理化建议并被采用，由此产生的投资节约按合同规定予以奖励。

c. 投资控制的合同措施：按合同条款支付工程款，防止过早、过量支付；减少施工单位的索赔，正确处理索赔事宜等。

(5)投资控制的动态比较。

① 投资目标分解值与概算值的比较；

② 概算值与施工图预算值的比较；

③ 合同价与实际投资的比较。

(6)投资控制表格。

2. 进度控制目标方法与措施

(1)工程总进度计划。

(2)总进度目标的分解。

① 年度、季度进度目标。

② 各阶段的进度目标。

③ 各子项目进度目标。

(3)进度目标实现的风险分析。

(4)进度控制的工作流程与措施。

① 工作流程图。

② 进度控制的具体措施。

a. 进度控制的组织措施：落实进度控制的责任，建立进度控制协调制度。

b. 进度控制的技术措施：建立多级网络计划体系，监控承建单位的作业实施计划。

c. 进度控制的经济措施：对工期提前者实行奖励，对应急工程实行较高的计件单价，确保资金的及时供应等。

d. 进度控制的合同措施：按合同要求及时协调有关各方的进度，以确保建设工程的形象进度。

(5)进度控制的动态比较。

① 进度目标分解值与进度实际值的比较。

② 进度目标值的预测分析。

(6)进度控制表。

3. 质量控制目标方法与措施

(1)质量控制目标的描述。

① 设计质量控制目标。

② 材料质量控制目标。

③ 设备质量控制目标。

④ 土建施工质量控制目标。

⑤ 设备安装质量控制目标。

⑥ 其他说明。

(2)质量目标实现的风险分析。

(3)质量控制的工作流程与措施。

① 工作流程图。

② 质量控制的具体措施。

a. 质量控制的组织措施:建立健全项目监理机构,完善职责分工,制定有关质量监督制度,落实质量控制责任。

b. 质量控制的技术措施:协助完善质量保证体系;严格事前、事中和事后的质量检查监督。

c. 质量控制的经济措施及合同措施:严格质检和验收,不符合合同规定质量要求的拒付工程款;达到业主特定质量目标要求的,按合同支付质量补偿金或奖金。

(4)质量目标状况的动态分析。

(5)质量控制表。

4. 安全监理工作方法与措施

(1)安全监理工作方法

① 现场巡查:对施工现场进行全员、全过程、全方位、全天候动态巡视,对施工安全重点部位进行重点检查,如果出现安全隐患,则以口头或书面指令施工单位限时纠正。

② 核查:对施工单位安保体系、安保计划、文明施工组织设计、工地安全检查制度,制定和实施进行核查及检查,检查分为定期检查与不定期检查。

③ 旁站:对危险部位进行旁站监理,检查施工单位安全员是否在场,上岗人员是否持证,是否按操作规程施工,安全保护、防护措施是否到位,材质、设备是否达到标准要求。

④ 验证、签证:对施工单位采购的安全设施所需材料、设备、防护用品进行检查验收签证。对各类设备、安全设施进行检查和验收。

⑤ 书面指令:书面指令是安全监理的一项重要举措,当施工单位在施工过程中产生安全隐患,监理将针对问题,按有关规定、标准作出书面指令,开出限期整改的监理工程师通知单。

⑥ 监理月报:驻地办根据情况将月度安全监理工作情况在监理月报中或单独向建设单位和有关安全监督部门报告。

⑦ 监理例会:定期召开监理例会,对建设工程施工现场所发现的安全生产文明施工的各类情况进行点评;分析问题存在的原因;商讨解决问题的办法;对有关重要的安全生产、文明施工的重要事项作出决定。

(2)安全监理措施

在施工安全监理工作中,监理人员通过日常巡视及安全检查,发现违规施工和存在安全事故隐患的,应立即发出监理指令。监理指令分为口头指令、工程联系单、监理通知、工程暂停令四种形式。

① 口头指令:监理人员在日常巡视中发现施工现场的一般安全事故隐患,凡立即整改能够消除的,可通过口头指令向施工单位管理人员指出,监督其改正,并在监理日记中记录。

② 工程联系单:如果口头指令发出后施工单位未能及时消除安全事故隐患,或者监理人员认为有必要时,应发出工程联系单,要求施工单位限期整改,监理人员按时复查整改结果,并在项目监理日志中记录。

③ 监理通知:当发现安全事故隐患后,安全监理人员认为有必要时,总监理工程师或安全监理人员应及时签发有关安全的监理通知,要求施工单位限期整改并限时书面回复,安全监理人员按时复查整改结果。监理通知应抄送建设单位。

④ 工程暂停令:当发现施工现场存在重大安全事故隐患时,总监理工程师应及时签发工程暂停令,暂停部分或全部正在施工的工程,并责令其限期整改并以书面回复;经安全监理人员复查合格,总监理工程师批准后方可复工。工程暂停令应抄报建设单位。

⑤ 监理报告

a. 项目监理部应每月总结施工现场安全施工的情况,并填写安全监理月报,向建设单位报告。

b. 总监理工程师在签发安全隐患工程暂停令后应及时向建设单位报告。

c. 对施工单位拒不执行安全隐患监理通知、工程暂停令的,总监理工程师应向建设单位及监理单位报告;必要时应填写工程安全隐患监理报告书向工程所在地建设行政主管部门或施工安全监督机构报告,并同时报告建设单位。

d. 在安全监理工作中,针对施工现场的安全生产状况,结合发出监理指令的执行情况,总监理工程师认为有必要时,可编写书面安全监理专题报告,交给建设单位或建设行政主管部门。

5. 合同管理方法与措施

(1)合同结构,可以以合同结构图的形式表示。

(2)合同目录一览表。

(3)合同管理的工作流程与措施。

① 工作流程图;

② 合同管理的具体措施。

(4)合同执行状况的动态分析。

(5)合同争议调解与索赔处理程序。

(6)合同管理表格。

6. 信息管理方法与措施

(1)信息分类表。

(2)机构内部信息流程图。

(3)信息管理的工作流程与措施。

① 工作流程图。

② 信息管理的具体措施。

(4)信息管理表格。

7. 组织协调方法与措施

(1)与建设工程有关的单位。

① 建设工程系统内的单位:主要有建设单位、设计单位、施工单位、材料和设备供应单位、资金提供单位等。

② 建设工程系统外的单位:主要有政府建设行政主管机构、政府其他有关部门、工程毗邻单位、社会团体等。

(2)协调分析。

① 建设工程系统内的单位协调重点分析。

② 建设工程系统外的单位协调重点分析。

(3)协调工作程序。

① 投资控制协调程序。

② 进度控制协调程序。

③ 质量控制协调程序。

④ 其他方面工作协调程序。

(4)协调工作表。

(十)监理工作制度

为全面履行建设工程监理职责,确保建设工程监理服务质量,监理规划中应根据工程特点和工作重点明确相应的监理工作制度,主要包括:项目监理机构现场监理工作制度、项目监理机构内部工作制度及相关服务工作制度(必要时)。

1. 项目监理机构现场监理工作制度

(1)图纸会审及设计交底制度;

(2)施工组织设计审核制度;

(3)工程开工、复工审批制度;

(4)整改制度,包括签发监理通知单和工程暂停令等;

(5)平行检验、见证取样、巡视检查和旁站制度;

(6)工程材料、半成品质量检验制度;

(7)隐蔽工程验收、分项(部)工程质量验收制度;

(8)单位工程验收、单项工程验收制度;

(9)监理工作报告制度;

(10)安全生产监督检查制度;

(11)质量安全事故报告和处理制度;

(12)技术经济签证制度;

(13)工程变更处理制度;

(14)现场协调会及会议纪要签发制度;

(15)施工备忘录签发制度;

(16)工程款支付审核、签认制度;

(17)工程索赔审核、签认制度等。

2. 项目监理机构内部工作制度

(1)监理监理机构工作会议制度。

(2)项目监理机构人员岗位职责制度。

(3)对外行文审批制度。

(4)监理工作日志制度。

(5)监理周报、月报制度。

(6)技术、经济资料及档案管理制度。

(7)监理人员教育培训制度。

(8)监理人员考勤、业绩考核及奖惩制度。

3. 相关服务工作制度

如果提供相关服务,则需要建立以下制度:

(1)项目立项阶段:包括可行性研究报告评审制度和工程估算审核制度等。

(2)设计阶段:包括设计大纲、设计要求编写及审核制度,设计合同管理制度,设计方案评审办法,工程概算审核制度,施工图纸审核制度,设计费用支付签认制度,设计协调会制度等。

(3)施工招标阶段:包括招标管理制度、标底或招标控制价编制及审核制度、合同条件拟订及审核制度、组织招标实物及有关规定等。

(十一)监理设施

(1)制定监理设施管理制度。

(2)根据建设工程类别、规模、技术复杂程度、建设工程所在地的环境条件,按委托监理合同的约定,配备满足监理工作需要的常规检测设备和工具。

(3)落实场地、办公、交通、通信、生活等设施,配备必要的影像设备。

在监理工作实施过程中,如果实际情况或条件发生重大变化而需要调整监理规划时,应由总监理工程师组织专业监理工程师研究修改,按原报审程序经过批准后报建设单位。

监理规划要随工程项目展开进行不断的补充、修改和完善。

四、建设工程监理规划的审核

建设工程监理规划在编写完成后需要进行审核并经批准。监理单位技术管理部门是内部审核单位,其技术负责人应当签认。监理规划审核的内容主要包括以下几个方面。

(一)监理范围、工作内容及监理目标的审核

依据监理招标文件和建设工程监理合同,审核是否理解建设单位的工程建设意图,监理范围、监理工作内容是否包括全部委托的工作任务,监理目标是否与建设工程监理合同要求和建设意图相一致。

(二)项目监理机构的审核

1. 组织机构

审核组织机构在组织形式、管理模式等方面是否合理,是否结合了工程实施

的具体特点，是否能够与建设单位的组织关系和施工单位的组织关系相协调等。

2. 人员配备

人员配备方案应从以下几个方面审查。

(1)派驻监理人员的专业满足程度。应根据工程特点和委托监理任务的工作范围审查，不仅考虑专业监理工程师，如土建监理工程师、安装监理工程师等能否满足开展监理工作的需要，还要考虑其专业监理人员是否覆盖了工程实施过程中的各种专业要求，以及高、中级职称和年龄结构的组成。

(2)人员数量的满足程度。主要审核从事监理工作人员在数量和结构上的合理性。按照我国已完成监理工作的工程资料统计测算，在施工阶段，大中型建设工程每年完成100万元人民币的工程量所需监理人员为0.6～1人，专业监理工程师、一般监理人员和行政文秘人员的结构比例为0.2∶0.6∶0.2。专业类别较多的工程的监理人员数量应适当增加。

(3)专业人员不足时采取的措施是否恰当。大中型建设工程由于技术复杂、涉及的专业面宽，当监理单位的技术人员不足以满足全部监理工作要求时，对拟临时聘用的监理人员的综合素质应认真审核。

(4)派驻现场人员计划表。对于大中型建设工程，不同阶段对监理人员人数和专业等方面的要求不同，应对各阶段所派驻现场监理人员的专业、数量计划是否与建设工程的进度计划相适应进行审核，还应平衡正在其他工程上执行监理业务的人员，是否能按照预定计划进入本工程参加监理工作。

(三)工作计划的审核

工作计划的审核包括在工程进展中各个阶段的工作实施计划是否合理、可行，其在每个阶段中如何控制建设工程目标及组织协调的方法。

(四)工程质量、造价、进度控制方法的审核

对三大目标的控制方法和措施应重点审查，审查其如何应用组织、技术、经济、合同措施保证目标的实现，方法是否科学、合理、有效。监理工作制度审核主要审查项目监理机构的内、外工作制度是否健全、有效。

(五)对安全生产管理监理工作内容的审核

对安全生产管理监理工作内容的审核包括安全生产管理的监理工作内容是否明确；是否制定了相应的安全生产管理实施细则；是否建立了对施工组织设计、专项施工方案的审查制度；是否建立了对现场安全隐患的巡视检查制度；是否建立了安全生产管理状况的监理报告制度；是否制定了安全生产事故的应急预案等。

[想一想]

1. 监理规划什么时间进行编写?
2. 监理规划由谁来主持编写?
3. 监理规划的内容有哪些?

第四节 建设工程监理细则

实施细则，其与监理规划的关系可以比作施工图设计与初步设计的关系。监理细则是在监理规划的基础上，当落实了各专业监理责任和工作内容后，由专

业监理工程师针对建设工程具体情况制定出更具实施性和操作性的业务文件，其作用是具体指导监理业务的实施。

一、监理细则的编制

1. 编制原则

(1)对专业性较强、危险性较大的分部分项工程，应编制监理细则。

(2)对采用新材料、新工艺、新技术、新设备的工程，应编制监理细则。

(3)在工程规模较小、技术较为简单且有成熟的监理经验和施工技术措施落实的情况下，可不必编制监理细则。

2. 编制程序与依据

(1)监理细则应在相应工程施工开始前编制完成，并必须经总监理工程师批准。

(2)监理细则应由专业监理工程师编制。

(3)编制实施细则的依据：已批准的建设工程监理规划，与专业工程相关的标准、设计文件和技术资料，施工组织设计、(专项)施工方案。

[想一想]

1. 为什么要编写监理细则?

2. 监理细则的编制有哪些程序?

3. 监理细则的主要内容有哪些?

二、监理细则的主要内容

监理细则应包括下列主要内容：专业工程特点、监理工作流程、监理工作要点、监理工作方法及措施。

在监理工作实施过程中，监理细则也要根据实际情况的变化进行修改、补充和完善。

第五节　其他监理文件

一、监理日志

监理日志是项目监理机构有关人员对当日工程施工中发生的有关质量、进度、材料检验等事项作出的记录。监理日记是监理资料中较重要的组成部分，是工程实施过程中真实的工作证据，是记录人素质、能力和技术水平的体现。监理日记的内容必须保证真实、全面，充分体现参建各方合同的履行程度。

监理日志由专业监理工程师和监理员书写，监理日记和施工日记都是反映工程施工过程的实录，一个同样的施工行为，往往两本日记可能记载有不同的结论，事后在工程发现问题时，日记就起了重要的作用，因此，认真、及时、真实、详细、全面地做好监理日记，对发现问题，甚至仲裁、起诉都有作用。

监理日志有不同角度的记录，项目总监理工程师可以指定一名监理工程师对每天项目总的情况进行记录，通称为项目监理日志；专业工程监理工程师可以从专业的角度进行记录；监理员可以从负责的单位工程、分部工程、分项工程的具体部位施工情况进行记录，侧重点不同，记录的内容、范围也不同。

监理日志的主要内容有以下几个。

(1)天气和施工环境情况。准确记录当日的天气状况(晴、雨、温度、风力等),特别是出现异常天气时应予以描述。

(2)当日施工进展情况。

① 记录当日工程施工部位、施工内容、施工班组及作业人数。

② 记录当日工程材料、构配件和设备进场情况,并记录其名称、规格、数量、所用部位,以及产品出场合格证、材质检验等情况。

③ 记录当日施工现场安全生产状况、安全防护及措施等情况。

(3)当日监理工作情况,包括旁站、巡视、见证取样、平行检验等情况。

① 记录当日巡视的内容、部位,包括安全防护、临时用电、消防设施,特种作业人员的资格,专项施工方案实施情况,签署的监理指令情况。

② 记录当日对工程材料、构配件和设备进场验收情况,隐蔽工程、检验批、分项工程、分部工程验收情况,监理指令、旁站、见证取样及签认的监理文件资料等。

(4)当日存在的问题及处理情况。

(5)其他有关事项。

监理日志应逐日书写,并应在当天下班前完成。总监理工程师应及时进行审阅,阅后签字。

[想一想]

1. 监理日记志应由谁来记录?

2. 监理日志的主要内容是什么?

二、监理例会(工地会议)会议纪要

(一)第一次工地例会

第一次工地例会是参与工程施工的建设单位、监理单位、施工单位在工程开始施工前由建设单位主持召开的第一次工地会议,主要内容有以下几个。

(1)建设单位、施工单位和监理单位分别介绍各自驻现场的组织机构、人员及其分工;

(2)建设单位根据委托监理合同宣布对总监理工程师的授权;

(3)建设单位介绍开工准备情况;

(4)施工单位介绍施工准备情况;

(5)建设单位和总监理工程师对施工准备情况提出意见和要求;

(6)总监理工程师介绍监理规划的主要内容;

(7)研究确定各方在施工过程中参加工地例会的主要人员、召开工地例会的周期、地点及主要议题;

(8)第一次工地例会纪要应由项目监理机构负责起草并与各方代表会签。

(二)监理例会会议纪要

监理例会是由项目监理机构主持的,在工程实施过程中针对工程安全、质量、造价、进度、合同管理等事宜定期召开的,由有关单位参加的会议,是履约各方沟通情况,交流信息、协调处理、研究解决合同履行中存在的各方面问题的主要协调方式。监理例会会议纪要由项目监理机构根据会议记录整理,主要内容包括以下几个。

(1)会议地点及时间；

(2)会议主持人；

(3)与会人员的姓名、单位、职务；

(4)会议主要内容、决议事项及其负责落实单位、负责人和时限要求。

① 检查上次例会议定事项的落实情况。

② 检查并分析工程项目进度计划完成情况。

③ 确定下一阶段进度目标及实现目标的措施。

④ 材料、构配件和设备供应情况及存在的质量问题。

⑤ 工程质量和技术问题、分包单位的管理协调、工程变更问题。

⑥ 施工安全、环保等问题及整改情况。

⑦ 其他与工程项目有关事宜。

(5)其他事项。对于监理例会上意见不一致的重大问题，应将各方的主要观点，特别是相互对立的意见记入“其他事项”中。会议纪要的内容应真实准确、简明扼要，经总监理工程师审阅，与会各方代表会签，发至有关各方，并应有签收手续。

(三)专题工地会议纪要

专题工地会议是为解决工程施工中某一专门问题而组织召开的工地会议。

专题工地会议由总监理工程师根据工作需要组织召开，建设单位、施工单位提出建议，总监理工程师审定同意后也可以召开。

专题工地会议由总监理工程师或其授权的专业监理工程师主持，各有关单位的有关人员参加。

专题工地会议应做好会议记录，并由项目监理机构整理成专题工地会议纪要，决议事项应落实责任单位、责任人和时限要求。

专题工地会议纪要由与会各方代表会签后，发至有关各方，并应有签收手续。

[做一做]

列出项目监理例会的形式。

三、监理月报

监理月报是项目监理机构每月向建设单位和本监理单位提交的建设工程监理及建设工程实施情况等分析总结报告。监理月报既要反映建设工程监理工作及建设工程实施情况，又要确保建设工程监理工作可追溯。

监理月报由总监理工程师组织编写、签认后报送建设单位和本监理单位。

报送时间由监理单位与建设单位协商确定，一般在收到施工单位报送的工程进度，汇总本月已完成工程量和本月计划完成工程量的工程量表、工程款支付申请表等相关资料后，在协商确定的时间内提交。

(一)监理月报编制依据

(1)《建设工程监理规范》。

(2)工程质量验收系列规范、规程和技术标准。

(3)监理单位的有关规定。

(二)监理月报的主要内容

(1)本月工程实施情况

① 工程进展情况。实际进度与计划进度的比较,施工单位人、机、料进场及使用情况,本期在实施的工程照片等。

② 工程质量情况。分项分部工程和检验批质量验收情况,工程材料、设备,构配件进场检验情况,主要施工、试验情况,本月工程质量分析。

③ 施工单位安全生产管理工作评述。

④ 已完工程量与已付工程款的统计及说明。

(2)本月监理工作情况。

① 对本月进度、质量、安全生产管理、工程计量与工程款支付、合同及其他事项管理等方面情况的综合评价。

② 监理工作统计及工作照片。

(3)本月工程实施的主要问题分析及处理情况。

(4)下月监理工作的重点。

① 工程管理方面的监理工作重点。

② 项目监理机构内部管理方面的工作重点。

[想一想]

1. 监理月报的编写目的是什么?
2. 监理月报的作用和意义有哪些?
3. 监理月报的主要内容是什么?

四、监理工作总结

当监理工作结束时,项目监理机构应向建设单位和工程监理单位提交监理工作总结。监理工作总结由总监理工程师组织项目监理机构监理人员编写,由总监理工程师审核签字,并加盖工程监理单位公章后报建设单位。

监理工作总结应包括以下内容。

(1)工程概况,包括工程名称、等级、建设地址、建设规模、结构形式及主要设计参数。

(2)工程建设单位、设计单位、勘察单位、施工单位(包括重点的专业分包单位)、检测单位等。

(3)工程项目中主要的分项、分部工程施工进度和质量情况。

(4)监理工作的难度和特点。

(5)监理组织机构、监理人员和投入的监理设施。

(6)监理合同履行情况。

(7)监理工作成效。例如,项目监理机构提出的合理化建议并被建设、设计、施工等单位采纳情况;通过监理工作,发现施工中的差错,避免了工程质量事故、生产安全事故、累计核减工程款,以及为建设单位节约工程建设投资等事项的数据。

(8)监理工作中发现的问题及其处理情况和建议(该内容为总结的要点,主要内容有质量问题、质量事故、合同争议、违约、索赔等处理情况)。

(9)说明与建议。

[想一想]

1. 监理工作总结的编制程序是什么?
2. 监理工作总结的内容有哪些?

五、工程质量评估报告

工程质量评估报告是指在施工单位完成分部(分项)或单位工程施工,将自己对该分部(分项)或单位工程自检自评的资料报送监理后,由项目监理机构对该工程质量进行评定后所作出的书面报告。

工程质量评估报告是工程验收的必备资料。通过工程质量评估报告,不仅为验收小组提供了一个准确的质量评价意见,还体现了监理项目部在工程建设中的作用、监理人员的水平,也能促进监理工作的开展。

(一)工程质量评估报告编制的基本要求

(1)工程质量评估报告的编制应文字简练、准确、重点突出、内容完整。

(2)工程竣工预验收合格后,由总监理工程师组织专业监理工程师编制工程质量评估报告,编制完成后,由项目总监理工程师及监理单位技术负责人审核签认并加盖监理单位公章后,在正式竣工验收前报建设单位。

(二)工程质量评估报告的主要内容

1. 前言

在前言中要明确评估的对象,要准确地界定评估的范围。例如,单位工程质量评估报告中的前言一般有以下两句话:本报告对××单位工程施工质量进行评估。它包括基础分部、主体分部、建筑装饰装修分部、建筑屋面分部、建筑电气分部、建筑给水排水分部和通风与空调分部。

2. 工程概况(参建单位)

工程概况(参建单位)指要进行质量核定的这部分工程的基本情况。在单位工程的报告中,应简要描述工程概况(参建单位)。

在单独验收和中间验收的评估报告中,在简要描述单位工程概况后,重点要描述评估对象的工程概况。对于桩基工程和有支护土方工程还要简要叙述场地的地质情况。

3. 施工情况

施工情况主要内容为以下三个方面。

(1)评估对象施工的起止时间和历时天数。

(2)评估对象的基本施工方法(单位工程评估报告中一般不写)。

(3)施工中出现的问题和处理情况,如果有质量事故还要写明事故及其处理情况。

4. 工程受监情况

按照《建设工程监理规范》的要求,分为事前、事中和事后控制三个方面,把监理中实际做到的主要质量控制工作写入报告。

如果有较突出的强化控制的措施,则要重点写清楚。

5. 质量评估依据

质量评估依据主要是写依据的法律、法规、标准、规范,包括国家强制性条文规定;设计文件及施工图的要求;监理机构检查施工质量方面的记录、检测分析报告;有资质的检测单位出具的复试、检测报告等。

6. 质量评估过程(质量验收、工程质量事故及其处理、竣工资料审查情况)

质量评估过程主要写明该工程在施工过程中,在保证工程质量方面采取的措施;对出现的质量缺陷和事故,采取了哪些整改措施;整改后是否符合规范及设计要求等。对工程质量的评价要列出检测数据。用数据说话。必须严格依据《建筑工程施工质量验收统一标准》(GB 50300—2013)及其配套专业规范规定的合格条件对分项、分部工程进行审查、验收。

7. 工程质量评估结论

[想一想]

1. 编写工程质量评估报告的前提是什么?

2. 质量评估依据有哪些?

工程质量评估结论可围绕以下几个要点来叙述:该工程是否已按设计图纸全部完成施工;工程质量是否符合国家强制性标准和有关验收标准的要求;施工中是否出现了一般和重大质量事故;工程质量保证体系资料是否齐全等。如果符合要求,对该单位(分部)工程的质量就可核定为合格。工程质量评估报告结论通常这样表述:综上所述,我们认为,本单位工程的施工质量符合《建筑工程施工质量验收统一标准》(GB 50300—2013)规定的合格条件。工程合格,请验收小组予以确认。

六、旁站监理方案

旁站监理是指监理人员在施工现场对某些关键部位或关键工序的施工质量实施全过程现场跟班的监督活动。旁站监理是每个监理人员的重要岗位职责,旁站监理在总监理工程师的指导下,由现场监理人员负责具体实施。

旁站监理方案是项目监理机构对工程关键部位实施旁站监理工作的总体安排。

旁站监理方案是项目监理部在编制监理规划时同时编制的,应明确旁站监理的范围、内容、程序和职责。

(一)旁站监理方案编制

项目监理部根据工程特点,首先应确定各主要分部、分项工程的关键部位和关键工序,对关键部位和关键工序从施工材料检验到施工质量验收进行全过程现场跟班旁站监理。

根据《房屋建筑工程施工旁站监理管理办法(试行)》有关内容,初步确定了各专业工程的关键部位和关键工序。各专业可根据本专业特点和实际情况,从中选择旁站监理的内容。

1. 土建专业

(1)基础工程

① 土方回填。

② 砼灌注桩浇筑。

③ 地下连续墙、土钉墙。

④ 基础底板大体积砼浇筑、后浇带及其他结构砼。

⑤ 防水砼浇筑,卷材防水层细部构造处理。

(2)主体结构

① 梁柱节点钢筋绑扎和隐蔽过程。

② 砼浇筑。

③ 悬挑梁、阳台板、雨篷钢筋绑扎及砼浇筑。

④ 预应力张拉。

⑤ 装配式结构安装、钢结构安装、网架结构安装、索膜安装。

(3)建筑装饰装修

① 玻璃幕墙安装。

② 外墙干挂石材或装板施工作业。

③ 厕浴间防水。

(4)建筑屋面

① 屋面防水。

② 屋面保温层、找平层作业。

2. 暖卫和通风空调工程(可根据专业实际情况确定)

(1)管道安装

① 隐蔽工程的检验情况。

② 管道合格后回填土过程。

(2)风管

① 风管的第一次制作。

② 隐蔽工程检验情况。

③ 风管及系统的各种测试情况。

(3)调试及试验

① 阀门、设备试验。

② 设备单机试运转及设备调试运行。

③ 管道试压、试水、通水(通球)、冲洗(吹洗)等各种试验。

3. 电气安装工程

(1)接地装置安装分项工程中的接地电阻测试。

(2)配管及管内穿线。

① 电气配管楼层施工。

② 管内穿线楼层施工。

③ 绝缘电阻测试。

(3)电气照明器具及配电箱(盘)安装

① 配电箱(盘)楼层安装。

② 消防联动试验。

③ 对含有电视保安监控的工程,系统开通试验。

④ 变配电室高低配电柜、变压器的试验。

4. 电梯安装工程

(1)电梯井道样板放线。

(2)机房曳引机承重梁埋设。

(3)钢丝绳头制作浇筑。

(4)厅门地坎及钢牛腿的埋设;焊接、防腐等。

(二)旁站程序

(1)按要求编制旁站监理方案。

(2)向建设单位和施工单位送达旁站监理方案。

(3)施工单位在关键工序施工前24小时,书面通知监理单位。

(4)监理单位按计划实施施工全过程现场跟班监督。

(5)按工序做好旁站记录。

(6)发现问题,提出处理意见。

(7)旁站记录未经施工单位质检员签字或问题未处理,不得进入下道工序施工。

(三)旁站监理人员的主要职责

(1)检查施工企业现场人员到岗、特殊工种人员持证上岗及施工机械、建筑材料准备情况。

(2)在现场跟班监督关键部位、关键工序的施工中执行施工方案及工程建设强制性标准情况。

(3)核查进场建筑材料、建筑构配件、设备和商品砼的出厂质量证明、质量检验报告,督促施工企业进行现场检查和必要的复验。

(4)做好旁站记录和监理日记,并保存好旁站监理原始资料。旁站监理人员和施工质检人员应在旁站记录上签字,未经签字,不得进行下一道工序施工。

(5)在旁站监理过程中,发现有违反工程建设强制性标准行为的,有权责令施工企业立即改正;发现施工活动可能危及工程质量时,应及时向总监理工程师报告,由总监理工程师采取必要的措施。

(四)对旁站记录的要求

旁站记录是监理工程师或总监理工程师依法行使有关签字权的重要依据,是对工程质量的签认资料。对旁站记录的要求如下。

(1)记录内容要真实、准确、及时。

(2)对旁站的关键部位或关键工序,应按照时间或工序形成完整的记录。例如,地下室防水,可按卷材检验、基层处理、铺贴过程、细部处理等工序填写检查记录表。

(3)记录表内容填写要完整,未经旁站人员和施工单位质检人员签字不得进入下道工序施工。

[想一想]

旁站监理方案的编制时间及主要内容有哪些?

(4)记录表内施工过程情况是指所旁站的关键部位和关键工序施工情况,如人员上岗情况、材料使用情况、施工工艺和操作情况、执行施工方案和强制性标准情况等。

(5)监理情况主要记录旁站人员、时间、旁站监理内容、对施工质量检查情况、评述意见等。将发现的问题做好记录,并提出处理意见。

(6)其他栏目要填写完整。

(五)旁站人员安排和时间

(1)旁站人员可根据工程复杂程度和难度,事先确定由监理工程师或监理员进行旁站监理。

(2)旁站监理时间可根据施工进度计划事先做好安排,待关键工序施工后再做具体安排。

第六节　建设工程监理信息管理

本节首先介绍了监理信息管理的概念和特点、表现形式及内容、分类与作用;其次介绍了监理信息资料的收集、加工整理、贮存和传递等信息管理内容;最后介绍了监理信息系统的概念与功能,并介绍了常用监理软件。

一、监理信息及其重要性

(一)监理信息

1. 信息的概念和特点

一般来说,信息是为了满足用户决策的需要而经过加工处理的数据,具有以下几个特征。

(1)伸缩性,即扩充性和压缩性。

(2)传输扩散性。

(3)可识别性。

(4)可转换存储性。

(5)共享性。

2. 监理信息的概念与特点

监理信息是在整个工程建设监理过程中发生的、反映工程建设的状态和规律的信息。它具有一般信息的特征,同时也有其本身的特点。

(1)来源广、信息量大。

(2)动态性强。

(3)有一定的范围和层次。

[问一问]

监理信息的特点是什么?

(二)监理信息的表现形式及内容

监理信息的表现形式就是信息内容的载体,也就是各种各样的数据。在工程建设监理过程中,各种情况层出不穷,这些情况包含各种各样的数据。这些数据可以是文字、数字、各种报表,也可以是图形、图像和声音。

1. 文字数据

文字数据是监理信息的一种常见的表现形式。文件是常见的用文字数据表现的信息。

2. 数字数据

数字数据是监理信息常见的一种表现形式。在工程建设中，监理工作的科学性要求"用数字说话"，为了准确地说明各种工程情况，必然有大量数字数据产生，如各种计算成果、各种试验检测数据，反映着工程项目的质量、投资和进度等情况。

3. 各种报表

报表是监理信息的另一种表现形式，工程建设各方都用这种直观的形式传播信息。

4. 图形、图像和声音等

［问一问］

监理信息的表现形式及内容是什么？

图形、图像和声音等包括工程项目立面、平面及功能布置图形、项目位置及项目所在区域环境实际图形或图像等，对于每个项目，还包括分专业隐检部位图形、分专业设备安装部位图形、分专业预留预埋部位图形、分专业管线平（立）面走向及跨越伸缩缝部位图形、分专业管线系统图形、质量问题和工程进度形象图像，在施工中还有设计变更图等。

（三）监理信息的分类

监理信息的分类方法通常有以下几种。

1. 按建设工程监理控制目标划分

建设工程监理的目的是对工程进行有效的控制，按建设工程监理控制目标将信息进行分类是一种重要的分类方法。

按建设工程监理控制目标，监理信息分为以下几种。

（1）投资控制信息，是指与投资控制直接有关的信息。

（2）质量控制信息，是指与质量控制直接有关的信息。

（3）进度控制信息，是指与进度控制直接有关的信息。

2. 按照建设工程不同阶段分类

（1）项目建设前期的信息。

（2）工程施工中的信息。

（3）工程竣工阶段的信息。

3. 按照监理信息的来源划分

（1）来自工程项目监理组织的信息，如监理的记录、各种监理报表、工地会议纪要、各种指令、监理试验检测报告等。

（2）来自承包商的信息，如开工申请报告、质量事故报告、形象进度报告、索赔报告等。

（3）来自业主的信息，如业主对各种报告的批复意见。

（4）来自其他部门的信息，如政府有关文件、市场价格、物价指数、气象资料等。

4. 其他的一些分类方法

（1）按照信息范围的不同，建设监理信息分为精细的信息和摘要的信息两类。

（2）按照信息时间的不同，建设监理信息分为历史性的信息和预测性的信息两类。

(3)按照监理阶段的不同,把建设监理信息分为计划的信息、作业的信息、核算的信息及报告的信息。

(4)按照对信息的期待性不同,建设监理信息分为预知的信息和突发的信息两类。

(5)按照信息的性质不同,建设监理信息分为生产信息、技术信息、经济信息和资源信息。

(6)按照信息的稳定程度,建设监理信息分为固定信息和流动信息等。

(四)监理信息的作用

1. 信息是监理工程师开展监理工作的基础

(1)建设监理信息是监理工程师实施目标控制的基础。

(2)建设监理信息是监理工程师进行合同管理的基础。

(3)建设监理信息是监理工程师进行组织协调的基础。

2. 信息是监理工程师决策的重要依据

监理工程师在开展监理工作时要经常进行决策。决策是否正确,直接影响着工程项目建设总目标的实现及监理单位和监理工程师的信誉。

二、建设工程监理信息管理的内容

(一)监理信息资料的收集

1. 收集监理信息的作用

在工程建设中,每时每刻都产生着大量多样的信息。收集监理信息既是进行信息处理的基础,又是运用信息的前提。

2. 收集监理信息的基本原则

(1)主动及时。

(2)全面系统。

(3)真实可靠。

(4)重点选择。

3. 监理信息收集的基本方法

监理工程师主要通过各种方式的记录收集监理信息,这些记录统称为监理记录,它是与工程项目建设监理相关的各种记录中资料的集合。监理记录通常可分为以下几类。

(1)现场记录:现场监理人员必须每天利用特定的表式或以日志的形式记录工地上所发生的事情。

(2)会议记录:由专人记录监理人员所主持的会议,并且要形成纪要,并经与会者签字确认,这些纪要将成为今后解决问题的重要依据。

(3)计量与支付记录:包括所有计量及付款资料。

(4)试验记录:除正常的试验报告外,试验室应由专人每天以日志形式记录试验室工作情况,包括对承包商的试验的监督、数据分析等。

(5)工程照片和视频。

(二)监理信息的加工整理

1. 监理信息的加工整理的作用和原则

监理信息的加工整理是对收集的大量原始信息,进行筛选、分类、排序、压缩、分析、比较、选择等过程。

2. 监理信息的加工整理的成果——各种监理报告

监理工程师对信息进行加工整理,形成各种资料,如各种来往信函、来往文件、各种指令、会议纪要、备忘录或协议和各种工作报告等。

《建设工程文件归档规范(2019 年版)》把监理单位保存的文件分为 3 大类 29 项,见表 7-2 所列。

表 7-2　建筑工程文件归档范围(监理单位)

类别	归档文件	保存单位				
		建设单位	设计单位	施工单位	监理单位	城建档案馆
工程准备阶段文件(A 类)						
A4	招投标文件					
1	工程监理招投标文件	▲			▲	
2	监理合同	▲			▲	▲
监理文件(B 类)						
B1	监理管理文件					
1	监理规划	▲			▲	▲
2	监理实施细则	▲		△	▲	▲
3	监理月报	△			▲	
4	监理会议纪要	▲		△	▲	
5	监理工作日志				▲	
6	监理工作总结				▲	▲
7	工作联系单	▲		△	△	
8	监理工程师通知	▲		△	△	△
9	监理工程师通知回复单	▲		△	△	△
10	工程暂停令	▲		△	△	▲
11	工程复工报审表	▲		▲	▲	▲
B2	进度控制文件					
1	工程开工报审表	▲		▲	▲	▲
2	施工进度计划报审表	▲		△	△	
B3	质量控制文件					
1	质量事故报告及处理资料	▲		▲	▲	▲

（续表）

类别	归档文件	保存单位				
		建设单位	设计单位	施工单位	监理单位	城建档案馆
2	旁站监理记录	△		△	▲	
3	见证取样和送检人员备案表	▲		▲	▲	
4	见证记录	▲		▲	▲	
B4	造价控制文件					
1	工程款支付	▲		△	△	
2	工程款支付证书	▲		△	△	
3	工程变更费用报审表	▲		△	△	
4	费用索赔申请表	▲		△	△	
5	费用索赔审批表	▲		△	△	
B5	工期管理文件					
1	工程延期申请表	▲		▲	▲	▲
2	工程延期审批表	▲			▲	▲
B6	监理验收文件					
1	工程竣工移交书	▲		▲	▲	▲
2	监理资料移交书	▲			▲	
施工文件(C类)						
E2	竣工决算文件					
1	监理决算文件	▲			▲	△

注：▲表示必须归档保存，△表示选择性归档保存。

监理资料归档容易出现以下问题：①归档范围不清楚，没有提前与业主沟通清楚；②工程资料缺少专人管理，监理单位对资料管理不重视；③监理办公设备不完善。

工作报告是主要的加工整理成果，这些报告有现场监理日报表、现场监理工程师周报、监理工程师月报。

(三)监理信息的贮存和传递

1. 监理信息的贮存

监理信息的贮存的作用是可汇集监理信息，建立监理信息库，有利于进行检索，可以实现监理信息资源的共享，促进监理信息的重复利用，便于监理信息的更新和剔除。

监理信息贮存的主要载体是文件、报告报表、图纸、视频(图片)材料等。

监理资料归档一般按以下几类进行：一般函件、监理报告、计量与支付资料、合同管理资料、图纸、技术资料、试验资料、工程照片。

2. 监理信息的传递

监理信息的传递是指监理信息借助一定的载体(如纸张、网络等)从信息源传递到使用者的过程。

监理信息在传递过程中形成各种信息流。信息流常有以下几种:自上而下的信息流、自下而上的信息流、内部横向信息流、外部环境信息流。

三、监理信息系统

(一)监理信息系统的概念与作用

1. 监理信息系统的概念

监理信息系统是根据详细的计划,为预先给定的定义十分明确的目标传递信息的系统。

2. 监理信息系统的作用

(1)规范监理工作行为,提高监理工作标准化水平。

(2)提高监理工作效率、工作质量和决策水平。

(3)便于积累监理工作经验。

[说一说]

监理信息系统的概念与作用是什么?

(二)监理信息系统的一般构成和功能

监理信息系统一般由两部分构成,一部分是决策支持系统,它主要完成借助知识库及模型库的帮助,在数据库大量数据的支持下,运用知识和专家的经验来进行推理,提出监理各层次,特别是高层次决策时所需的决策方案及参考意见。

另一部分是管理信息系统,它主要完成数据的收集、处理、使用及存储,产生信息提供给监理各层次、各部门和各个阶段,起到沟通作用。

1. 决策支持系统的构成和功能

(1)决策支持系统的构成

决策支持系统一般由人一机对话系统、模型库管理系统、数据库管理系统、知识库管理系统和问题处理系统组成。

(2)决策支持系统的功能

决策支持系统的主要功能如下。

① 识别问题:判断问题的合法性,发现问题及问题的含义。

② 建立模型。

③ 分析处理。

④ 模拟及择优。

⑤ 人一机对话:提供人与计算机之间的交互。

⑥ 根据决策者最终决策导致的结果修改、补充模型库及知识库。

2. 管理信息系统的构成和功能

监理工程师的主要工作是控制工程建设的投资、进度和质量,进行工程建设合同管理,协调有关单位间的工作关系。

管理信息系统一般由文档管理子系统、合同管理子系统、组织协调子系统、投资控制子系统、质量控制子系统和进度控制子系统构成。

四、常用监理软件简介

监理企业项目多、地点分散、难管控;监理人员业务水平不高、业务能力不强、责任心不足;行业口碑差、尊严指数低都是困扰监理行业的难题。

对建设单位而言,监理项目部人员的工作与管理水平直接反映了监理企业的管理水平。为了改变企业自身形象、提升企业竞争力与美誉度,监理企业都在不断创新与探索如何提升监理人员及监理项目部服务水平。

总监宝是工程建设监理信息化辅助管理系统。总监宝能够从基础研究做起,以人为核心、以项目为基础、以企业为主体,秉承提升监理尊严的愿景,以降低监理工作难度、减轻监理工作负担、体现监理工作成果、提升监理工作能力为使命。经过多年的创新与迭代,总监宝从最初的赋能个人工作到助力项目成功,再到提升企业数字化能力,持续定义先进监理工作与管理方式。

(一)功能介绍

总监宝是监理行业融专业与先进为一体的监理项目管理平台,是企业数字化转型升级的利器。总监宝能够以人为核心、以项目为基础、以企业为主体,通过工作在线、信息协同、价值展现三大理念助力监理企业、项目团队打造赋能型组织。

以监理项目管理为核心,围绕监理人员日常工作打造项目信息中心,实现极具价值的管理模式,并以此设计的项目多方轻量化协作平台(基于微信小程序),有效提升项目多方信息共享与协作能力,让监理工作更加智能、高效,让建设单位更加满意,如图 7-1 所示。

针对施工阶段监理工作的功能有以下几个方面:合同管理;进度控制;质量控制;投资控制;信息管理;安全管理;监理规划,提供监理规划模板,供用户参考补充修改使用;监理工作流程,提供工程实施各阶段监理工作流程,供用户参考。

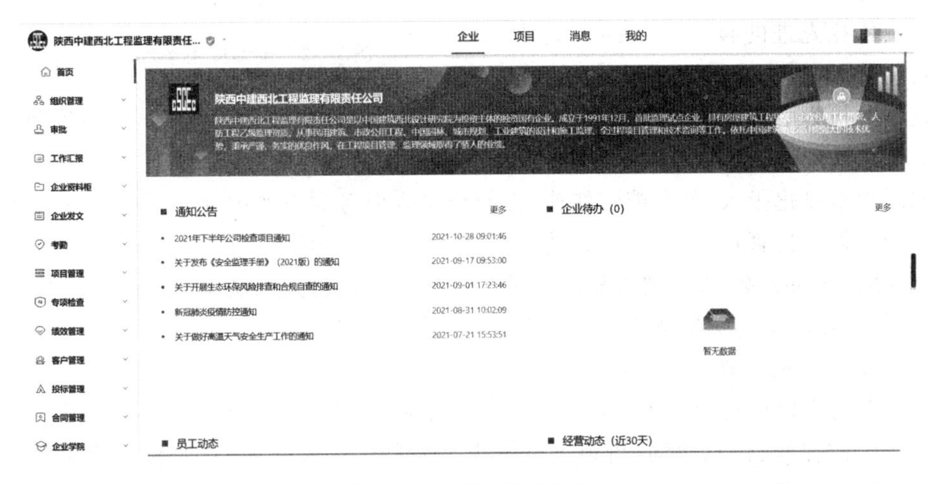

图 7-1 项目管理平台

1. 以人为核心

通过工作行为标准化与积分化重建监理信任得益于对监理人员工作行为的深入研究，在不改变人员工作行为的前提下，研发了监理现场人员工作管理所需的功能，简单、智能、易于操作等设计理念极大地提高了系统的可落地性，实现了监理人员工作行为的在线化与标准化。基于上述前提，系统创新性地将积分与工作融合，形成基于人员工作行为的积分体系，有效引导并解决了监理人员工作不到位、不作为的问题。同时，为了解决现场工作数据的真实、扁平的高效流转问题，总监宝通过自动生成项目群并内置智能群助手，对每个人的现场工作数据进行处理后实时推送至项目群，以数据赋能监理日常管理，有效解决各方对监理的满意度问题，重建监理信任。

2. 以项目为基础

通过数字化创新管理树立监理形象，项目数据统一管控、现场监理移动办公、现场数据实时可见、项目资料集中管理、项目动态分析一目了然。另外，助力智慧监理部搭建，依托总监宝项目投屏和视频监控，形成极具管理与展示价值的智慧监理部方案，如图 7-2 所示。

图 7-2 全部应用平台

3. 以企业为主体

依托先进的技术平台助力企业转型升级，以分布式计算为基础、大数据分析为引擎、SaaS 服务为入口，建设强壮、先进、高效的技术平台，并以每 4 周的迭代周期快速成长，以便为企业提供具有生命的软件服务，真正助力企业大幅减少信息化投入，并且能够快速、方便地接入业务。总监宝除了具备行业完善且专业的项目管理解决方案，还为企业提供了 OA(office automation，办公自动化)办公解决方案、经营管理解决方案、资产管理解决方案、数字权限分级解决方案、数字化决策与形象解决方案及企业学院解决方案等，如图 7-3 所示。

4. 数字化管理

总监宝以项目管理为核心、企业管理为基础，依托项目实时数据驱动管理，通过工作在线、信息协同、价值展现三大理念帮助监理企业、总监打造赋能型组织及团队，如图 7-4 所示。

图 7-3 企业管理平台

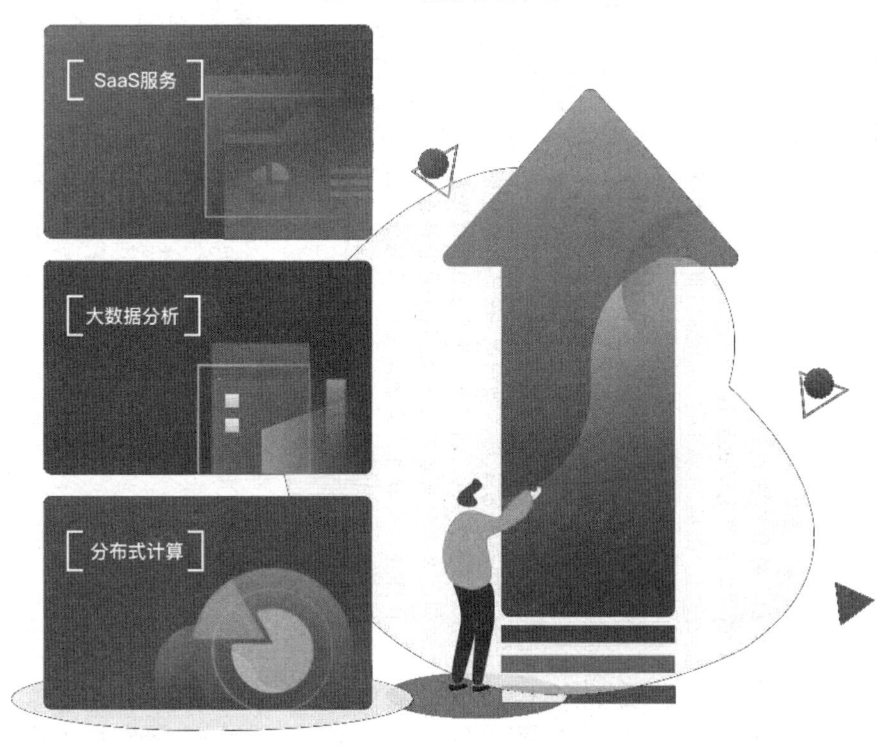

图 7-4 技术管理平台

5. 标准化工作

总监宝率先设计出考勤、巡视、验收、旁站、材料进场、重点事项跟踪、危大工程管理、收发文、资料完善等基础功能。

监理人员日常工作标准见表 7-3 所列。

总监理工程师、总监理工程师代表日常工作标准见表 7-4 所列。

项目资料员日常工作规范见表 7-5 所列。

表 7-3　项目监理人员日常工作标准一览表

序号	分类		名称	简要工作标准	备注	考核方式	考核得分	备注(得分规则)
1	日工作	每日必须完成工作	考勤	正常上班 8:30,正常下班 17:30。上、下班均需使用易营软件进行考勤。外勤的在签到、签退时予以说明原因。需要调休、请假的提前走审批流程。员工三天以下请假的由总监(或总代)批准,三天以上的由部门批准。根据工作需要夜间安排验收和值班	具体考勤时间按项目确定	软件考核	1+1 分	外勤要有说明及照片、审批。上午上班打卡外勤 10 分,下午下班打卡外勤 10 分。合计 20 分
2			值日	值日人员提前 10 分钟上班,打扫办公室卫生,整理图纸桌,擦拭电脑、打印机;其余监理人员整理自己办公桌	值日人员调休可顺延	总监考核		
3			统一装备	员工工作时间必须统一着装;进入工地必须佩带安全帽、智能手机、卷尺	可根据项目进度,携带其他工具	总监考核		考勤附工地背景自拍照,着装规范
4			晨会(会议)	总监、总代每日根据正常上班考勤情况,在易营软件中发起晨会,并邀请参会人员、确定开会时间;晨会首先汇报昨日遗留问题及今日重点跟踪事项,其次总监补充及安排当日工作并在易营软件中完成晨会任务;每个人在晨会时间及通过软件明确自己当日具体工作	资料员每日在晨会结束后第一时间打印当日晨会会议纪要,按时间顺序装订成册	软件考核	1~3 分	主持晨会 3 分,参加晨会 1 分。软件计划系统完善后由系统识别任务推送情况和落实情况
5			巡视	上午 9:00 开始巡视:根据晨会会议决议内容及易营软件巡视任务的分配情况,监理工程师、监理员对现场进行全覆盖性的巡视检查;巡视中需了解进度、质量、安全基本情况,人员、材料、机械配备情况及遗留问题的处理情况。巡视过程中发现有滞后于计划要求进度的工作、质量问题及安全隐患(常规通病除外)应及时通过易营软件中巡视应用进行通报(项目重点工作也应及时在项目管家协同平台进行通报),并在项目管家协同平台及现场要求施工管理人员关注。新开作业面,要求与图纸核对做法、材料是否相符。没处理把握的问题,拍照后发到内部群,总监、专业监理明确意见后解决	1. 根据工作内容,总监需合理安排每个人的巡视内容;前期监理工程师与监理员一起巡视,过程中指引监理员使其迅速成长。2. 具体巡视时间由项目确定。3. 每人每天应当发现一个问题,闭合一个问题	软件考核	2 分	同一时段内(上午、下午、夜间)单个单体需完成所有作业面的巡视,第一个作业面得 2 分,之后每添加一个作业面得 1 分。同一单体内多个作业面拆分为多个巡视任务,不得分。发现一例安全、质量问题得 1 分,闭合得 1 分

（续表）

序号	分类		名称	简要工作标准	备注	考核方式	考核得分	备注（得分规则）
5	日工作	每日必须完成工作	巡视	下午 2:30 开始巡视：工程师、监理员参加，主要关注项目重点事项及历史遗留问题整改处理情况，巡视过程中通过易营软件中的巡视应用在项目管家协同平台及时通报；发现新的问题斟酌、沟通后亦可通过软件及时通报并要求整改	1. 根据工作内容，总监需合理安排每个人的巡视内容；前期监理工程师与监理员一起巡视，过程中指引监理员使其迅速成长。2. 具体巡视时间由项目确定。3. 每人每天应当发现一个问题，闭合一个问题	软件考核	2 分	同一时段内（上午、下午、夜间）单个单体需完成所有作业面的巡视，第一个作业面得 2 分，之后每添加一个作业面得 1 分。同一单体内多个作业面拆分为多个巡视任务，不得分。发现一例安全、质量问题得 1 分，闭合得 1 分
6			个人日志	所有监理人员每天下午下班前在项目软件中完善自己的个人当日工作日志	监理人员应认真总结个人当天工作得失，记录个人每日工作心得，不少于 15 字	软件考核	1 分	个人总结不少于 15 字，低于 15 字不得分
7			监理日志	根据项目监理日志生成时间，在项目内部协同平台抢得监理日志任务的人员应认真编写当日工作日志中各项内容，保证真实有效且体现出我们监理人员的日常工作，然后报总监审批，审批不通过的重新编辑直至审批通过	资料员次日打印，按月装订成册	软件考核	3 分	通过抢任务得分，可转发其他人进行完善。第一个抢到任务得 3 分，接受他人转发进行完善的得 1 分

（续表）

序号	分类		名称	简要工作标准	备注	考核方式	考核得分	备注（得分规则）
8	日工作	每日临时任务	验收	监理人员必须24小时配合现场验收。白天上班时间接施工单位通知后20分钟内到达验收现场，非上班时间安排有值班人员的30分钟内到达验收现场，未安排值班人员的总监亲自组织验收。严禁委托施工单位自行验收，原则上模板和放线工作晚上不验收。不得以任何形式推诿，拖延验收。钢筋验收必须有部门认可的监理人员参加，未经部门认可的监理员不能独自进行钢筋的验收工作。验收完成后在离开验收工作面前应在易营软件中完成本次验收任务，在备注栏可以详细说明验收情况，并添加现场验收时照片	若验收中存在严重问题，可直接通过验收任务通报于项目管家协同平台，若问题较轻且现场易整改，可现场督促整改完成	软件考核	1～3分	主验收人3分，参与验收人1分。发现一例质量、安全问题得1分，闭合得1分。（分户验收、门窗、灯具、户内电力、安装系统等专项集中验收计分形式和内容待系统完善）
9	日工作	每日临时任务	材料（设备）进场验收	工程相关材料（设备）进场，必须验收；在施工工序所用材料，必须经过验收。施工单位不及时报验的，要及时在项目管家协同平台进场通报并要求报验，若提醒无果需发《监理通知单》要求报验。施工单位进场材料，必须与业主所确定品牌、样品一致；发现不一致时，需阻止进场，要求退场。业主无品牌样品要求的材料，必须符合规范要求。现场监理应建立现场施工材料、半成品业主确定品牌样品台账和样品柜，以便及时核对验收。验收同时应通过易营软件准确编辑材料名称、品牌、规格型号、数量、质量证明文件等内容，并在验收完成的同时提交材料进场任务，使各方在第一时间了解项目材料进场情况	在材料（设备）进场时，发现进场材料（设备）与业主确定品牌、样品不符合时，应跟踪督促施工单位及时退场，并在项目管家协同平台进行通报	软件考核	2分	每验收一次得2分，禁止将同一时间进场的同一型号、同一批次材料细分成多次验收

（续表）

序号	分类		名称	简要工作标准	备注	考核方式	考核得分	备注（得分规则）
10	日工作	每日临时任务	旁站	根据工程需要，工程师安排旁站工作，主要内容：跟踪施工单位管理人员是否到位，施工过程是否满足质量要求，是否存在安全隐患。在旁站开始时通过易营软件旁站应用，及时编辑旁站单位工程、部位、开始时间，旁站结束后编辑施工情况（可添加照片）、材料施工情况、结束时间，通过软件信息的推送使项目人员了解监理人员工作及现场施工情况	在隐蔽工程旁站中，若发现严重质量问题，应立即叫停现场施工，并向工程师及时反映	软件考核	2	所有旁站参与人员（工作交接）得 2 分，发现 1 例质量、安全问题得 1 分，闭合得 1 分（谁发现谁得分、谁闭合谁得分）
11			见证取样	实验见证：根据工程需要及规范要求，在现场做实验时监理人员必须参加，保证实验的真实性；监理人员在参加实验见证的同时在易营软件中创建实验见证任务，客观真实记录实验过程（可添加照片），并在现场实验完成后完成实验见证任务。 材料见证：根据工程需要及规范要求，对需做复试的进场材料进行见证取样；监理人员在见证取样同时在易营软件中创建材料见证任务，取样完成后，提交本次任务；在复试报告出来后，核查报告的时间与实验结果，并在易营软件见证取样未完成任务一栏中完成本次见证取样实验报告、实验结果等内容，并再次提交本次材料见证任务	（软件中具体内容由于无法测试，具体填写内容或需调整）	软件考核	2	材料见证每取样一次得 2 分，共同参与人得 1 分，实验见证人员和工作交接人员均得 2 分
12			监理内业	工作内容：1. 处理工程验收资料；2. 处理工作联系单；3. 处理工程签证；4. 与总监总代及甲方主管工程师、施工单位负责人沟通。5. 进一步检查核对图纸。要求：施工验收资料次日必须处理完成；工作联系单、工程签证单 24 小时内原则上不超过 3 天	监理内业应及时完成，参与到量化考核	总监考核		后期将开发收文审批功能，收到文后，收文人可将该收文转给相应责任人，履行审批处理手续

（续表）

序号	分类		名称	简要工作标准	备注	考核方式	考核得分	备注(得分规则)
13	日工作	每日临时任务	监理通知单	对于巡视过程中发现的质量安全隐患,在项目软件中通报后,施工单位未能及时整改且存在质量安全风险性,需发出《监理通知单》要求施工单位整改,对发出《监理通知单》施工单位仍不整改的(如土方回填、影响使用功能的试水、试压等),项目监理部要向业主发出《备忘录》报告,请求业主协调解决。危险性较大的分部工程不按论证后的方案实施,监理无效的,需向业主、公司、主管质监站书面报告。下发的通知单、备忘录资料员在项目软件中发文中同步添加	下发的通知单需及时上传至资料柜	总监考核		
14			收发文	文件的收发必须按部门标准执行。收发文过程需要通过项目软件予以记录	资料员缺岗时所有监理人员均有义务收文	软件考核	1分/次	
16			临时任务	在配合项目、部门工作及其他事情,项目总监在易营软件中分配临时任务的时候,应及时有效地完成,同时给予项目领导一个反馈		软件考核	3分	完成分配任务每次3分,开发再完善完成反馈机制
			沟通协调	根据项目现场需要,及时组织、沟通、协调各参建单位校差作业过程中产生的事项,使各参建单位顺利、有序地施工	1. 这项在监理工作中占很大一部分;2. 这一过程,可以考核总助或工程师的工作能力,也是新人学习的一个过程	总监考核		
17			资料柜	现场的资料文件需要上传至资料柜,包括收发的通知单、联系单等。除资料员外,其他人均可上传完善资料柜		软件考核+资料考核	1分/项	每上传一项得1分。(资料考核成绩影响总监对员工的打分)

（续表）

序号	分类	名称	简要工作标准	备注	考核方式	考核得分	备注（得分规则）
18	周工作	监理例会（专题会议）	根据项目要求，项目总监在开会前一天在易营软件中发起监理例会任务，并添加参会人员（一般情况，项目监理人员必须全部参加），明确开会具体时间；监理例会由项目总监主持，首先由施工单位对本周工作进行汇报，其次监理汇报本周监理对现场进度、质量、安全汇总 PPT，然后参建各方发言，明确问题处理及下周安排。最后由总监或会议纪要记录人员通报本次会议结论。在会议结束后，项目总监在易营软件中完成本次会议任务	1. 监理人员以 PPT 形式在每周例会前编制本周监理现场工作；2. 资料员一个工作日内打印监理例会纪要并下发参建单位（下发同时在易营软件中予以记录）	软件考核	3～10 分	外部会议。总监主持 3 分、监理人员参加会议均得 10 分
19	周工作	监理周报	在当周结束后项目软件推送周报编辑链接，抢得监理周报的监理人员在项目软件 PC 端进行周报的编辑，编辑完成后报呈总监审批，审批未通过进行重新编辑直至通过	（目前软件关闭此功能，具体软件提取部分、后续添加部分需后续详细说明）	软件考核＋资料考核	5 分	目前采取在电脑上编辑完成后上传资料柜相应位置的模式（资料考核成绩影响总监对员工的打分）
20	周工作	监理内部会议及定期培训	根据项目需要，对监理人员进行监理部内部培训，掌握新技术、新法规等，监理内部会议一般可与内部培训放到一起。在培训或内部会议开始前 2 小时，由培训人或会议主持人在易营软件会议中发起，明确参建人员与开会时间，会议过程中详细记录会议决议，会议结束后完成会议任务	资料员次日打印，按时间顺序装订成册	软件考核	1～3 分	内部会议。主持 3 分，参加 1 分
21	周工作	定期安全检查	每周一次，一般由监理单位标段负责人主持，施工单位安全负责人、安全员、业主和负责安全的监理工程师参加。全面检查现场临口、临边、临水、临电、施工机具、脚手架及施工平台、大型设备、防火防爆措施等；现场实时文字及图片记录，检查后形成安全隐患通知单并确定期限进行整改，监理人员在整改回复后应及时进行复查进行闭合。若仍不整改，可下发罚款单	监理人员在日常巡视中应关注安全检查问题整改落实情况。定期安全检查记录需要上传至资料柜	资料考核		资料考核成绩影响总监对员工的打分

（续表）

序号	分类	名称	简要工作标准	备注	考核方式	考核得分	备注（得分规则）
22	月工作	监理月报	在当月结束后项目软件推送月报编辑链接，抢得监理月报的监理人员在项目软件 PC 端进行月报的编辑，编辑完成后报呈总监审批，审批未通过进行重新编辑直至通过	（目前软件关闭此功能，具体软件提取部分、后续添加部分需后续详细说明）	软件考核＋资料考核	10 分	目前采取在电脑上编辑完成后上传资料柜相应位置的模式（资料考核成绩影响总监对员工的打分）
23		月度质量安全监理工作安排	由总代、总助按部门标准模式及项目实际情况编写，编写后报总监审批，每月 5 日前向业主、部门报告		资料考核		资料考核成绩影响总监对员工的打分
24	年工作	年度总结	项目监理人员应在年末对本人本年度工作做一总结；项目总监应对本项目做一年度工作总结		总监考核		
25		量化考核	项目每位监理人员应做好本职工作，积极配合部门、公司每次量化考核，并对量化考核结果认真分析，查漏补缺		总监考核		
26		年前培训	项目每位成员应积极参加部门每年集体培训，培训后结构考试		/		
27	其他	完善软件中项目信息	项目第一负责人或授权人，根据项目实时信息的更新、人员的添加完善项目基本信息		/		
28		配合软件开发	在使用软件过程中发现软件问题及时反馈给项目软件协助人员或直接反馈给部门软件开发人员		/		
29		配合公司部门检查	项目全体成员积极配合公司、部门的年度、季度量化考核和实测试量检查等		/		

备注：1. 此标准编制对象主要为项目监理人员中监理工程师、监理员、资料员（不包含成本工程师工作，包含少量总监、总代工作）。2. 易营软件中每项应用操作指南另附。3. 编制依据《建设工作监理规范》、项目协同服务系统要求，项目监理人员实际工作及职责具为入手点，具体细化。

表 7－4　项目监理第一负责人日常工作标准一览表

序号	分类		名称	简要工作标准	备注	考核方式	分数	备注（得分规则）
1	日工作	每日必须完成工作	考勤	1. 正常上班 8:30，正常下班 17:30，上、下班均需使用易营软件进行进行考勤	具体考勤时间按项目确定	软件考核	2	此 7 分为总监每日必得分
2				2. 外勤的在签到、签退时予以说明原因。需要调休、请假的提前走审批流程				
3				3. 负责审批项目员工三天以内的请假，三天以上的由部门批准				
4				4. 根据现场工作需要安排夜间验收、巡视和值班				
5			统一装备	安排员工工作时间必须统一着装；进入工地必须佩带 1. 安全帽，2. 智能手机，3. 卷尺	可根据项目进度，携带其他工具	资料考核	/	
6			每日工作安排	根据现场情况，每日早上班后在易营软件中确定时间并发起晨会。晨会首先汇报昨日遗留问题及今日重点跟踪事项，其次总监补充及安排当日工作并在易营软件中完成晨会任务；每个人在晨会时间及通过软件明确自己当日具体工作	资料员每日在晨会结束后第一时间打印当日晨会会议纪要，按时间顺序装订成册	资料考核	/	
7			巡视	总监每日最少巡视现场作业面一次	1. 总监巡视时，需邀请单位工程责任监理人员共同参加，过程中发现的问题及时指引监理员处理。2. 新开作业面和重点关注作业，总监必须巡视	软件考核	2	
8			个人日志	所有监理人员每天下午下班前在项目软件中完善自己的个人当日工作日志	第一负责人应记录个人每日工作日志，当日工作备忘和明日工作安排	软件考核	1	
9			审批项目监理日志	根据项目监理日志生成时间，在项目内部协同平台抢得监理日志任务的人员应认真编写当日工作日志中各项内容，保证真实有效且体现出项目监理人员的日常工作，提交报总监审批，审批不通过的重新编辑直至审批通过	资料员次日打印，按月装订成册	软件考核	2	

（续表）

序号	分类		名称	简要工作标准	备注	考核方式	分数	备注（得分规则）
10	日工作	每日临时任务	参与或安排验收	监理人员必须24小时配合现场验收。白天上班时间接施工单位通知后20分钟内到达验收现场，非上班时间安排有值班人员的30分钟内到达验收现场，未安排值班人员的总监亲自组织验收。严禁委托施工单位自行验收，原则上模板、钢筋和测量放线工作晚上不验收。不得以任何形式推诿、拖延验收。钢筋验收必须有部门认可的监理人员参加，未经部门认可的监理员不能独自进行钢筋的验收工作。验收完成后在离开验收工作面前应在易营软件中完成本次验收任务，在备注栏可以详细说明验收情况，并添加现场验收时照片	第一负责人应参与或安排验收工作。未安排验收的总监验收。若验收中存在严重问题，可直接通过验收任务通报于项目管家协同平台，若问题较轻且现场易整改，可现场督促整改完成	软件考核	2	
11			参与或安排材料（设备）进场验收	工程相关材料（设备）进场，由专业工程师验收；在施工工序所用材料，必须经过验收。施工单位不及时报验的，要及时在项目管家协同平台进场通报并要求报验，若提醒无果需发《监理通知单》要求报验。施工单位进场材料，必须与业主所确定品牌、样品一致；发现不一致时，需阻止进场，要求退场。业主无品牌样品要求的材料，必须符合规范要求。现场监理应建立现场施工材料、半成品业主确定品牌样品台账和样品柜，以便及时核对验收。验收同时应通过易营软件准确编辑材料名称、品牌、规格型号、数量、质量证明文件等内容，并在验收完成的同时提交材料进场任务，使各单位都能清楚看见	在材料（设备）进场时，发现进场材料（设备）与业主确定品牌、样品不符合时，应跟踪督促施工单位及时退场，并在项目管家协同平台进行通报	软件考核	2	
12			参与或安排旁站	根据工程需要，工程师安排旁站工作，主要内容：跟踪施工单位管理人员是否到位，施工过程是否满足质量要求，是否存在安全隐患。在旁站开始时通过易营软件旁站应用，及时编辑旁站单位工程、部位、开始时间，旁站结束后编辑施工情况（可添加照片）、材料施工情况、结束时间，通过软件信息的推送使项目人员了解监理人员工作及现场施工情况	在隐蔽工程旁站中，若发现严重质量问题，应立即叫停现场施工，并向工程师及时反映，监理员旁站结束后立即生成纸质版旁站记录打印存档	软件考核	2	

（续表）

序号	分类		名称	简要工作标准	备注	考核方式	分数	备注（得分规则）
13	日工作	每日临时任务	参与或安排见证取样	实验见证：根据工程需要及规范要求，在现场做实验时监理人员必须参加，保证实验的真实性；监理人员在参加实验见证的同时在易营软件中创建实验见证任务，客观真实记录实验过程（可添加照片），并在现场实验完成后完成实验见证任务。 材料见证：根据工程需要及规范要求，对需做复试的进场材料进行见证取样；监理人员在见证取样同时在易营软件中创建材料见证任务，取样完成后，提交本次任务；在复试报告出来后，核查报告的时间与实验结果，并在易营软件见证取样未完成任务一栏中完成本次见证取样实验报告、实验结果等内容，并再次提交本次材料见证任务	（软件中具体内容由于无法测试，具体填写内容或需调整）	软件考核	2	
14			资料处理	工作内容：1. 处理工程验收资料；2. 处理工作联系单；3. 处理工程签证；4. 与总监总代及甲方主管工程师、施工单位负责人沟通。5. 进一步检查核对图纸。要求：施工验收资料次日必须处理完成；工作联系单、工程签证单 24 小时内原则上不超过 3 天	第一负责人应督促所有监理人员资料处理；监理内业应及时完成，参与到量化考核；所有到监理资料，原则上应三天内处理完成。不能处理的资料应做备忘	资料考核		资料考核成绩影响第一责任人季度考核绩效
15			监理通知单	对于巡视过程中发现的质量安全隐患，在项目软件中通报后，施工单位未能及时整改且存在质量安全风险性，需发出《监理通知单》要求施工单位整改，对发出《监理通知单》施工单位仍不整改的（如土方回填、影响使用功能的试水、试压等），项目监理部要向业主发出《备忘录》报告，请求业主协调解决。危险性较大的分部工程不按论证后的方案实施，监理无效的，需向业主、公司、主管质监站书面报告。下发的通知单、备忘录资料员在项目软件中发文中同步添加	总监应根据情况及时下发有关资料、管理体系、质量、安全、进度相关的监理通知单；并跟踪通知单的履行整改情况	资料考核		

（续表）

序号	分类		名称	简要工作标准	备注	考核方式	分数	备注（得分规则）
16	日工作	每日临时任务	收发文	文件的收发必须按部门标准执行。收发文过程需要通过项目软件予以记录	资料员缺岗时所有监理人员均有义务收文	资料考核		资料考核成绩影响第一责任人季度考核绩效
17			审批施工单位申报资料	及时审批施工单位申报的开工报告、施工组织设计（方案）、工作联系单、工程签证、付款凭证、工程结算等		资料考核		
18			临时任务	在配合项目、部门工作及其他事情，项目总监在易营软件中分配临时任务的时候，应及时有效地完成，同时给予项目领导一个反馈		资料考核		
19			沟通协调	根据项目现场需要，及时组织、沟通、协调各参建单位较差作业过程中产生的事项，使各参建单位顺利、有序地施工	提交项目的：1. 这项在监理工作中占很大一部分；2. 这一过程，可以考核总助或工程师的工作能力，也是新人学习的一个过程	满意度调查		
20	周工作		主持监理例会（专题会议）	根据项目要求，项目总监安排总助在开会前一天在易营软件中发起监理例会任务，并添加参会人员（一般情况，项目监理人员必须全部参加），明确开会具体时间；监理例会由项目总监主持，首先由施工单位对本周工作进行汇报，其次监理汇报本周监理对现场进度、质量、安全汇总 PPT，然后参建各方发言，明确问题处理及下周安排。最后由总监或会议纪要记录人员通报本次会议结论。在会议结束后，项目总监在易营软件中完成本次会议任务	1. 以 PPT 形式汇编上周工程情况，形成监理周报。2. 资料员一个工作日内打印监理例会纪要并下发参建单位（下发同时在易营软件中予以记录）；3. 形成书面监理例会结论，参会单位手签	软件考核＋资料考核	3	

（续表）

序号	分类	名称	简要工作标准	备注	考核方式	分数	备注（得分规则）
21	周工作	审批周进度计划	根据总进度计划对照审核周度计划并给出审核意见				
22		Eplan周工作安排	安排总助根据总监审批的周进度计划，将周计划录入 Eplan 系统中并安排周监理工作				
23		审核监理周报	在当周结束后项目软件推送周报编辑链接，抢得监理周报的监理人员在项目软件 PC 端进行周报的编辑，编辑完成后报呈总监审批，审批未通过进行重新编辑直至通过	（目前软件关闭此功能，具体软件提取部分、后续添加部分需后续详细说明）	软件考核＋资料考核	3	
24		监理内部会议及定期培训	根据项目需要，对监理人员进行监理部内部培训，掌握新技术、新法规等，监理内部会议一般可与内部培训放到一起。在培训或内部会议开始前 2 小时，由培训人或会议主持人在易营软件会议中发起，明确参建人员与开会时间，会议过程中详细记录会议决议，会议结束后完成会议任务	资料员次日打印，按时间顺序装订成册	软件考核＋资料考核	3	
25		组织定期安全检查	每周一次，一般由监理单位标段负责人组织、主持，施工单位安全负责人、安全员、业主和负责安全的监理工程师参加。全面检查现场临口、临边、临水、临电、施工机具、脚手架及施工平台、大型设备、防火防爆措施等；现场实时文字及图片记录，检查后形成安全隐患通知单并确定期限进行整改，监理人员在整改回复后应及时进行复查进行闭合。若仍不整改，可下发罚款单	监理人员在日常巡视中应关注安全检查问题整改落实情况	资料考核		资料考核成绩影响第一责任人季度考核绩效
26		监理人员值班安排及检查	总监根据项目人员情况安排办公室、宿舍值日，人员休假安排及调整。检查办公室、宿舍卫生清洁整理情况	详见《监理人员休假值班表》《办公室卫生检查表》《宿舍卫生检查表》			

（续表）

序号	分类	名称	简要工作标准	备注	考核方式	分数	备注（得分规则）
27	月工作	组织、审核监理月报	在当月结束后项目软件推送月报编辑链接，抢得监理月报的监理人员在项目软件PC端进行月报的编辑，编辑完成后报呈总监审批，审批未通过进行重新编辑直至通过。上传资料柜	（目前软件关闭此功能，具体软件提取部分、后续添加部分需后续详细说明）	软件考核＋资料考核	3	审批得3分。目前采取在电脑上编辑完成后上传资料柜相应位置的模式。（资料考核影响总监绩效考核）
28		审批月度进度计划	根据总进度计划对照审核月进度计划并给出审核意见				
29		月度质量安全监理工作安排	由总代、总助按部门标准模式及项目实际情况编写，编写后报总监审批，每月5日前向业主、部门报告。上传资料柜	《月度监理工作安排》	资料考核		（资料考核影响总监绩效考核）
30		工程资料检查	总监每月应对当月监理应完成工程资料进行检查，并督促监理工程师处理施工资料		资料考核		（资料考核影响总监绩效考核）
31		进度、安全风险评估报告	组织总助根据当月月底前实际施工情况结合各种法规、规范分别编写月进度和月安全与文明施工风险评估报告，总监签字盖章审批		资料考核		（资料考核影响总监绩效考核）

（续表）

序号	分类	名称	简要工作标准	备注	考核方式	分数	备注（得分规则）
32	月工作	对员工考核	次月初总监对上月项目员工进行考核，考核成绩影响员工绩效考核的百分比		绩效考核		员工得分影响第一责任人季度考核绩效
33		建设单位满意度调查	次月5号前向四部反馈《建设单位月度满意度调查表》	监理员本月25—30日期间打印盖章向建设单位报送	绩效考核		量化考核成绩影响第一责任人季度考核绩效
34	年工作	审批年度进度计划	根据总进度计划对照审核年度进度计划并给出审核意见				
35		年度及半年总结	项目总监应在年中和年末对本人工作做总结				
36	其他	配合公司部门检查	项目全体成员积极配合公司、部门的年度、季度量化考核和实测试量检查等		量化考核		量化考核成绩影响第一责任人季度考核绩效
37		完善软件中项目信息	项目第一负责人或授权人，根据项目实时信息的更新、人员的添加完善项目基本信息				
38		配合软件开发	在使用软件过程中发现软件问题及时反馈给项目软件协助人员或直接反馈给部门软件开发人员				
39		配合办公司工作	积极配合部门办公室的工作				
40		项目部报销	在规定时间按照财务报销要求对项目报销费用进行处理				

（续表）

序号	分类		名称	简要工作标准	备注	考核方式	分数	备注（得分规则）
41	其他	整体管理	安排项目机构员工食宿	项目人员进驻项目前，总监提前熟悉项目地理环境、交通状况、食宿条件，妥善安排好准备进驻项目员工的吃住后勤工作				
42			项目机构员工工作分工安排	项目人员进驻项目后，总监根据工程进度展开情况，及时对项目部员工进行工作分工安排，遇有人员变动或工作面增减时，总监及时调整分工	资料员及时将每次的工作分工表打印，经总监签字盖章后发送到各责任主体单位			
43			第一次监理例会	第一次监理例会由建设单位组织、主持，总监采用 PPT 形式对项目监理工作向各参建单位进行监理工作交底	资料员会后单独打印签字盖章的监理工作交底书发送到各责任主体单位			
44			编制多方单位管理手册	总监根据监理合同内容，编制多方管理手册，明确各方合同具体工作和相互配合要求、程序、流程	资料员打印经多方单位共同签字盖章确认后发送到各责任主体单位			
45			监理费收取	根据合同约定和付款条件、建设单位付款格式及时向建设单位报审和收取监理费	填写开具发票申请交商务部开具发票报送建设单位			
46			与建设单位配合	及时与建设单位项目负责人协商完善质量监督备案、监理备案、施工许可证和开竣工及备案验收手续	资料员书面工作联系单下发			

（续表）

序号	分类		名称	简要工作标准	备注	考核方式	分数	备注（得分规则）
47	其他	熟悉图纸	项目工程工序分解总览表	组织专业监理工程师根据设计图纸内容和审批的施工单位施工组织设计、检验批划分计划书内容编制项目工序总览表，总监签字审核实施				
48			编审全构件检查台账	组织总助根据设计图纸内容和审批的施工单位施工组织设计、检验批划分计划书内容编制全构件检查台账，总监签字审核实施				
49			编制项目分解结构表（WPS、PBS）	编制 Microsoft Visio 项目分解结构表（WBS、PBS）	资料员打印张贴上墙			
50			参加或组织设计交底及图纸答疑会审	当建设单位未组织时，总监向建设单位提出，由总监组织主持图纸设计交底和图纸答疑会审会议	资料员汇总整理各单位提出的图纸疑问，统一打印，交由设计单位签字盖章答复			
51			审核竣工图	组织各专业监理工程师分专业在单位工程竣工预验收和档案馆对工程资料初步验收前签审总包单位编制的竣工图				

（续表）

序号	分类		名称	简要工作标准	备注	考核方式	分数	备注（得分规则）
52	其他	监理内业准备工作	编制1～4级总进度计划	总监根据施工承包合同、甲方节点要求、设计图纸、施组，采用Office Project编制分解1～4级总进度计划。安排总助将深化的进度计划录入EPLAN系统中运行	资料员将1～4级总进度计划电子版下发给总承包施工单位继续深化至5～6级（大型项目完善双代号网路图）			
53			质量、职业健康安全管理方案	总监安排专业监理工程师定期编制项目环境、职业健康安全目标、指标管理方案，总监签字签章审核实施	资料员将总监的评审统一打印，签字盖章留存			
54			质量、职业健康安全管理评审	总监定期对项目监理机构、项目部员工进行质量、职业健康安全管理评审				
55			编制项目监理策划书	项目机构进驻现场前，总监根据设计图纸内容，采用PPT形式和纸质版形式编制《项目监理策划书》				
56			组织编审监理实施细则	总监分专业、分阶段地组织项目专业监理工程师提前熟悉设计图纸、规范、施工组织设计、专项施工方案、地方性政策、国家行业政策等文件，安排专业监理工程师编写专业范围内的监理实施细则，总监审批实施				
57			编制监理规划	总监根据项目监理合同内容、国家法律法规、地方性政策规定等文件，编制有针对性的项目监理规划书，报公司统一装订，经公司技术负责人签字审批、公司签章后在项目实施				

备注：1. 此标准编制对象主要为项目第一负责人。2. 易营软件中每项应用操作指南另附。3. 编制依据《建设工作监理规范》、项目管家协同平台要求。

表 7-5　项目资料员日常工作规范

工作内容	序号	工作标准	考核方式	备注
一、档案盒整理、资料整理规范化	1	负责监理工程资料案卷，做好资料的收集、审查、整理、编目录等工作，保证工程资料字迹清楚、图样清晰、图表整洁和便于查找，工作与工程进度同步	月度指导符合归档规范	
	2	档案盒应整齐美观、按序排放，标识规范、清楚。各独立卷的总目录应粘贴于资料盒内。各册、各档案盒资料均编有目录，避免不同类别的资料混装		
	3	资料盒内装填应为同类或相关资料，按总目录顺序整齐放置盒内		
	4	卷内资料编号应符合施工时间或文件形成时间顺序放置		
	5	资料盒封面与侧签粘贴注明盒号及资料主要内容、规格按公司的要求执行，字号与字数与字条尺寸相匹配		
	6	负责各参建单位提交的资料份数、规格、形式及完整性和规范性，必须满足建设方及档案馆的要求		
	7	同一事项文件的请示与批复（如开工报审和开工报告等）、同一文件的印本与定稿主体与附件不应分开，并案批复在前请示在后，印本在前定稿在后，主体在前附件在后的顺序排列		
	8	施工过程中，定期对施工单位资料情况进行检查和按照 04 修订后的省表或统一标准进行指导		按甲方及档案馆要求确定
	9	负责竣工资料的整理和汇总，按档案接收部门要求整理、装订工程竣工资料，竣工验收后按要求移交档案馆、建设单位、监理单位、监理四部竣工资料		档案馆不装订

（续表）

工作内容	序号	工　作　标　准	考核方式	备注
二、工程准备阶段工作	1	中标通知书及施工许可证、规划许可证	软件考核＋资料考核项目（准备阶段资料收集后要求在管家协同平台资料柜上传）	收文类型（缺项资料要求上报联系单，并上传）
	2	各种施工合同、施工单位资质、施工管理人员名单及人员资质		电子版的基础上将盖章部分扫描上传、人员资质要求盖章，有抄件备注
	3	委托监理工程的监理合同、项目监理部总监及监理人员组成及资质、项目印章使用函		项目人员进驻项目后，总监根据工程进度展开情况，及时对项目部员工进行工作分工安排，遇有人员变动或工作面增减时，总监及时调整分工。监理企业资质的收集要求及时更新，资质要求加盖公章和抄件齐全；项目部人员资质收集齐全并及时更新
	4	监理规划、监理实施细则、监理安全应急预案		审批、签字手续齐全，盖章齐全
	5	施工图审查意见书及施工图审查报告		/
	6	质量监督登记书		/
	7	见证取样和送检人员备案表		/
	8	岩土工程勘察报告		/
	9	施工图会审记录、工程洽商记录		量化考核＋资料柜考核
	10	经监理（或业主）批准所施工组织设计或施工方案、危大工程专项方案		量化考核＋资料柜考核
	11	开工报审、开工报告		审批、签字手续齐全，盖章齐全
	12	施工现场质量管理检查记录		有结论，盖章齐全，签署日期在开工报告之前

(续表)

工作内容	序号	工　作　标　准	考核方式	备注
三、监理过程文件	1	监理月报(参与监理月报的填写,月底完成月报中投资控制部分和月度监理工作统计表部分)	每月上传一次软件考核+资料考核	(目前软件关闭此功能,具体软件提取部分、后续添加部分需后续详细说明)
	2	监理会议纪要、图纸会审会议纪要、工程竣工验收会议纪要、专题会议纪要(资料员在一个工作日内打印监理例会纪要并下发参建单位,同时在易营软件中上传,做好发文记录;形成书面监理例会结论之后,参会单位手签,资料员次日打印,按时间顺序装订成册)	例会每周一次(根据项目实际确定)软件考核+资料考核	第一次监理例会由建设单位组织、主持,总监采用 PPT 形式对项目监理工作向各参建单位进行监理工作交底。资料员会后单独打印签字盖章的监理工作交底书发送到各责任主体单位)
	3	监理通知单(下发的通知单、备忘录;资料员在项目软件中发文中同步添加,并统计通知单的履行整改情况)	一周至少三份	汇总通知单回复情况(资料目录显示)
	4	旁站监理记录	月度考核	
	5	监理周报	每周一次	
	6	监理总结	年总结、竣工总结	
	7	见证取样试验检测报告	月度考核+量化考核	
	8	分项工程质量验收记录表	月度考核+量化考核	
	9	分部(子分部)工程质量验收记录	月度考核+量化考核	
	10	建筑节能分部工程质量验收记录	月度考核+量化考核	
	11	涉及消防、安全、卫生、环保、节能的材料、设备的检测报告或法定机构出具的有效证明文件		

（续表）

工作内容	序号	工　作　标　准	考核方式	备注
四、竣工验收与备案文件	7	工程质量评估报告（基础工程、主体工程、单位工程）	月度考核＋量化考核	
	8	专家组竣工验收意见		
	9	规划、消防、环保、民防、防雷等部门出具的认可文件或准许使用文件		
	10	地基验槽记录		
	11	工程定位测量记录		
五、每日工作安排	1	正常上班8:30，正常下班17:30，上、下班均需使用易营软件进行考勤	软件考核	具体考勤时间按项目确定（资料群月底培训时成立）
	2	外勤在签到、签退时予以说明原因，需要调休、请假的提前走审批流程，外勤需要在资料群提醒		
	3	负责审批项目员工三天以内的请假，三天以上的由部门批准		
	4	资料章的保管和使用：要求资料章不得外借他单位单独使用	资料考核	
	5	与参建单位各资料员对接和沟通		
	6	根据现场情况，每日早上上班后召开晨会。晨会首先汇报昨日遗留问题及完成总监今日重点工作安排，每个人在晨会时间及通过软件明确自己当日具体工作		
	7	收集需总监或总代签字的文件，要求及时，要有时效性		资料员落实资料处理情况，督促所有监理人员资料处理
六、关注	1	每日关注监理内部交流平台，督促并收集相关资料文件（材料进场、验收、交底等）	软件考核	要求资料与现场同步

（续表）

工作内容	序号	工　作　标　准	考核方式	备注
七、工程材料的收文要求	1	进场材料：同一规格型号的施工物资、质量证明资料排列顺序为进场清单、进场验收记录出场检测报告、型式检验报告、生产厂家资质合格证粘贴单，有见证取样的材料最后附复试报告（复印件）		复试报告（原件）要求有复试委托单一套统一归档资料盒内
八、收文、发文	1	资料管理员每天项目监理日志生成时间前在项目软件中完善当日所有收发文工作	软件考核和量化考核	量化考核＋资料柜考核
	2	收集验收资料、工作联系单、工程签证并及时传达监理工程师处理，做好传阅记录，过程资料次日必须处理完成并及时收、发文，做好收发文记录，原则上项目不积压资料		量化考核＋资料柜考核
十一、收、发文	1	文件的收发必须按部门标准执行，收发文过程需要通过项目软件予以记录	资料考核	资料员缺岗时所有监理人员均有义务收文
十二、临时任务	1	积极配合项目、部门工作		
	2	项目全体成员积极配合公司、部门的年度、季度量化考核和实测试量检查等		
	3	服从项目部负责人安排项目部费用报销和日常办公用物品领用		
	4	到自己分配的项目的资料支持和培训		

备注：1. 此标准编制对象主要为资料员；2. 编制依据：《建设工作监理规范》（GB/T 50319—2013）、《建筑工程施工质量验收统一标准》（GB 50300—2013）、《建设工程文件归档规范》（GB/T 50328—2014）、项目协同平台要求。

系统将现场监理人员的线下工作模式搬到线上，首先通过系统内置的巡视、验收、旁站、材料进场等模块将监理人员的工作行为进行了规范化、标准化。其次，现场人员通过验收、危险源、危大工程等模块内置的标准检查项对现场进行相应的检查工作。最后，通过项目看板、问题管理模块收集汇总工作过程中所发现的质量、安全等问题，从发现—跟踪—闭合形成任务整个过程的闭环。各职位人员通过总监宝各专业模块的应用，帮助企业管好项目现场，如图 7 - 5 所示。

图 7 - 5　标准化工作平台

上述看到的工作一览表与总监宝提供的全面支撑功能来助力监理工作标准化工作，快速推进监理工作在线化，这并不是标准化的目的。标准化的目的是通过这些在线化的数据，自动形成灵活、强大的日常日志文件，形成丰富的报表数据提升管理，形成更加智能的预警机制辅助管理。

6. 安全管理

安全管理系统内置房建、市政等危险源标准数据，指导对项目进行危险源、危大工程的全体系化检查，并根据检查数据形成极具价值的安全统计分析和检查统计分析数据，将助力项目安全真正可控、可分析。

总监宝对这些现实场景数据进行分析与梳理，提供真正可以落地并指导日常人员安全管理的功能模块，通过对检查数据进行分析汇总，形成具有预判安全风险价值的能力。

危大工程的全体系化管理，确保项目现场危大管理万无一失。

另外，对每项危大工程都进行如下四个部分的针对性检查与管理。

(1)危大问题：针对此危大事项进行专项检查产生的问题进行集中管理。

(2)现场检查：针对此危大事项进行专项检查、集中统计。

(3)流程检查：针对此危大事项执行到的必要流程进行可视化管理。

(4)资料检查：针对此危大事项形成的资料进行集中管理。

依托总监宝，进行数字化的安全管理将极大提升企业、项目对安全的管控、预判能力，真正做到安全管理心中有“数”，如图 7 - 6 所示。

7. 质量管理

依托强大的技术团队、先进的技术架构、灵活易用的产品设计理念，总监宝正在加速向数字化工程项目管理平台迈进，如图 7－7 所示。

图 7－6　安全管理平台　　　　图 7－7　质量管理平台

8. 资料管理

总监宝的资料管理系统能有效解决企业级资料存储与共享、项目资料管理检查存储及整改通报等问题，根据人员每天所做的工作自动汇总生成的文件（包括监理日志、监理安全日志、巡视记录表等资料），还包括项目各阶段所需要手动上传的一次性资料，以便于企业可以通过线上方式对监理部资料进行实时考核，不管项目距离远近，可以随时随地快速、有效地检查资料的完整性，如图 7－8 所示。

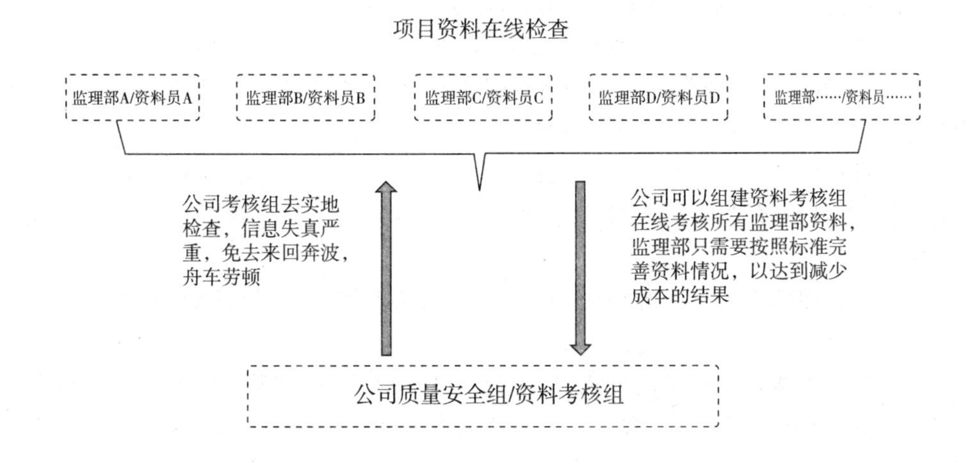

图 7-8　资料管理平台

(二)应用举例

1. 智慧监理部

智慧监理部能实现现场信息多方管理人员的实时查看与共享问题，有效提升监理价值，充分展现监理工作成果等，如图 7-9 所示。

通过将日常项目工作数据实时动态呈现，打造项目智慧监理部全体系解决方案，不仅能解决监理部实时工作被看到的问题，还能将监理打造成引领项目数字化、智慧化的排头兵，充分展现监理在项目管理中的重要位置。

项目投屏由以下内容构成：项目基本信息、项目工作总览、项目今日施工情况、项目今日进场情况、项目资料进展情况、项目今日到岗情况、项目问题跟踪、现场实时动态。

智慧监理部由以下内容构成：项目投屏、视频监控、二维码、PVC 背板。

2. 多方协同

通过采用微信小程序的方式，建设单位通过扫码，实现现场信息多方管理人员的实时查看与共享问题，有效解决监理工作认可度及价值不被认可问题。

图 7-9　智慧监理部平台

以监理项目管理为核心，围绕监理人员日常工作打造项目信息中心，实现极具价值的管理模式，并以此设计的项目多方轻量化协作平台（基于微信小程序），有效提升项目多方信息共享与协作能力，让监理工作更加智能、高效，让建设方更加令人满意，如图 7-10 所示。

图 7-10　多方协同平台

思考题

1. 监理规划、监理细则两者之间的关系是什么?

2. 监理规划、监理细则的编制依据和要求是什么?

3. 监理规划、监理细则的主要内容有哪些?

4. 项目监理机构需要制定哪些工作制度?

5. 项目监理机构控制建设工程三大目标的工作内容有哪些?

6. 监理规划、监理细则的报审程序和审核内容分别是什么?

7. 主要的监理文件资料有哪些? 编制时应注意什么?

8. 项目监理机构对监理文件资料的管理职责有哪些?

9. 监理文件资料的编制质量要求有哪些?

10. 根据《建设工程文件归档规范(2019 年版)》,监理文件的归档范围有哪些?

11. 需要归档的监理文件资料验收有哪些要求?

12. 总监宝软件的主要功能有哪些?

第八章 建设工程项目管理服务

【教学目标】

1. 了解：全过程咨询及国际工程咨询与组织实施模式。

2. 熟悉：风险辨识、评估，建设工程风险对策。

3. 掌握：建设工程项目风险管理的概念，建设工程风险的分类，风险辨识的方法，风险度量，风险评估，损失控制，风险转移。

【知识链接】

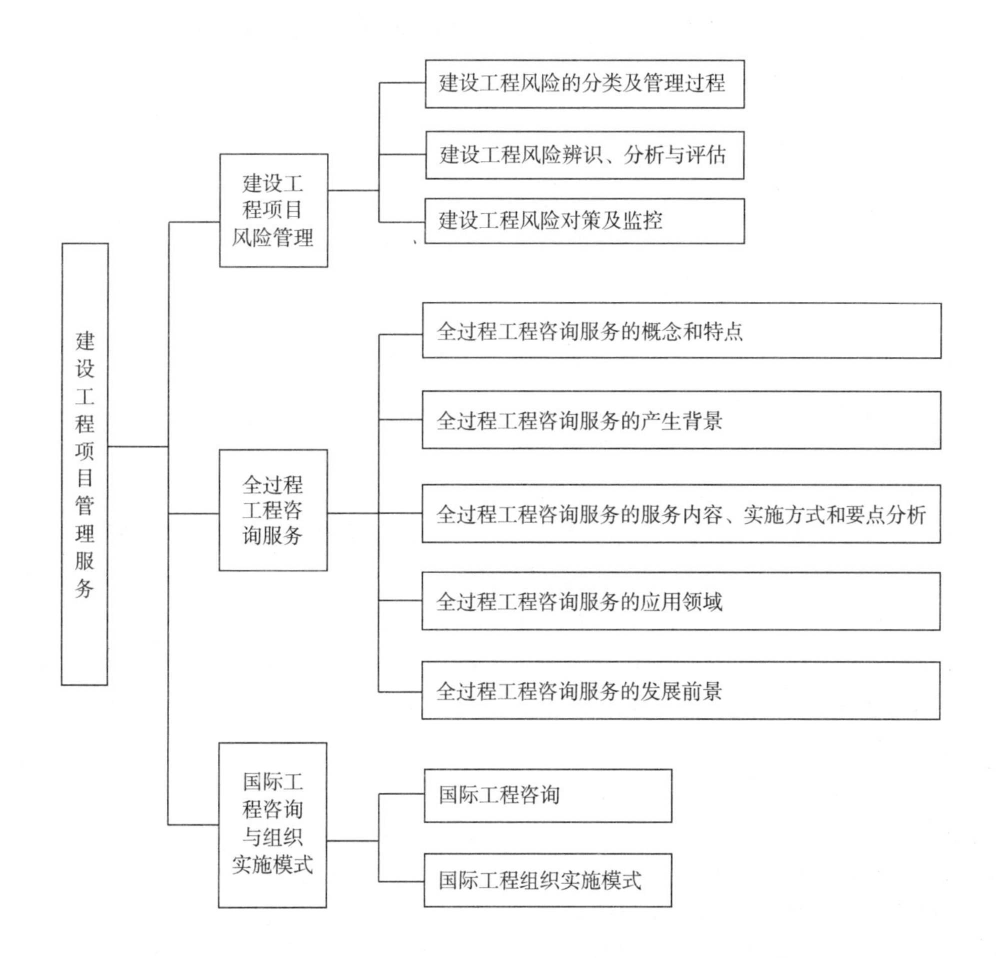

第一节 建设工程项目风险管理

风险管理是项目管理知识体系的重要组成部分，也是建设工程项目管理的重要内容。风险管理并不是独立于质量控制、造价控制、进度控制、安全管理、合同管理、信息管理、组织协调的，而是将上述项目管理内容中与风险管理相关的内容综合而成的独立部分。进行监理工作时需要掌握风险管理的基本原理，并将其应用于建设工程监理与相关服务中。

一、建设工程风险的分类及管理过程

建设工程风险是指在决策和实施过程中，造成实际结果与预期目标产生背离，并存在给当事者带来损失的可能性。风险管理是人们为了部分或全部地减少或避免意外损失，对潜在的风险进行辨识、评估、预防和控制的过程。

1. 建设工程风险的分类

建设工程的风险因素有很多，可以从不同的角度进行分类。

(1)按照风险来源划分，风险因素包括自然风险、社会风险、经济风险、法律风险和政治风险。

[问一问]

建设工程风险是如何分类的?

(2)按照风险涉及的当事人划分，风险因素包括建设单位风险、设计单位风险、施工单位风险、工程监理单位风险等。

(3)按风险可否管理划分，风险因素包括可管理风险和不可管理风险。

(4)按风险影响范围划分，风险因素包括局部风险和总体风险。

2. 建设工程风险管理过程

建设工程风险管理是一个识别风险、确定和度量风险，并制定、选择和实施风险应对方案的过程。风险管理是对建设工程风险进行管理的一个系统、循环过程。风险管理包括风险辨识、风险分析与评估、风险对策的决策、风险对策的实施和风险对策实施的监控五个主要环节。

(1)风险辨识。风险辨识是风险管理的首要步骤，是指通过一定的方式，系统而全面地辨识影响建设工程目标实现的风险事件并加以适当归类的过程。必要时，还须对风险事件的后果进行定性估计。

(2)风险分析与评估。风险分析与评估是将建设工程风险事件发生的可能性和损失后果进行定量化的过程。风险分析与评估的结果主要在于确定各种风险事件发生的概率及其对建设工程目标影响的严重程度，如建设投资增加的数额、工期延误的天数等。

(3)风险对策的决策。风险对策的决策是确定建设工程风险事件最佳对策组合的过程。一般来说，风险对策有以下四种：风险回避、损失控制、风险转移和风险自留。这些风险对策的适用对象各不相同，需要根据风险评价结果，对不同的风险事件选择适宜的风险对策，从而形成最佳的风险对策组合。

(4)风险对策的实施。对风险对策所作出的决策还需要进一步落实到具体的计划和措施中。例如，在决定进行风险控制时，要制订预防计划、灾难计划、应急计划等；在决定购买工程保险时，要选择保险公司，确定恰当的保险险种、保险范围、免赔额、保险费等。这些都是进行风险对策决策的重要内容。

(5)风险对策实施的监控。在建设工程实施过程中，要不断地跟踪检查各项风险对策的执行情况，并评价各项风险对策的执行效果。当建设工程实施条件发生变化时，要确定是否需要提出不同的风险对策。

二、建设工程风险辨识、分析与评估

(一)风险辨识

风险辨识的主要内容是辨识引起风险的主要因素，辨识风险的性质，辨识风险可能引起的后果。

1. 风险辨识方法

辨识建设工程风险的方法有专家调查法、财务报表法、流程图法、初始清单法、经验数据法、风险调查法等。

(1)专家调查法。专家调查法主要包括头脑风暴法、德尔菲法和访谈法。

(2)财务报表法。财务报表有助于确定一个特定工程可能遭受哪些损失，以及在何种情况下遭受这些损失。通过分析资产负债表、现金流量表、损益表及有关补充资料，可以识别企业当前的所有资产、负债、责任及人身损失风险。将这些报表与财务预测、预算结合起来，可以发现建设工程的未来风险。

(3)流程图法。流程图是按建设工程实施全过程内在逻辑关系制成的，针对流程图中的关键环节和薄弱环节进行调查和分析，找出风险存在的原因，从中发现潜在的风险威胁，分析风险发生后可能造成的损失和对建设工程全过程造成的影响。

(4)初始清单法。初始清单法是指有关人员利用所掌握的丰富知识设计而成的初始风险清单表，尽可能详细地列举建设工程所有的风险类别，按照系统化、规范化的要求识别风险。建立初始清单有两种途径：一是参照保险公司或风险管理机构公布的潜在损失一览表，再结合某建设工程所面临的潜在损失，对一览表中的损失予以具体化，从而建立特定工程的风险一览表；二是通过适当的风险分解方式来识别风险。对于大型复杂工程，首先将其按单项工程、单位工程分解，再对各单项工程、单位工程分别从时间维、目标维和因素维进行分解，可以较容易地识别出建设工程中主要的、常见的风险。建设工程风险初始清单见表 8－1 所列。

表 8－1　建设工程风险初始清单

<table>
<tr><th colspan="2">风险因素</th><th>典型风险事件</th></tr>
<tr><td rowspan="3">技术风险</td><td>设计</td><td>设计内容不全、设计缺陷、错误和遗漏，应用规范不恰当，未考虑地质条件，未考虑施工可能性等</td></tr>
<tr><td>施工</td><td>施工工艺落后，施工技术和方案不合理，施工安全措施不当，应用新技术新方案失败，未考虑场地情况等</td></tr>
<tr><td>其他</td><td>工艺设计未达到先进性指标，工艺流程不合理，未考虑操作安全性等</td></tr>
</table>

（续表）

风险因素		典型风险事件
非技术风险	自然与环境	洪水、地震、火灾、台风、雷电等不可抗拒自然力，不明的水文气象条件，复杂的工程地质条件，恶劣的气候，施工对环境的影响等
	政治法律	法律法规的变化，战争、骚乱、罢工、经济制裁或禁运等
	经济	通货膨胀或紧缩，汇率变化，市场动荡，社会各种摊派和征费的变化，资金不到位，资金短缺等
	组织协调	建设单位、项目管理咨询方、设计方、施工方、监理方之间的不协调及各方主体内部的不协调等
	合同	合同条款遗漏、表达有误，合同类型选择不当，承发包模式选择不当，索赔管理不力，合同纠纷等
	人员	建设单位人员、项目管理咨询人员、设计人员、监理人员、施工人员的素质不高、业务能力不强等
	材料设备	原材料、半成品、成品或设备供货不足或拖延，数量差错或质量规格问题，特殊材料和新材料的使用问题，过度损耗和浪费，施工设备供应不足、类型不配套、故障、安装失误、选型不当等

初始清单只是为了便于人们较全面地认识风险的存在，而不至于遗漏重要的建设工程风险，但并不是风险辨识的最终结论。在初始风险清单建立后，还需要结合特定工程的具体情况进一步辨识风险，从而对初始风险清单做一些必要的补充和修正。为此，需要参照同类建设工程风险的经验数据，或者针对具体工程的特点进行风险调查。

(5)经验数据法。经验数据法也称统计资料法，即根据已建各类建设工程与风险有关的统计资料来辨识拟建工程风险。长期从事建设工程监理与相关服务的监理单位，应该积累大量的建设工程风险数据。尽管每个建设工程及其风险有差异，但经验数据或统计资料足够多时，这些差异会大大减少，呈现出一些规律性。因此，已建各类建设工程与风险有关的数据是识别拟建工程风险的重要基础。

(6)风险调查法。由建设工程的特殊性可知，两个不同的建设工程不可能有完全一致的风险。因此，在建设工程风险辨识过程中，花费人力、物力、财力进行风险调查是必不可少的，这既是一项非常重要的工作，又是建设工程风险辨识的重要方法。

风险调查应当从分析具体工程特点入手，一方面，对通过其他方法已辨识出的风险（如初始清单所列出的风险）进行鉴别和确认；另一方面，通过风险调查有可能发现此前尚未辨识出的重要风险。通常，风险调查可以从组织、技术、自然及环境、经济、合同等方面分析拟建工程的特点及相应的潜在风险。

2. 风险辨识成果

风险辨识成果是进行风险分析与评估的重要基础。风险辨识的主要成果是风险清单。风险清单的作用是描述存在的风险并记录可能减轻风险的行为。建设工程风险清单见表 8-2 所列。

表 8-2　建设工程风险清单

风险清单		编号：	日期：
工程名称：		审核：	批准：
序号	风险因素	可能造成的后果	可能采取的措施
1			
2			
3			
…			

(二)风险分析与评估

风险分析与评估是指在定性辨识风险因素的基础上，进一步分析和评估风险因素发生的概率、影响的范围、可能造成损失的大小及多种风险因素对建设工程目标的总体影响等，达到更清楚地辨识主要风险因素，有利于工程项目管理者采取更有针对性的对策和措施，从而减少风险对建设工程目标的不利影响。

风险分析与评估的任务包括：确定单一风险因素发生的概率；分析单一风险因素的影响范围大小；分析各个风险因素的发生时间；分析各个风险因素的结果，探讨这些风险因素对建设工程目标的影响程度。在单一风险因素量化分析的基础上，考虑多种风险因素对建设工程目标的综合影响、评估风险的程度并提出可能的措施作为管理决策的依据。

1. 风险度量

(1)风险事件发生的概率及概率分布。根据风险事件发生的频繁程度，风险事件发生的概率分为 3～5 个等级。等级的划分反映了一种主观判断。因此，等级数量的划分也可根据实际情况作出调整。

一般应用概率分布函数来描述风险事件发生的概率及概率分布。由于连续型的实际概率分布较难确定，因此在实践中，均匀分布、三角分布及正态分布较为常用。

(2)风险度量方法。风险度量可用下列一般表达式来描述：

$$R=F(O,P) \tag{8-1}$$

式中，R—— 某一风险事件发生后对建设工程目标的影响程度；

O—— 该风险事件的所有后果集；

P—— 该风险事件对应于所有风险结果的概率值集。

简单的一种风险量化方法是根据风险事件产生的结果与其相应的发生概率,求解建设工程风险损失的期望值和风险损失的方差(或标准差)来具体度量风险的大小。

① 若某一风险因素产生的建设工程风险损失值为离散型随机变量 X,其可能的取值为 $x_1, x_2, \cdots, x_n$,这些取值对应的概率分别为 $P(x_1), P(x_2), \cdots, P(x_n)$,则随机变量 X 的数学期望值和方差分别为

$$E(X)=\sum_{i=1}^{n} x_i P(x_i) \tag{8-2}$$

$$D(X)=\sum_{i=1}^{n}\left[x_i-E(X)\right]^2 P(x_i) \tag{8-3}$$

② 若某一风险因素产生的建设工程风险损失值为连续型随机变量 X,其概率密度函数为 $f(x)$,则随机变量 X 的数学期望值和方差分别为

$$E(X)=\int_{-\infty}^{+\infty} x f(x)\,\mathrm{d}x \tag{8-4}$$

$$D(X)=\int_{-\infty}^{+\infty}\left[x-E(X)\right]^2 f(x)\,\mathrm{d}x \tag{8-5}$$

2. 风险评估

(1)风险后果的等级划分。为了在采取措施时分清轻重缓急,需要评定风险因素等级。通常,可按事故发生后果的严重程度划分为 3～5 个等级。

(2)风险重要性评定。将风险事件发生概率(P)的等级和风险后果(0)的等级分别划分为大(H)、中(M)、小(L)三个区间,即可形成如图 8-1 所示的九个不同的区域。在这 9 个不同的区域中,有些区域的风险量是大致相等的,因此,可以将风险量的大小分为五个等级:①VL(很小);②L(小);③M(中等);④H(大);⑤VH(很大)。

M	H	VH
L	M	H
VL	L	M

图 8-1 风险等级图

(3)风险可接受性评定。根据风险重要性评定结果,可以进行风险可接受性评定。在图 8-1 中,风险等级为大、很大的风险因素表示风险重要性较高,是不可接受的风险,需要给予重点关注;风险等级为中等的风险因素是不希望有的风险;风险等级为小的风险因素是可接受的风险;风险等级为很小的风险因素是可

忽略的风险。

3. 风险分析与评估的方法

风险的分析与评估往往采用定性与定量相结合的方法来进行，这两者之间并不是相互排斥的，而是相互补充的。目前，常用的风险分析与评估方法有调查打分法、蒙特卡洛模拟法、计划评审技术法和敏感性分析法等。这里仅介绍调查打分法。

调查打分法又称综合评估法或主观评分法，是指将辨识出的建设工程风险列成风险表，将风险表提交给有关专家，利用专家经验，对风险因素的等级和重要性进行评估，确定建设工程主要风险因素。调查打分法是一种常见、简单且易于应用的风险评价方法。

(1)调查打分法的基本步骤。

① 针对风险辨识的结果，确定每个风险因素的权重，以表示其对建设工程的影响程度。

② 确定每个风险因素的等级值，等级值按经常、很可能、偶然、极小、不可能分为五个等级。当然，等级数量的划分和赋值也可根据实际情况进行调整。

③ 将每个风险因素的权重与相应的等级值相乘，求出该项风险因素的得分，计算公式为

$$r_i = \sum_{j=1}^{m} \omega_{ij} S_{ij} \tag{8-6}$$

式中，r_i—— 风险因素 i 的得分；

ω_{ij}——j 专家对风险因素 i 赋的权重；

S_{ij}——j 专家对风险因素 i 赋的等级值；

m—— 参与打分的专家数。

④ 将各个风险因素的得分逐项相加得出建设工程风险因素的总分，总分越高，风险越大，计算公式为

$$R = \sum_{i=1}^{n} r_i \tag{8-7}$$

式中，R—— 项目风险得分；

r_i—— 风险因素的 i 得分；

n—— 风险因素的个数。

调查打分法的优点在于简单易懂，能节约时间，并且可以比较容易地识别主要风险因素。

(2)风险调查打分表。表 8-3 给出了建设工程风险调查打分表的一种格式。在表 8-3 中，风险发生的概率按照高、中、低三个档次来进行划分，考虑风险因素可能对造价、工期、质量、安全、环境五个方面的影响，分别按照较轻、一般和严重来加以度量。

表 8-3　风险调查打分表

序号	风险因素	可能性			影响程度														
					造价			工期			质量			安全			环境		
		高	中	低	较轻	一般	严重	较轻	一般	严重	较轻	一般	严重	较轻	一般	严重	较轻	一般	严重
1	地质条件失真																		
2	设计失误																		
3	设计变更																		
4	施工工艺落后																		
5	材料质量低劣																		
6	施工水平低下																		
7	工期紧迫																		
8	材料价格上涨																		
9	合同条款有误																		
10	成本预算粗略																		
11	管理人员短缺																		
…	…																		

三、建设工程风险对策及监控

(一)建设工程风险对策

建设工程风险对策包括风险回避、损失控制、风险转移和风险自留。

1. 风险回避

风险回避是指在完成建设工程风险辨识与评估后，如果发现风险发生的概率很高，并且可能的损失也很大，又没有其他有效的对策来降低风险时，应采取放弃项目、放弃原有计划或改变目标等方法，使其不发生或不再发展，从而避免可能产生的潜在损失。通常，当遇到下列情形时，应考虑风险回避的策略。

(1)风险事件发生概率很大且后果损失也很大的工程项目。

(2)发生损失的概率并不大，但当风险事件发生后产生的损失是灾难性的、无法弥补的。

2. 损失控制

损失控制是一种主动、积极的风险对策。损失控制可分为预防损失和减少损失两个方面。预防损失措施的主要作用在于降低或消除(通常只能做到降低)损失发生的概率，而减少损失措施的作用在于降低损失的严重性或遏制损失的进一步发展，使损失最小化。一般来说，损失控制方案都应当是预防损失措施和减少损失措施的有机结合。

制定损失控制措施必须考虑其付出的代价，包括费用和时间两个方面的代价，而时间方面的代价往往又会引起费用方面的代价。损失控制措施的最终确定，需要综合考虑其效果和相应的代价。在采用风险控制对策时，所制定的风险控制措施应当形成一个周密的、完整的损失控制计划系统。该计划系统一般应由预防计划、灾难计划和应急计划三个部分组成。

（1）预防计划。预防计划的目的在于有针对性地预防损失的发生，其主要作用是降低损失发生的概率，在许多情况下也能在一定程度上降低损失的严重性。在损失控制计划系统中，预防计划的内容广泛，具体措施多，包括组织措施、经济措施、合同措施、技术措施。

（2）灾难计划。灾难计划是一组事先编制好的、目的明确的工作程序和具体措施，为现场人员提供明确的行动指南，使其在灾难性的风险事件发生后，不至于惊慌失措，也不需要临时讨论研究应对措施，可以做到从容不迫、及时妥善地处理风险事故，从而减少人员伤亡及财产和经济损失。灾难计划的内容应满足以下要求：①安全撤离现场人员；②援救及处理伤亡人员；③控制事故的进一步发展，最大限度地减少资产和环境损害；④保证受影响区域的安全尽快恢复正常。灾难计划在灾难性风险事件发生或即将发生时付诸实施。

（3）应急计划。应急计划就是事先准备好若干种替代计划方案，当遇到某种风险事件时，能够根据应急预案对建设工程的原有计划范围和内容作出及时调整，使中断的建设工程能够尽快全面恢复，并减少进一步的损失，使其影响程度减至最小。应急计划不仅要制定所要采取的相应措施，还要规定不同工作部门相应的职责。应急计划应包括的内容有：调整整个建设工程实施进度计划、材料与设备的采购计划、供应计划；全面审查可使用的资金情况；准备保险索赔依据；确定保险索赔的额度；起草保险索赔报告；必要时须调整筹资计划等。

3. 风险转移

风险转移是建设工程风险管理中十分重要且广泛应用的一项对策。当有些风险无法回避、必须直接面对，而以自身的承受能力又无法有效地承担时，风险转移就是一种十分有效的选择。风险转移可分为非保险转移和保险转移两大类。

（1）非保险转移。非保险转移又称合同转移，因为这种风险转移一般是通过签订合同的方式将建设工程风险转移给非保险人的对方当事人。建设工程风险常见的非保险转移有以下三种情况。

① 建设单位将合同责任和风险转移给对方当事人。建设单位管理风险必须从合同管理入手，分析合同管理中的风险分担。在这种情况下，被转移者多数是施工单位。例如，在合同条款中规定，建设单位对场地条件不承担责任；又如，采用固定总价合同将涨价风险转移给施工单位等。

② 施工单位进行工程分包。施工单位中标承接某工程后，将该工程中专业技术要求很强而自己缺乏相应技术的内容分包给专业分包单位，从而更好地保证工程质量。

③ 第三方担保。合同当事人一方要求另一方为其履约行为提供第三方担

保。担保方所承担的风险仅限于合同责任，即由于委托方不履行或不适当履行合同及违约所产生的责任。第三方担保主要有建设单位付款担保、施工单位履约担保、预付款担保、分包单位付款担保、工资支付担保等。

与其他的风险对策相比，非保险转移的优点主要体现在：一是可以转移某些不可保的潜在损失，如物价上涨、法规变化、设计变更等引起的投资增加；二是被转移者往往能较好地进行损失控制，如施工单位相对于建设单位能更好地把握施工技术风险，专业分包单位相对于总承包单位能更好地完成专业性强的工程内容。

但是，非保险转移的媒介是合同，这就可能因为双方当事人对合同条款的理解发生分歧而导致转移失效。另外，在某些情况下，可能因被转移者无力承担实际发生的重大损失而导致仍然由转移者来承担损失。例如，在采用固定总价合同的条件下，如果施工单位报价中所考虑的涨价风险费很低，而实际的通货膨胀率很高，从而导致施工单位亏损破产，最终只得由建设单位承担涨价造成的损失。此外，非保险转移一般要付出一定的代价，有时转移风险的代价可能会超过实际发生的损失，从而对转移者不利。

(2)保险转移。保险转移通常直接称为工程保险。通过购买保险，建设单位或施工单位作为投保人将本应由自己承担的工程风险(包括第三方责任)转移给保险公司，从而使自己免受风险损失。保险之所以能得到越来越广泛的运用，原因在于其符合风险分担的基本原则，即保险人较投保人更适宜承担建设工程有关的风险。对于投保人来说，某些风险的不确定性很大，但是对于保险人来说，这种风险的发生则趋近于客观概率，不确定性降低，即风险降低。

在决定采用保险转移这一风险对策后，需要考虑与保险有关的几个具体问题：一是保险的安排方式；二是选择保险类别和保险人，一般是通过多家比选后确定，也可委托保险经纪人或保险咨询公司代为选择；三是可能要进行保险合同谈判，这项工作最好委托保险经纪人或保险咨询公司完成，但免赔额的数额或比例要由投保人自己确定。

需要说明的是，保险并不能转移建设工程所有风险，一方面是因为存在不可保风险，另一方面则是因为有些风险不宜保险。因此，对于建设工程风险，应将保险转移与风险回避、损失控制和风险自留结合起来运用。

4. 风险自留

风险自留是指将建设工程风险保留在风险管理主体内部，通过采取内部控制措施等来化解风险。

风险自留可分为非计划性风险自留和计划性风险自留两种。

(1)非计划性风险自留。由于风险管理人员没有意识到建设工程某些风险的存在，或者不曾有意识地采取有效措施，以致风险发生后只好保留在风险管理主体内部。这样的风险自留就是非计划性的和被动的。导致非计划性风险自留的主要原因有缺乏风险意识、风险辨识失误、风险分析与评估失误、风险决策延误、风险决策实施延误等。

(2)计划性风险自留。计划性风险自留是主动的、有意识的、有计划的选择，是风险管理人员在经过正确的风险辨识和风险评估后制定的风险对策。风险自留绝不可能单独运用，而应与其他风险对策结合起来运用。在实行风险自留时，应保证重大和较大的建设工程风险已经进行了工程保险或实施了损失控制计划。

(二)建设工程风险监控

[想一想]

建设工程风险对策有哪些?

1. 风险监控的主要内容

风险监控是指跟踪已辨识的风险和辨识新的风险，保证风险计划的执行，并评估风险对策与措施的有效性。风险监控的目的是考察各种风险控制措施产生的实际效果、确定风险减少的程度、监视风险的变化情况，进而考虑是否需要调整风险管理计划及是否启动相应的应急措施等。风险管理计划实施后，风险控制措施必然会对风险的发展产生相应的效果。监控风险管理计划实施过程的主要内容包括以下几个方面。

(1)评估风险控制措施产生的效果。

(2)及时辨识和度量新的风险因素。

(3)跟踪、评估风险的变化程度。

(4)监控潜在风险的发展，监测工程风险发生的征兆。

(5)提供启动风险应急计划的时机和依据。

2. 风险跟踪检查与报告

(1)风险跟踪检查。跟踪风险控制措施的效果是风险监控的主要内容。在实际工作中，通常采用风险跟踪表格来记录跟踪的结果，然后定期地将跟踪的结果制成风险跟踪报告，使决策者及时掌握风险发展趋势的相关信息，以便及时地作出反应。

(2)风险的重新评估。无论什么时候，只要在风险监控的过程中发现新的风险因素，就要对其进行重新评估。除此之外，在风险管理进程中，即使没有出现新的风险，也需要在工程进展的关键时段对风险进行重新评估。

(3)风险跟踪报告。风险跟踪的结果需要及时地进行报告，报告通常供高层次的决策者使用。因此，风险报告应该及时、准确并简明扼要，向决策者传达有用的风险信息，报告内容的详细程度应按照决策者的需要而定。编制和提交风险跟踪报告是风险管理的一项日常工作，报告的格式和频率应视需要和成本而定。

第二节　全过程工程咨询服务

全过程工程咨询服务是一种创新咨询服务组织实施方式，是以市场需求为导向、满足委托方多样化需求的新型咨询服务模式。全过程工程咨询符合供给侧结构性改革的指导思想，有利于革除影响建筑行业前进的深层次结构性矛盾、提升行业集中度，有利于集聚和培育适应新形势的新型建筑服务企业，有利于加快我国建设模式与国际建设管理服务方式的接轨。

全过程工程咨询服务可采用多种组织方式，由项目投资人委托一家单位负责或牵头组织全过程工程咨询服务团队，并由全过程工程项目管理师和全过程工程咨询项目经理作为全过程工程咨询服务团队总负责人和总咨询师，为项目决策至运营持续提供局部或整体解决方案，以及项目各阶段咨询和全过程管理服务。

全过程工程咨询服务既能及时、迅速、合理地解决项目管理过程中出现的问题，又能对尚未实施阶段的投资、进度、质量、安全、信息、合同管理、协调等工作进行提前预控；不仅能更好地把控工程质量、进度、成本和风险，节约工程建设管理成本，还有利于优化工程项目的投资性价比，增强项目咨询服务企业的综合实力。

一、全过程工程咨询服务的概念和特点

1. 全过程工程咨询服务的概念

全过程工程咨询服务是对工程建设项目前期研究和决策及工程项目实施和运营的生命周期，提供包含规划和设计在内的涉及组织、管理、经济和技术等各方面的工程咨询服务，涉及建设工程全生命周期内的策划咨询、前期可研、工程设计、招标代理、造价咨询、工程监理、施工前期准备、施工过程管理、竣工验收及运营保修等各个阶段的管理服务。

[问一问]

全过程咨询服务的特点是什么?

2. 全过程工程咨询服务的特点

(1)全过程。围绕项目全生命周期持续提供工程咨询服务。

(2)集成化。整合投资咨询、招标代理、勘察、设计、监理、造价、项目管理等业务资源和专业能力，实现项目组织、管理、经济、技术等全方位一体化。

(3)多方案。采用多种组织模式，为项目提供局部或整体多种解决方案。

二、全过程工程咨询服务的产生背景

(一)国外全过程工程咨询服务的发展

国外全过程工程咨询业从 19 世纪中叶开始，经过 100 多年的发展，制度建设和运营模式不断发展完善。概括来讲，国外工程咨询行业大致经历了以下三个阶段。

(1)个人咨询阶段。代表性事件是 19 世纪 90 年代由美国建筑师梅斯丁成立的一个土木工程协会，独立承担从土木工程建设中分离出来的技术业务咨询。

(2)合伙咨询阶段。20 世纪，个体咨询已从土木工程扩展到工业、农业、交通等领域，咨询形式也由个人咨询转向合伙咨询。

(3)综合发展阶段。第二次世界大战以后，工程咨询从专业咨询发展到综合咨询，从单纯的技术咨询发展到战略咨询、管理咨询等；咨询市场由国内扩展到国际，出现了一大批国际工程咨询公司，如美国的 AECOM 艾奕康设计集团、雅各布工程集团公司、美国福陆公司等。

从事全过程工程咨询的服务机构往往通过兼并重组等方式拓展业务范围，延长产业链，满足客户多样化的需求，一些技术实力雄厚的公司逐渐转型为国际工程公司，既可以为客户提供工程咨询、工程项目管理，又可以负责设计、采购、施工等项目管理承包。

国外工程咨询的市场化程度高，政府对咨询市场的管理主要通过行业协会进行自律性管理，行业协会在行业中具有很大声望和权威。在市场准入方面，国外对咨询市场的管理主要体现在对个人执业的管理，对企业的准入不设置门槛。例如，在美国，工程咨询师可以由建筑师、土木工程师和有注册执照的营造商担任，也可以是注册的咨询工程师，但是都必须有注册执业资格。

目前，业主主要和承担全过程工程咨询的联合体或合作体签约（由设计和管理咨询组成），或者业主分别和承担全过程咨询业主的设计企业和项目管理咨询企业签约。针对项目规模的大小、复杂程度、建造模式等因素，业主决定是否聘请工程咨询师及委托的服务范围。

（二）我国全过程工程咨询的发展

在我国，全过程工程咨询的概念早在2003年就已经提出，特别是近年来，我国工程咨询服务市场化快速发展，形成投资咨询、招标代理、勘察、设计、监理、造价、项目管理等专业化的咨询服务业态，部分专业咨询服务建立了执业准入制度，促进了我国工程咨询服务专业化水平提升。随着我国固定资产投资项目建设水平逐步提高，为更好地实现投资建设意图，投资者或建设单位在固定资产投资项目决策、工程建设、项目运营过程中，对综合性、跨阶段、一体化的咨询服务需求日益增强。这种需求与现行制度造成的单项服务供给模式之间的矛盾日益突出。因此，我国要在深化建筑业改革的同时，大力推行全过程工程咨询服务的发展。

2017年2月，国务院办公厅颁发《关于促进建筑业持续健康发展的意见》，倡导“培育全过程工程咨询。鼓励投资咨询、勘察、设计、监理、招标代理、造价等企业采取联合经营、并购重组等方式发展全过程工程咨询，培育一批具有国际水平的全过程工程咨询企业”“政府投资项目应带头推行全过程工程咨询，鼓励非政府投资项目委托全过程工程咨询服务。在民用建筑项目中，充分发挥建筑师的主导作用，鼓励提供全过程工程咨询服务”，在建筑工程全产业链中首次明确了“全过程工程咨询”这一理念，进一步整合我国工程建设项目多部门管理、工程咨询服务多条块发展的局面，并在部分省市开展全过程工程咨询试点，探索全过程工程咨询管理制度和组织模式，为全面开展全过程工程咨询积累经验。

2019年3月15日，国家发展和改革委员会、住房和城乡建设部联合印发《关于推进全过程工程咨询服务发展的指导意见》（以下简称《指导意见》），在房屋建筑和市政基础设施领域推进全过程工程咨询服务发展，提升固定资产投资决策科学化水平，进一步完善工程建设组织模式，推动高质量发展。《指导意见》指出有必要创新咨询服务组织实施方式，大力发展以市场需求为导向、满足委托方多样化需求的全过程工程咨询服务模式。鼓励纳入有关行业自律管理体系的工程咨询单位开展综合性咨询服务，鼓励咨询工程师作为综合性咨询项目负责人。鼓励实施工程建设全过程咨询，由咨询单位提供招标代理、勘察、设计、监理、造价、项目管理等全过程咨询服务。《指导意见》提出，工程建设全过程咨询单位提供勘察、设计、监理或造价咨询服务时，应当具有与工程规模及委托内容相适应的资质条件。《指导意见》对工程建设全过程咨询项目负责人的资格提出要求：应当取得工程建设类注册执业资格且具有工程类、工程经济类高级职称，并具有类似工程经验。对于工程建设全过程咨询服务中承担工程勘察、设计、监理或造价咨询业务的负责人，应具有法律法规规定的相应执业资格。《指导意见》规定全过程工程咨询服务酬金可在项目投资中列支，也可根据所包含的专项服务（投资咨询、招标代理、勘察、设计、监理、项目管理等）在项目投资中列支的费用进行支付。全过程工程咨询服务酬金既可按各专项服务费用叠加后再增加相应统筹管理费用计取，又可按人工成本加酬金方式计取。鼓励投资者或建设单位根据咨询服务节约的投资额对咨询单位予以奖励。

（三）全过程工程咨询与传统工程咨询的区别

全过程工程咨询涉及建设项目的全生命周期，从项目策划开始，涵盖可行性研究、项目前期准备、勘察设计、工程监理、工程招标、造价咨询、施工过程管理、竣工验收，以及运营保修等各阶段的咨询服务。传统建设模式下的工程咨询服务，将这些内容分隔开，各个咨询单位分别承担其中某个或几个专业的咨询服务，不仅增加了建设项目的成本，还分割了各个阶段咨询服务的内在联系，缺少对建设环节的整体把控，很容易造成投资控制不利、决策意图偏差等问题。

全过程工程咨询旨在高度整合工程咨询服务，实现提高项目品质、控制投资成本、缩短建设工期、细化项目管理等目的，并有效地规避投资风险。实现全过程工程咨询是政策导向，也是行业进步的体现。

1. 全过程工程咨询的优势

（1）设计人员参与项目决策

在全过程工程咨询服务模式下，设计人员可以在决策阶段充分了解项目的建设意图，随着论证的逐步深化，完善设计工作。

（2）便于造价工程师实现全过程造价控制

项目设计阶段开始进行造价咨询服务，造价工程师可以辅助设计人员实现限额设计工作，并在招标、施工、竣工结算等各个环节掌握投资变化情况，实现造价动态控制。

（3）优化项目的组织管理

全过程工程咨询可以优化传统模式下冗长繁多的招标次数和期限，简化合同关系、优化项目组织，减少设计、招标、造价、监理之间责任分离等矛盾，加快进度，缩短工期。

2. 全过程工程咨询服务的实施可以解决的问题

（1）工程咨询服务“碎片化”问题

我国工程咨询服务主要包括勘察设计、监理、造价、招标代理等，由于国家体制问题，政府部门分割导致勘察设计、监理、造价、招标代理等肢解并设置单独准入门槛。工程咨询市场被强行“碎片化”，无法提供全寿命周期统一贯穿的服务，因而工程技术质量安全、管理组织效率、社会和经济效益等最优化无法实现。

建筑市场建设方(业主方)工程管理水平普遍有限，而工程技术、管理、法务等越来越复杂，虽然可以通过多次采购工程咨询服务涵盖全部工程范围，但对建设方的统筹协调水平也提出了更高的要求。因此，对于可以贯穿项目全寿命周期、涵盖各专业的咨询服务形式，市场呼声越来越高，是市场的自然选择。

(2)“走出去”战略目标的重要组成部分

在国家“一带一路”倡议的大背景下，我国建筑商以“中国速度、中国管理”享誉全球，但我国的工程咨询企业在国际上并无影响力。

因此，为了向国际惯例接轨，提升工程咨询企业的综合服务能力和核心竞争力，培育一批具有国际水平的全过程工程咨询企业变得尤为重要。

(3)全面深化改革的结果

政府很早就在针对建筑行业的顶层设计中，提出过开展全过程工程咨询。限于国情，该咨询“落地”较为缓慢。如今，通过“全面深化改革”的政策导向，全过程工程咨询再次走入人们的视野。

[谈一谈]

全过程工程咨询与传统工程咨询有什么区别?

三、全过程咨询服务的服务内容、实施方式和要点分析

(一)全过程咨询服务的服务内容

(1)前期阶段:项目投资策划、编制项目建议书与可行性研究报告、编制投资估算。

(2)设计阶段:编制初步设计概算、施工图预算(含设计图纸修改)，按时提交审核报告、调整意见及合理化建议。

(3)招标阶段:包括编制本项目各项招标的工程量清单及投标限价或工程预算，审核招标文件，提交相关计价、计量、支付、索赔等投资控制条款，按时提交审核报告、调整意见及合理化建议。

(4)施工阶段:按建设单位要求参与现场工程实物计量及与投资控制有关的专题会、审核工程进度款、编制/审核工程变更价及签证工程价、收存结算资料等施工的全过程投资控制，按月、季、年提交投资控制报告。

(5)项目竣工结算阶段:收集和整理结算依据资料，提供结算审核服务及初审报告，确保结算审计的完整性、合理性、正确性。

(6)项目决算阶段:收集和整理决算依据资料，提供决算报告，确保决算报告的完整性、合理性、正确性，完成整个项目投资控制管理建档工作。

(7)负责本项目各类顾问合同:咨询合同及监理合同的合同款支付审核与合同价控制。

(8)建设单位交代的其他造价咨询服务及投资控制事项(包含司法鉴定服务)。

全过程咨询服务适应项目:政府投资、国有投资占主导地位的建设工程项目。

(二)全过程咨询服务的实施方式

全过程咨询服务应当由一家具有综合能力的咨询单位实施,也可由多家具有招标代理、勘察、设计、监理、造价、项目管理等不同能力的咨询单位联合实施,并由全过程工程项目管理师作为咨询团队总负责人和总咨询师。由多家咨询单位联合实施的,应当明确牵头单位及各单位的权利、义务和责任。

(三)全过程工程咨询实施中的要点分析

纵观建设项目的全生命周期,可以将全过程工程咨询划分为四个阶段:决策阶段、设计阶段、施工阶段、运维阶段。

1. 决策阶段的咨询要点

决策阶段要根据使用者需求对项目进行可行性研究论证、投资及融资策划,具体咨询工作包括调查研究、规划设计、方案比选、制定融资方案、编制可行性研究报告、环境影响评估、风险评估、实施策划等。决策阶段对于建设项目的影响重大,是全过程工程咨询的主要阶段。在这一阶段,工程咨询人员要清楚地认识到使用者直接和潜在的所有需求,通过技术经济分析,将需求转化为设计方案,确定合理的建设规模、测算实现效益最大化的投资额度。

为了实现项目的最优目标,决策阶段建议设计人员和工程造价人员提前介入,了解项目的建设背景,充分领会项目的使用需求,通过前期调研完善设计、优化投资构成,设计人员和工程造价人员还应充分结合,不断优化方案设计,将有效的资源发挥出最大的作用,实现项目投资效益最大化。

2. 设计阶段的咨询要点

设计阶段是将规划意图进行具体描述的过程,具体咨询工作包括场地勘察、工程设计、造价咨询等。根据项目的复杂程度,可以进行两个阶段设计或三个阶段设计。设计阶段是把科学技术有效地运用到实际施工中,以实现项目最大经济效益的关键环节。

全过程工程咨询在项目的设计阶段将发挥关键的作用。首先,将决策阶段的方案设计充分落实到工程设计中,实现项目的使用需求。其次,在初步设计完成之后,将由工程造价咨询人员对设计成果进行核算,实现限额设计的同时,提出需要优化的节点。最后,在确定设计文件后,工程造价人员要认真按照设计意图对施工过程中的设计变更进行测算,为实施过程中的控制投资提供依据,起到设计与施工两个阶段的桥梁和纽带作用。

项目设计阶段的工程咨询是全过程工程咨询的重点,尤其对项目的投资控制、建设工期、工程质量和使用功能等方面都起着决定性作用。在我国,由于专业性强、专业覆盖面广,设计企业都有着较为独立的发展空间,为实现全过程工程咨询的优势,建议工程咨询企业以联合经营或并购重组的方式与设计企业强强联合。

3. 施工阶段的咨询要点

施工阶段是项目的实施阶段,也是项目从无到有的实现过程,具体咨询工作包括工程采购(招投标)、合同管理、工程监理、竣工结算等。在施工阶段,工程咨询的主要任务是监督、管理、控制。施工阶段应当准确进行工程量计算，控制工程变更，依据合同督促施工进度，控制施工成本。工程监理的职责主要是控制项目的质量、进度和成本，在全过程工程咨询领域，工程监理更应担负起施工过程中项目管理的任务。

施工阶段工程咨询的一项重要内容是预测可能发生索赔的诱因，并制定有针对性的防范措施，最大限度地减少索赔事件的发生，沟通并处理施工阶段反映的设计问题，动态控制投资。

4. 运维阶段的咨询要点

运维阶段是项目全过程咨询的最后一个阶段，也是检验项目是否实现决策目标的关键环节。完成项目的竣工验收工作后，转入项目的试运营阶段，这时项目的使用方已经开始做使用前的准备工作，如设备调试、人员培训等。

运维阶段工程咨询的主要任务是检查工程质量是否达到设计要求，复核工程投资是否合理，在投产或投入使用过程中验证项目的建设效果是否达到预期要求，同时与使用者结合并顺利交接。

四、全过程咨询服务的应用领域

全过程咨询服务可在以下领域应用。

1. 项目决策阶段

项目决策阶段包括但不限于机会研究、策划咨询、规划咨询、项目建议书、可行性研究、投资估算、方案比选等。

2. 勘察设计阶段

勘察设计阶段包括但不限于初步勘察、方案设计、初步设计、设计概算、详细勘察、设计方案经济比选与优化、施工图设计、施工图预算、BIM及专项设计等。

3. 招标采购阶段

招标采购阶段包括但不限于招标策划、市场调查、招标文件(含工程量清单、投标限价)编审、合同条款策划、招投标过程管理等。

4. 工程施工阶段

工程施工阶段包括但不限于工程质量、造价、进度控制，勘察及设计现场配合管理，安全生产管理，工程变更、索赔及合同争议处理，专业技术咨询，工程文件资料管理，安全文明施工与环境保护管理等。

[想一想]

全过程咨询服务的应用领域有哪些?

5. 竣工验收阶段

竣工验收阶段包括但不限于竣工策划、竣工验收、竣工资料管理、竣工结算、竣工移交、竣工决算、质量缺陷期管理等。

6. 运营维护阶段

运营维护阶段包括但不限于项目后评价、运营管理、项目绩效评价、设施管理、资产管理等。

五、全过程咨询服务的发展前景

在大力推动建筑业改革的同时，建立现代工程咨询服务体系，促进全过程工程咨询的国际化发展，对于工程咨询行业是一个难逢的契机。向全过程工程咨询业务转型，不仅是适应建筑业改革的需要，更是适应市场发展、加快咨询行业与国际接轨，开拓咨询行业国际市场的需要。大型咨询服务企业可以通过联合经营、并购重组，发展为国际水平的全过程工程咨询企业，做优做强；中小型咨询服务企业可以提升单项专业能力，做专做精做细；待市场培育成熟，必将赶上政策红利，大大提高市场竞争力。

第三节　国际工程咨询与组织实施模式

工程咨询是一种智力服务，可有针对性地向客户提供可供选择的方案、计划或有参考价值的数据、调查结果、预测分析等，亦可实际参与工程实施过程管理。随着经济全球化及建筑市场的国内外融合，国际工程咨询业务越来越多。与此同时，国际上诸如 CM(construction management，施工管理)、Partnering、Project Controlling 等建设工程实施组织模式也得到日益广泛的应用。当今时代，作为将来从事建筑(监理)的工作者，应具有国际化视野，熟悉国际工程实施组织模式。

一、国际工程咨询

工程咨询通常是指适应现代经济发展和社会进步的需要，集中专家群体或个人的智慧和经验，运用现代科学技术和工程技术及经济、管理、法律等方面知识，为建设工程决策和管理提供的智力服务。目前，国际工程咨询也在向全过程服务和全方位服务方向发展。其中，全过程服务分为建设工程实施阶段全过程服务和工程建设全过程服务两种情况。全方位服务是指除对建设工程三大目标实施控制外，还包括决策支持、项目策划、项目融资、项目规划和设计、重要工程设备和材料的国际采购等。

(一)咨询工程师

咨询工程师是以从事工程咨询业务为职业的工程技术人员和其他专业(如经济、管理)人员的统称。国际上对咨询工程师的理解与我国习惯上的理解有很大不同。按国际上的理解，我国的建筑师、结构工程师、各种专业设备工程师、监理工程师、造价工程师、招标师等都属于咨询工程师，甚至从事工程咨询业务有关工作(如处理索赔时可能需要审查承包商的财务账簿和财务记录)的审计师、会计师也属于咨询工程师。因此，我们不要将咨询工程师理解为“从事咨询工作的工程师”。也许是出于以上原因，1990 年，国际咨询工程师联合会在其出版的《业主/咨询工程师标准服务协议书条件》(以下简称“白皮书”)中已用“consultant”取代了“consulting engineer”。“consultant”一词可译为咨询人员或咨询专家，但我国仍按原习惯将“白皮书”中的“consultant”翻译为咨询工程师。

需要说明的是，由于绝大多数咨询工程师以公司形式开展工作，因此，“咨询工程师”一词在很多场合是指工程咨询公司。例如，“白皮书”中的业主显然不是与咨询工程师个人签订合同，而是与工程咨询公司签订合同；具体条款的“咨询工程师”也是指工程咨询公司。为此，在阅读有关工程咨询外文资料时，要注意鉴别“咨询工程师”一词的确切含义。

1. 咨询工程师的素质

工程咨询是科学性、综合性、系统性、实践性均很强的职业。作为从事这一职业的主体，咨询工程师只有具备以下素质才能胜任这一职业。

(1)知识面宽

建设工程自身的复杂程度及其不同的环境和背景、工程咨询公司服务内容的广泛性，要求咨询工程师具有较宽的知识面。除需要掌握建设工程专业技术知识外，还应熟悉与工程建设有关的经济、管理、金融和法律等方面的知识，对建设工程管理过程有深入的了解，并熟悉项目融资、设备采购、招标咨询的具体运作和有关规定。

在工程技术方面，咨询工程师不仅要掌握建设工程的专业应用技术，还要有较深的理论基础，并了解当前最新技术水平和发展趋势；不仅要掌握建设工程的一般设计原则和方法，还要掌握优化设计、可靠性设计、功能—成本设计等系统设计方法；不仅要熟谙工程设计各方面的技术要点和难点，还要熟悉主要的施工技术和方法，能充分考虑设计与施工的结合，从而保证顺利地建成工程。

(2)精通业务

工程咨询公司的业务范围很宽，对于咨询工程师个人来说，不可能从事本公司所有业务范围内的工作。但是，每个咨询工程师都应有自己比较擅长的一个或多个业务领域，成为该领域的专家。对精通业务的要求，首先意味着要具有实际动手能力。工程咨询业务的许多工作需要咨询工程师进行实际操作，如工程设计、项目财务评价、技术经济分析等，不仅要会做，还要做得对、做得好、做得快。其次，要具有丰富的工程实践经验。只有通过不断地积累实践经验，才能提高业务水平和熟练程度，才能总结经验，找出规律，指导今后的工程咨询工作。此外，在当今社会，计算机应用和外语已成为必要的工作技能，咨询工程师也应在这两个方面具备一定的水平和能力。

(3)协调管理能力强

在工程咨询业务中，有些工作并不是咨询工程师直接去做的，而是组织其他人员去做；不仅涉及与本公司各方面人员的协同工作，还经常与客户、建设工程参与各方、政府部门、金融机构等发生联系，处理各种面临的问题。在这方面，咨询工程师需要的不是专业技术和理论知识，而是组织、协调能力。这表明，咨询工程师不仅要是技术方面的专家，还要成为组织管理、沟通协调方面的专家。

(4)责任心强

咨询工程师的责任心首先表现在职业责任感和敬业精神方面，要通过自己的实际行动来维护个人、职业、公司的尊严和名誉。同时，咨询工程师还负有社会责任，即应在维护国家和社会公众利益的前提下为客户提供服务。

责任心并不是空洞的、抽象的，可以在实际咨询工作中得到充分体现。工程咨询业务往往由多个咨询工程师协同完成，每个咨询工程师独立完成其中某一部分工作。这时，咨询工程师的责任心就显得尤为重要。因为每个咨询工程师的工作成果都与其他咨询工程师的工作有密切联系，任何一个环节的错误或延误都会给该项咨询业务带来严重后果。因此，每个咨询工程师都必须确保按时、按质地完成预定工作，并对自己的工作成果负责。

(5)不断进取，勇于开拓

[说一说]

对咨询工程师的素质要求是什么?

当今世界，科学技术日新月异，经济发展一日千里，新思想、新理论、新技术、新产品、新方法等层出不穷，对工程咨询不断提出新的挑战。如果咨询工程师不能以积极的姿态面对这些挑战，终将被时代淘汰。因此，咨询工程师必须及时更新知识，了解、熟悉乃至掌握与工程咨询相关领域的新进展。同时，咨询工程师要勇于开拓新的工程咨询领域(包括业务领域和地区领域)，以适应客户的新需求，顺应工程咨询市场发展的趋势。

2. 咨询工程师的职业道德

咨询工程师的职业道德规范或准则虽然不是法律，但是对咨询工程师的行为具有相当大的约束力。国际上许多国家(尤其是发达国家)的工程咨询业相当发达，相应地制定了各自的行业规范和职业道德规范，以指导和规范咨询工程师的职业行为。这些众多的咨询行业规范和职业道德规范虽然各不相同，但基本上大同小异，其中在国际上具有普遍意义和权威性的是 FIDIC 道德准则。

FIDIC 道德准则要求咨询工程师具有正直、公平、诚信、服务等的工作态度和敬业精神，充分体现了 FIDIC 对咨询工程师要求的精髓，主要内容如下。

(1)对社会和咨询业的责任

① 承担咨询业对社会所负有的责任。

② 寻求符合可持续发展原则的解决方案。

③ 在任何情况下，始终维护咨询业的尊严、地位和荣誉。

(2)能力

① 保持其知识和技能水平与技术、法律和管理的发展相一致的水平，在为客户提供服务时运用应有的技能、谨慎和勤勉。

② 只承担能够胜任的任务。

(3)廉洁和正直

在任何时候均为委托人的合法权益行使其职责，始终维护客户的合法利益，并廉洁、正直和忠实地进行职业服务。

(4)公平

① 在提供职业咨询、评审或决策时公平地提供专业建议、判断或决定。

② 为客户服务过程中可能产生的一切潜在的利益冲突都应告知客户。

③ 不接受任何可能影响其独立判断的报酬。

(5)对他人公正

① 推动“基于质量选择咨询服务”的理念，即加强按照能力进行选择的观念。

② 不得故意或无意地做出损害他人名誉或事务的事情。

③ 不得直接或间接取代某一特定工作中已经任命的其他咨询工程师的位置。

④ 在通知该咨询工程师之前，并在未接到客户终止其工作的书面指令之前，不得接管该咨询工程师的工作。

⑤ 如果被邀请评审其他咨询工程师的工作，应以恰当的行为和善意的态度进行。

(6)反腐败

① 既不提供又不收受任何形式的酬劳。这种酬劳意在试图或实际设法影响对咨询工程师选聘过程或对其的补偿和(或)影响其客户，设法影响咨询工程师的公正判断。

② 当任何合法组成的机构对服务或建筑合同管理进行调查时，咨询工程师应充分予以合作。

(二)工程咨询公司

工程咨询公司的业务范围很广泛，其服务对象可以是业主、承包商、贷款银行和国际金融机构，工程咨询公司也可以与承包商联合投标承包工程。工程咨询公司的服务对象不同，相应的服务内容也有所不同。

1. 为业主服务

为业主服务是工程咨询公司基本、广泛的业务，这里所说的业主包括各级政府(此时不是以管理者身份出现)、企业和个人。

工程咨询公司为业主服务既可以是全过程服务(包括实施阶段全过程和工程建设全过程)，又可以是阶段性服务。

工程建设全过程服务的内容包括可行性研究(投资机会研究、初步可行性研究、详细可行性研究)、工程设计(概念设计、基本设计、详细设计)、工程招标(编制招标文件、评标、合同谈判)、材料设备采购、施工管理(监理)、生产准备、调试验收、后评价等一系列工作。在全过程服务的条件下，咨询工程师不仅作为业主的受雇人开展工作，还代行了业主的部分职责。

阶段性服务是指工程咨询公司仅承担上述工程建设全过程服务中某一阶段的服务工作。一般来说，除了生产准备和调试验收，其余各阶段工作业主都可能单独委托工程咨询公司来完成。阶段性服务又分为两种不同的情况：一种是业主已经委托某工程咨询公司进行全过程服务，但同时又委托其他工程咨询公司对其中某个或某些阶段的工作成果进行审查、评价。例如，对可行性研究报告、设计文件都可以采取这种方式。另一种是业主分别委托多个工程咨询公司完成不同阶段的工作，在这种情况下，业主仍然可能将某一阶段的工作委托给某一工程咨询公司完成，再委托另一家工程咨询公司审查、评价其工作成果；业主还可能将某一阶段工作(如施工监理)分别委托多个工程咨询公司来完成。

工程咨询公司为业主服务既可以是全方位服务，又可以是某一方面的服务，如仅提供决策支持服务、仅从事工程投资控制等。

2. 为承包商服务

工程咨询公司为承包商服务主要有以下几种情况。

(1)为承包商提供合同咨询和索赔服务。如果承包商对建设工程的某种组织管理模式不了解,或者对招标文件中所选择的合同条件很陌生,如从未接触过AIA(American Institute of architect,美国建筑师协会)合同条件或JCT(Joint Contra cts Tribunal,联合合同委员会)合同条件,就需要工程咨询公司为其提供合同咨询,以便了解和把握该模式或该合同条件的特点、要点及需要注意的问题,从而避免或减少合同风险,提高自己的合同管理水平。另外,当承包商对合同所规定的适用法律不熟悉甚至根本不了解,或发生了重大、特殊的索赔事件而承包商自己又缺乏相应的索赔经验时,承包商都可能委托工程咨询公司为其提供索赔服务。

(2)为承包商提供技术咨询服务。当承包商遇到施工技术难题,或工业项目中工艺系统设计和生产流程设计方面的问题时,工程咨询公司可以为其提供相应的技术咨询服务。在这种情况下,工程咨询公司的服务对象大多是技术实力不太强的中小承包商。

(3)为承包商提供工程设计服务。在这种情况下,工程咨询公司实质上是承包商的设计分包商,其具体表现又有两种方式:一种是工程咨询公司仅承担详细设计(相当于我国的施工图设计)工作。在国际工程招标时,在不少情况下仅达到基本设计(相当于我国的扩初设计),承包商不仅要完成施工任务,还要完成详细设计。如果承包商不具备完成详细设计的能力,就需要委托工程咨询公司来完成。需要说明的是,这种情况在国际上仍然属于施工承包,而不属于工程总承包。另一种是工程咨询公司承担全部或绝大部分设计工作,其前提是承包商以工程总承包或交钥匙方式承包工程,并且承包商没有能力自己完成工程设计。这时,工程咨询公司通常在投标阶段完成到概念设计或基本设计,中标后再进一步深化设计。此外,工程咨询公司还要协助承包商编制成本估算、投标估价、编制设备安装计划、参与设备的检验和验收、参与系统调试和试生产等。

3. 为贷款方服务

这里所说的贷款方包括一般的贷款银行、国际金融机构(如世界银行、亚洲开发银行等)和国际援助机构(如联合国开发计划署、联合国粮食及农业组织等)。

工程咨询公司为贷款方服务的常见形式有两种:一是对申请贷款的项目进行评估。工程咨询公司的评估侧重于项目的工艺方案、系统设计的可靠性和投资估算的准确性,核算项目的财务评价指标并进行敏感性分析,最终提出客观、公正的评估报告。由于申请贷款项目通常都已完成可行性研究,因此,工程咨询公司的工作主要是对该项目的可行性研究报告进行审查、复核和评估。二是对已接受贷款的项目的执行情况进行检查和监督。国际金融或援助机构为了解已接受贷款的项目是否按照有关的贷款规定执行,确保工程和设备在国际招标过程中的公开性和公正性,保证贷款资金的合理使用,按项目实施的实际进度拨付,并能对贷款项目的实施进行必要的干预和控制,就需要委托工程咨询公司为其服务,对已接受贷款的项目的执行情况进行检查和监督,提出阶段性工作报告，以便及时、准确地掌握贷款项目的动态，从而作出正确的决策（如停贷、缓贷）。

4. 联合投标承包工程

在国际上，一些大型工程咨询公司往往与设备制造商和土木工程承包商组成联合体，参与工程总承包或交钥匙工程的投标，中标后共同完成工程建设的全部任务。在少数情况下，工程咨询公司甚至可以作为总承包商，承担建设工程的主要责任和风险，而承包商则成为分包商。工程咨询公司还可能参与 BOT (build-operate-transfer，建设一经营一转让)项目，甚至作为这类项目的发起人和策划公司。

虽然联合承包工程的风险相对较大，但可以给工程咨询公司带来更多的利润，并且在有些项目上可以更好地发挥工程咨询公司在技术、信息、管理等方面的优势。采用多种形式参与联合承包工程，已成为国际上大型工程咨询公司拓展业务的一个趋势。

[问一问]

工程咨询公司的服务对象和内容有哪些?

二、国际工程组织实施模式

随着社会技术经济水平的发展，建设工程业主的需求也在不断变化和发展，总的趋势是希望简化自身管理工作，得到更全面、更高效的服务，更好地实现建设工程预定目标。与此相适应，建设工程组织实施模式也在不断地发展，国际上出现了许多新型模式。这里主要介绍 CM 模式、Partnering 模式和 Project Controlling 模式。

(一)CM 模式

CM 在我国被翻译为建筑工程管理。但由于“建筑工程管理”的内涵很广泛，难以准确反映 CM 模式的含义，故这里直接用 CM 表示。

1. CM 模式的产生背景

1968 年，汤姆森等受美国建筑基金会的委托，在美国纽约州立大学研究关于如何加快设计和施工速度及如何改进控制方法的报告中，通过对许多大建筑公司的调查，在综合各方面经验的基础上，提出了快速路径法(fast-track method)，又称阶段施工法(phased construction method)。这种方法的基本特征是将设计工作分为若干阶段（如基础工程、上部结构工程、装修工程、安装工程）完成，每一阶段的设计工作完成后，就组织相应工程内容的施工招标，确定施工单位后即开始相应工程内容的施工。与此同时，下一阶段的设计工作继续进行，完成后再组织相应的施工招标，确定相应的施工单位。

由图 8－2 可以看出，采用快速路径法可以将设计工作和施工招标工作与施工搭接起来，整个建设周期是第一阶段设计工作和第一次施工招标工作所需要的时间与整个工程施工所需要的时间之和。与传统模式相比，快速路径法可以缩短建设周期。从理论上讲，其缩短的时间应为传统模式条件下设计工作和施工招标工作所需时间与快速路径法条件下第一阶段设计工作和第一次施工招标工作所需时间之差。对于大型、复杂的建设工程来说，这一时间差额很长，甚至可能超过1年。但实际上，与传统模式相比，快速路径法大大增加了施工阶段组织协调和目标控制的难度，如设计变更增多、施工现场多个施工单位同时分别施工导致工效降低等。这表明，在采用快速路径法时，如果管理不当，就可能欲速则不达。因此，迫切需要采用一种与快速路径法相适应的新的组织管理模式。CM模式便在如此背景下应运而生。

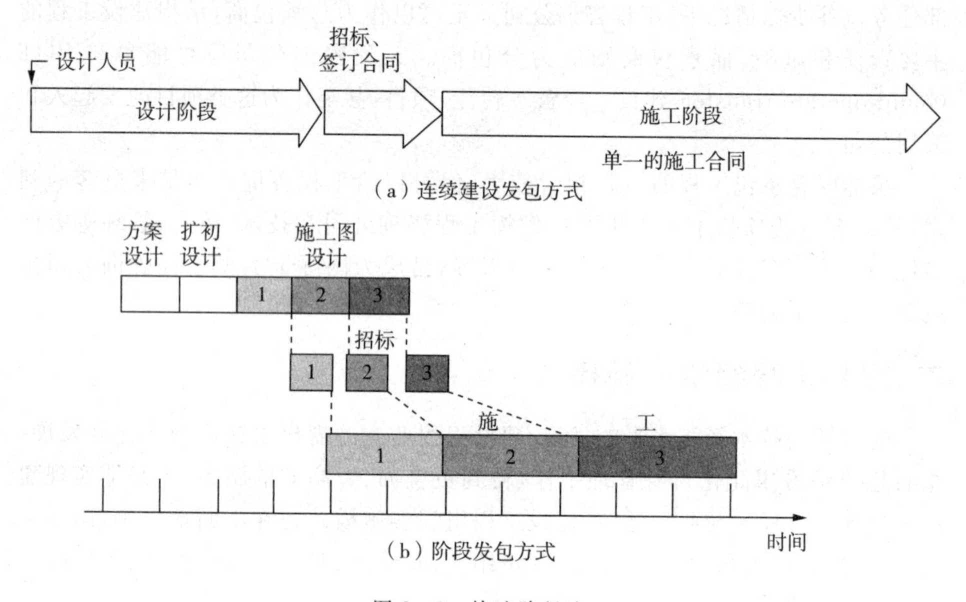

图8-2 快速路径法

CM模式是指在采用快速路径法时，从建设工程开始阶段就雇用具有施工经验的CM单位（或CM经理）参与到建设工程实施过程中，以便为设计人员提供施工方面的建议且随后负责管理施工过程。这种安排的目的是将建设工程实施作为一个完整过程来对待，并同时考虑设计和施工因素，力求使建设工程在尽可能短的时间内以尽可能低的费用和满足要求的质量建成并投入使用。

特别要注意的是，不要将CM模式与快速路径法混为一谈。因为快速路径法只是改进了传统模式条件下建设工程的实施顺序，不仅可在CM模式中使用，还可在其他模式中使用，如平行承发包模式、工程总承包模式（此时设计与施工的搭接是在工程总承包商内部完成的，且不存在施工与招标的搭接）。CM模式则是以使用CM单位为特征的建设工程实施组织模式，具有独特的合同关系和组织形式。

美国建筑师学会和美国总承包商联合会于20世纪90年代初共同制定了CM标准合同条件。

2. CM模式的种类

CM模式可分为代理型CM和非代理型CM两种类型。

(1)代理型CM(CM/agency)

代理型CM模式又称纯粹CM模式。采用代理型CM模式时，CM单位是业主的咨询单位，业主与CM单位签订咨询服务合同，CM合同价就是CM费，其表现形式可以是百分率(以今后陆续确定的工程费用总额为基数)或固定数额的费用,业主分别与多个施工单位签订所有的工程施工合同,其合同关系和协调管理关系如图 8-3 所示。

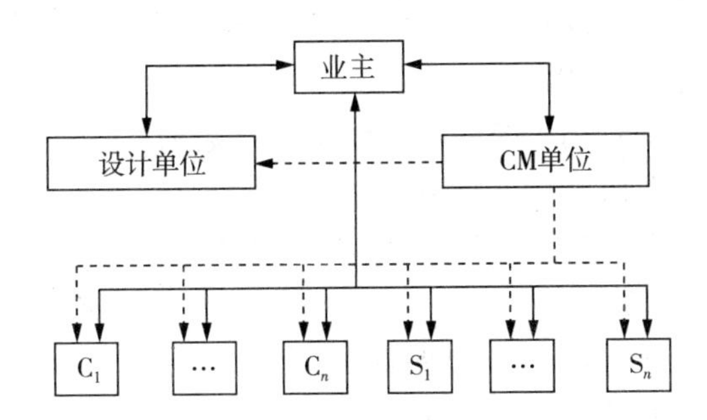

图 8-3 代理型 CM 模式的合同关系和协调管理关系

在图 8-3 中,C 表示施工单位,S 表示材料设备供应单位。需要说明的是,CM 单位对设计单位没有指令权,只能向设计单位提出一些合理化建议。这一点同样适用于非代理型 CM 模式。这也是 CM 模式与全过程建设工程项目管理的重要区别。

在代理型 CM 模式中,CM 单位通常是具有较丰富施工经验的专业 CM 单位或咨询单位。

(2)非代理型 CM(CM/non-agency)

非代理型 CM 模式又称风险型 CM 模式(at-risk CM),在英国则称为管理承包(management contracting)。据英国有关文献介绍,这种模式在英国 20 世纪 50 年代即已出现。采用非代理型 CM 模式时,业主一般不与施工单位签订工程施工合同,但也可能在某些情况下,对某些专业性很强的工程内容和工程专用材料、设备,业主与少数施工单位和材料、设备供应单位签订合同。业主与 CM 单位所签订的合同既包括 CM 服务内容,又包括工程施工承包内容,而 CM 单位与施工单位和材料、设备供应单位签订合同,其合同关系和协调管理关系如图 8-4 所示。

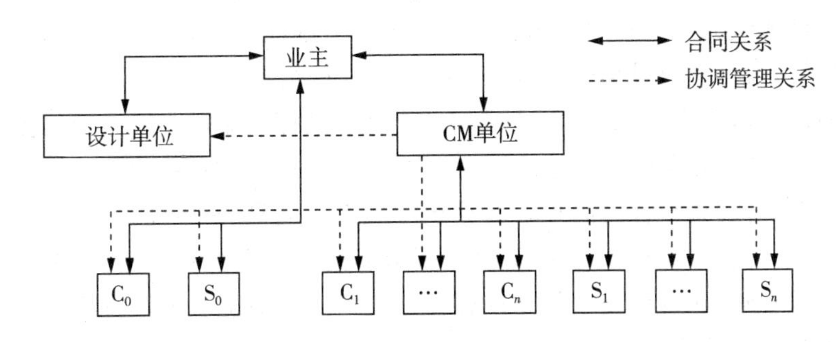

图 8-4 非代理型 CM 模式的合同关系和协调管理关系

在图 8-4 中,CM 单位与施工单位之间似乎是总分包关系,但实际上与总分包模式有本质的不同。它们的根本区别主要表现在:一是虽然 CM 单位与各个分包商直接签订合同，但CM单位对各分包商的资格预审、招标、议标和签约都对业主公开并只有经过业主的确认才有效。二是由于CM单位介入工程时间较早（一般在设计阶段介入）且不承担设计任务，因此，CM单位并不向业主直接报出具体数额的价格，而是报CM费，至于工程本身的费用则是今后CM单位与各分包商、供应商的合同价之和。也就是说，CM合同价由以上两部分组成，但在签订CM合同时，该合同价尚不是一个确定的具体数据，而主要是确定计价原则和方式，本质上属于成本加酬金合同的一种特殊形式。

由此可见，采用非代理型CM模式时，业主对工程费用不能直接控制，因而在这方面存在很大风险。为了促使CM单位加强费用控制，业主往往要求在CM合同中预先确定一个具体数额的保证最大价格（guaranteed maximum price，GMP），GMP包括总的工程费用和CM费。另外，在合同条款中通常规定，如果实际工程费用加CM费超过GMP，超出部分应由CM单位承担；反之，节余部分归业主所有。为提高CM单位控制工程费用的积极性，也可在合同中约定节余部分由业主与CM单位按一定比例分成。

不难理解，如果GMP的数额过高，就失去了控制工程费用的意义，业主所承担的风险会增大；反之，GMP的数额过低，则CM单位所承担的风险会加大。因此，GMP具体数额的确定就成为CM合同谈判的一个焦点和难点。确定一个合理的GMP，一方面取决于CM单位的水平和经验，另一方面更主要的是取决于设计所达到的深度。因此，如果CM单位介入时间较早（如在方案设计阶段即介入），则可能在CM合同中暂不确定GMP的具体数额，而是规定确定GMP的时间（不是从日历时间而是从设计进度和深度考虑）。但是，这样会大大增加GMP谈判的难度和复杂性。

在非代理型CM模式中，CM单位通常是由过去的总承包商演化而来的专业CM单位或总承包商。

(3)CM模式的适用情形

从CM模式的特点来看，在以下几种情况下尤其能体现出其优点。

① 设计变更可能性较大的建设工程。某些建设工程，即使采用传统模式即等全部设计图纸完成后再进行施工招标，在施工过程中仍然会有较多的设计变更（不包括因设计本身缺陷引起的变更）。在这种情况下，传统模式利于工程造价控制的优点体现不出来，而CM模式则能充分发挥其缩短建设周期的优点。

② 时间因素最为重要的建设工程。尽管建设工程的质量、造价、进度三者是一个目标系统，三大目标之间存在对立统一关系。但是，某些建设工程的进度目标可能是第一位的，如生产某些急于占领市场的产品的建设工程。如果采用传统模式组织实施，建设周期太长，虽然总投资可能较低，但可能因此而失去市场，导致投资效益降低乃至很差。

③ 因总的范围和规模不确定而无法准确确定造价的建设工程。这种情况表明业主的前期项目策划工作做得不好，如果等到建设工程总的范围和规模确定后再组织实施，持续时间太长。因此，可采取确定一部分工程内容即进行相应的

施工招标，从而选定施工单位开始施工。但是，由于建设工程总体策划存在缺陷，因而应用 CM 模式的局部效果可能较好，而总体效果可能不理想。

值得注意的是，无论哪种情形，应用 CM 模式都需要具有丰富施工经验的高水平 CM 单位，这是应用 CM 模式的关键和前提条件。

(二)Partnering 模式

Partnering 模式于 20 世纪 80 年代中期首先在美国出现，到 20 世纪 90 年代中后期，其应用范围逐步扩大到英国、澳大利亚、新加坡等国家和我国香港地区，近年来日益受到工程管理界的重视。

“Partnering”一词看似简单，但要准确地译成中文比较困难，我国将其译为伙伴关系。

Partnering 模式意味着业主与建设工程参与各方在相互信任、资源共享的基础上达成一种短期或长期的协议；在充分考虑参与各方利益的基础上确定建设工程共同的目标；建立工作小组，及时沟通以避免争议和诉讼的产生，相互合作、共同解决建设工程在实施过程中出现的问题，共同分担工程风险和有关费用，以保证参与各方目标和利益的实现。

1. Partnering 模式的主要特征

Partnering 模式的主要特征表现在以下几个方面。

(1)出于自愿

Partnering 协议并不仅仅是建设单位与承包单位双方之间的协议，而需要工程项目参建各方共同签署，包括建设单位、总承包单位、主要的分包单位、设计单位、咨询单位、主要的材料设备供应单位等。参与 Partnering 模式的有关各方必须是完全自愿的，而非出于任何原因的强迫。Partnering 模式的参与各方要充分认识到，这种模式的出发点是实现建设工程的共同目标以使参与各方都能获益。只有在认识上达到统一，才能在行动上采取合作和信任的态度，才能愿意共同承担风险和有关费用，共同解决问题和争议。

(2)高层管理者参与

Partnering 模式的实施需要突破传统的观念和组织界限，因而工程项目参建各方高层管理者的参与及在高层管理者之间达成共识，对于该模式的顺利实施是非常重要的。由于 Partnering 模式需要参与各方共同组成工作小组，要分担风险、共享资源，因此，高层管理者的认同、支持和决策是关键因素。

(3)Partnering 协议不是法律意义上的合同

Partnering 协议与工程合同是两个完全不同的文件。在工程合同签订后，工程参建各方经过讨论协商后才会签署 Partnering 协议。该协议并不改变参与各方在有关合同中规定的权利和义务。Partnering 协议主要用来确定参建各方在工程建设过程中的共同目标、任务分工和行为规范，是工作小组的纲领性文件。当然，该协议的内容也不是一成不变的，当有新的参与者加入时，或某些参与者对协议的某些内容有意见时，都可以召开会议经过讨论对协议内容进行修改。

(4)信息开放性

Partnering模式强调资源共享,信息作为一种重要的资源,对于参与各方必须公开。同时,参与各方要保持及时、经常和开诚布公的沟通,在相互信任的基础上,要保证工程质量、造价、进度等方面的信息能为参与各方及时、便利地获取。这不仅能保证建设工程目标得到有效控制,还能减少许多重复性工作,降低成本。

2. Partnering模式与其他模式的比较

Partnering模式与其他模式的比较见表8-4所列。

表8-4 Partnering模式与其他模式的比较

项目	Partnering模式	其他模式
目标	将建设工程参与各方的目标融为一个整体,考虑业主和参与各方利益的同时要满足甚至超越业主的预定目标,着眼于不断地提高和改进	业主与施工单位均有三大目标,但除了质量方面双方目标一致,在费用和进度方面双方目标可能矛盾
期限	可以是一个建设工程的一次性合作,也可以是多个建设工程的长期合作	合同规定的期限
信任性	信任建立在共同的目标、不隐瞒任何事实及相互承诺的基础上,长期合作则不再招标	信任建立在对完成建设工程能力的基础上,因而每个建设工程均需组织招标(包括资格预审)
回报	认为建设工程产生的结果很自然地已被彼此共享,各自都实现了自身的价值。有时可能就建设工程在实施过程中产生的额外收益进行分配	根据建设工程完成情况的好坏,施工单位有时可能得到一定的奖金(如提前工期奖、优质工程奖)或再接到新的工程
合同	传统的具有法律效力的合同加非合同性的Partnering协议	传统的具有法律效力的合同
相互关系	强调共同的目标和利益、合作精神,共同解决问题	强调各方的权利、义务和利益,在微观利益上相互对立
争议与索赔	较少出现甚至完全避免	次数多、数额大,常常导致仲裁或诉讼

3. Partnering模式的组成要素

成功运作Partnering模式所不可缺少的元素包括以下几个方面。

(1)长期协议

虽然Partnering模式也经常用于单个工程项目,但从各国实践情况看,在多个工程项目上持续运用Partnering模式可以取得更好效果,这也是Partnering模式的发展方向。通过与业主达成长期协议,进行长期合作,承包单位能够更加准确地了解业主需求。同时能保证承包单位不断地获取工程任务,从而使承包单位将主要精力放在工程项目的具体实施上,充分发挥其积极性和创造性。这样既有利于对工程项目质量、造价、进度的控制，又降低了承包单位的经营成本。对业主而言，一般只有通过与某一承包单位的成功合作，才能与其达成长期协议，这样不仅使业主避免了在选择承包单位方面的风险，还大大降低了交易成本，缩短了建设周期，取得了更好的投资效益。

(2)共享

工程参建各方共享有形资源(如人力、机械设备等)和无形资源(如信息、知识等)，共享工程项目实施所产生的有形效益(如费用降低、质量提高等)和无形效益(如避免争议和诉讼的产生、工作积极性提高、承包单位社会信誉提高等)。同时，工程项目参建各方共同分担工程的风险和采用 Partnering 模式所产生的相应费用。

在 Partnering 模式中，信息只有在工程参建各方之间及时、准确而有效地传递、转换，才能保证及时处理和解决已经出现的争议与问题，提高整个建设工程组织的工作效率。为此，须将传统的信息传递模式转变为基于电子信息网络的现代传递模式，如图 8-5 所示。

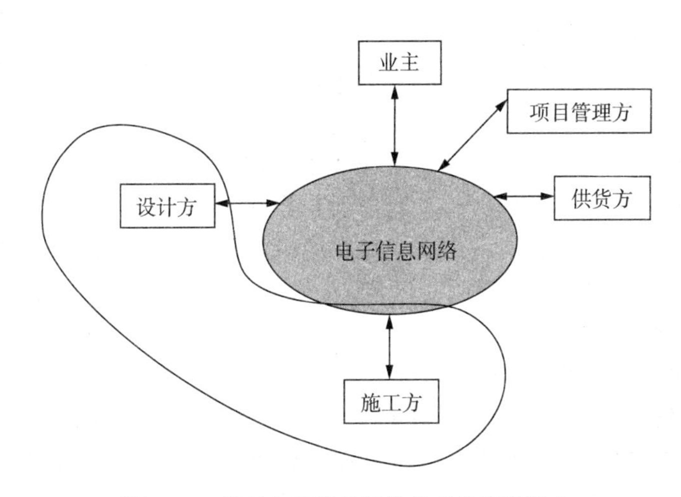

图 8-5　基于电子信息网络的现代传递模式

(3)信任

相互信任是确定工程项目参建各方共同目标和建立良好合作关系的前提，是 Partnering 模式的基础和关键。只有对工程参建各方的目标和风险进行分析及沟通，并建立良好的关系，彼此间才能更好地理解。只有相互理解，才能产生信任。只有相互信任，才能产生整体性效果。Partnering 模式所达成的长期协议本身就是相互信任的结果，其中每方的承诺都是基于对其他参建方的信任。只有相互信任，才能将建设工程其他承包模式中常见的参建各方之间相互对立的关系转化为相互合作的关系，才能实现参建各方的资源和效益共享。

(4)共同目标

在一个确定的建设工程中，参建各方都有其各自不同的目标和利益，在某些方面甚至还有矛盾和冲突。尽管如此，工程参建各方之间还是有许多共同利益的。例如，通过工程设计单位、施工单位、业主三方的配合，可以降低工程风险，对参建各方均有利，还可以提高工程的使用功能和使用价值，这样不仅提高了业主的投资效益，还提高了设计单位和施工单位的社会声誉。因此，采用Partnering模式要使工程参建各方充分认识到，只有建设工程实施结果本身是成功的，才能实现他们各自的目标和利益，从而取得双赢或多赢的结果。为此，参建各方就需要通过分析、讨论、协调、沟通，针对特定建设工程确定参建各方共同的目标，在充分考虑参建各方利益的基础上努力实现这些共同的目标。

（5）合作

工程参建各方要有合作精神，并在相互之间建立良好的合作关系。但这只是基本原则，要做到这一点，还需要有组织保证。Partnering模式需要突破传统的组织界限，建立一个由工程参建各方人员共同组成的工作小组。同时，要明确各方的职责，建立相互之间的信息流程和指令关系，并建立一套规范的操作程序。该工作小组围绕共同的目标展开工作，在工作过程中鼓励创新、合作的精神，对所遇到的问题要以合作的态度公开交流、协商解决，力求寻找一个使工程参建各方均满意或均能接受的解决方案。工程参建各方之间这种良好的合作关系创造出和谐、愉快的工作氛围，不仅可以大大减少争议和矛盾的产生，还可以及时作出决策，大大提高工作效率，有利于共同目标的实现。

4. Partnering模式的适用情况

Partnering模式总是与建设工程组织管理模式中的某种模式结合使用的，较为常见的情况是与总分包模式、工程总承包模式、CM模式结合使用。这表明，Partnering模式并不能作为一种独立存在的模式。从Partnering模式的实践情况看，并不存在适用范围的限制。但是，Partnering模式的特点决定了其特别适用于以下几种类型的建设工程。

（1）业主长期有投资活动的建设工程

在业主长期有投资活动的建设工程中，比较典型的有大型房地产开发项目、商业连锁建设工程、代表政府进行基础设施建设投资的业主的建设工程等。由于长期有连续的建设工程作为保证，业主与承包单位等工程参建各方的长期合作就有了基础，有利于增加业主与工程参建各方之间的了解和信任，从而可以签订长期的Partnering协议，取得比在单个建设工程中运用Partnering模式更好的效果。

（2）不宜采用公开招标或邀请招标的建设工程

不宜采用公开招标或邀请招标的建设工程，如军事工程、涉及国家安全或机密的工程、工期特别紧迫的工程等。在这些建设工程中，相对而言，投资一般不是主要目标，业主与承包单位较易形成共同的目标和良好的合作关系。而且，虽然没有连续的建设工程，但良好的合作关系可以保持下去，在今后新的建设工程中仍然可以再度合作。这表明，即使对于短期内一个确定的建设工程，也可以签订具有长期效力的协议（包括在新的建设工程中套用原来的Partnering协议）。

（3）复杂的不确定因素较多的建设工程

如果建设工程的组成、技术、参建单位复杂，尤其是技术复杂、施工的不确定因素多，在采用一般模式时，往往会产生较多的合同争议和索赔，容易导致业主与承包单位产生对立情绪，相互之间的关系紧张，影响整个建设工程目标的实现，其结果可能是两败俱伤。在这类建设工程中采用 Partnering 模式，可以充分发挥其优点，能协调工程参建各方之间的关系，有效减少和避免合同争议，避免仲裁或诉讼，较好地解决索赔问题，从而更好地实现工程参建各方共同的目标。

(4)国际金融组织贷款的建设工程

按贷款机构的要求，国际金融组织贷款的建设工程一般应采用国际公开招标(或称国际竞争性招标)，常常有外国承包商参与，合同争议和索赔经常发生而且数额较大。另外，一些国际著名的承包商往往具有 Partnering 模式的实践经验，至少对这种模式有所了解。因此，在这类建设工程中采用 Partnering 模式，容易为外国承包商所接受并较为顺利地运作，从而可以有效地防范和处理合同争议及索赔，避免仲裁或诉讼，较好地控制建设工程目标。当然，在这类建设工程中，一般是针对特定建设工程签订 Partnering 协议而不是签订长期的 Partnering 协议。

(三)Project Controlling 模式

Project Controlling 模式于 20 世纪 90 年代中期在德国首次出现并形成相应理论。Project Controlling 可理解为“项目总控”，但这里仍采用英文原文。

1. Project Controlling 模式的产生背景

Project Controlling 模式是适应大型建设工程业主高层管理人员决策需要而产生的。在大型建设工程的实施中，即使业主委托了工程咨询单位进行全过程、全方位的项目管理，但重大问题仍须由业主自己作出决策。例如，当进度目标与造价目标发生矛盾时或质量目标与造价目标发生矛盾时，要作出正确的决策对业主来说是相当困难的。另外，某些大型和特大型建设工程(如我国的长江三峡工程、德国的统一铁路改造工程等)往往由多个颇具规模和复杂性的单项工程及单位工程组成，业主通常是委托多个各具专业优势的工程项目管理咨询单位分别对不同的单项工程和单位工程进行项目管理，而不可能仅仅委托一家工程项目管理咨询单位对整个建设工程进行全面的项目管理。在这种情况下，如果不同的单项工程之间出现矛盾，业主是很难作出正确决策的。

要作出正确决策，必须具备一定的前提：首先，要有准确、详细的信息，使业主对工程实施情况有一个正确、清晰和全面的了解；其次，要对工程实施情况和有关矛盾及其原因有正确、客观的分析(包括偏差分析)；最后，要有多个经过技术经济分析和比较的决策方案供业主选择。常规的工程项目管理往往难以满足业主决策的这些要求。

Project Controlling 模式实质上是建设工程业主的决策支持机构，其日常工作就是及时、准确地收集建设工程在实施过程中产生的与建设工程目标有关的各种信息，并科学地对其进行分析和处理，最后将处理结果以多种不同的书面报告形式提供给业主管理人员，以使业主能够及时地作出正确决策。

Project Controlling 模式的出现反映了工程项目管理专业化发展的一种新

趋势，即专业分工的细化。工程项目管理咨询服务既可以是全过程、全方位的服务，又可以仅仅是某一阶段（如设计阶段或施工阶段）的服务或仅仅是某一方面（如质量控制或投资控制）的服务；既可以是建设工程在实施过程中的实务性服务或综合管理服务，又可以仅仅是为业主提供决策支持服务。这样，不仅可以更好地适应业主的不同要求，还有利于工程项目管理咨询单位发挥各自的特长和优势，有利于在工程项目管理咨询服务市场形成有序竞争的局面。

2. Project Controlling 模式的种类

根据建设工程的特点和业主方组织结构的具体情况，Project Controlling 模式可分为单平面 Project Controlling 模式和多平面 Project Controlling 模式两种类型。

（1）单平面 Project Controlling 模式

当业主只有一个管理平面（指独立的功能齐全的管理机构），一般只设置 1 个 Project Controlling 机构，称为单平面 Project Controlling 模式，其组织结构如图 8－6 所示。

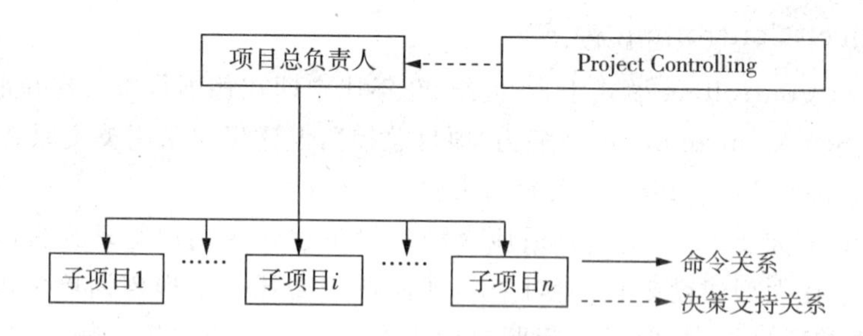

图 8－6　单平面 Project Controlling 模式的组织结构

单平面 Project Controlling 模式的组织关系简单，Project Controlling 方的任务明确，仅为项目总负责人（泛指与项目总负责人所对应的管理机构）提供决策支持服务。为此，Project Controlling 方首先要协调和确定整个项目的信息组织，并确定项目总负责人对信息的需求。

在项目实施过程中，收集、分析和处理信息，并将信息处理结果提供给项目总负责人，以使其掌握项目总体进展情况和趋势，并作出正确决策。

（2）多平面 Project Controlling 模式

当项目规模大到业主必须设置多个管理平面时，Project Controlling 方可以设置多个平面与之对应，这就是多平面 Project Controlling 模式，如图 8－7 所示。

多平面 Project Controlling 模式的组织关系较为复杂，Project Controlling 方的组织需要采用集中控制和分散控制相结合的形式，即针对业主项目总负责人（或总管理平面）设置总 Project Controlling 机构，同时针对业主各子项目负责人（或子项目管理平面）设置相应的分 Project Controlling 机构。这表明，Project Controlling 方的组织结构与业主项目管理的组织结构有明显的一致性和对应关系。在多平面 Project Controlling 模式中，总 Project Controlling 机构

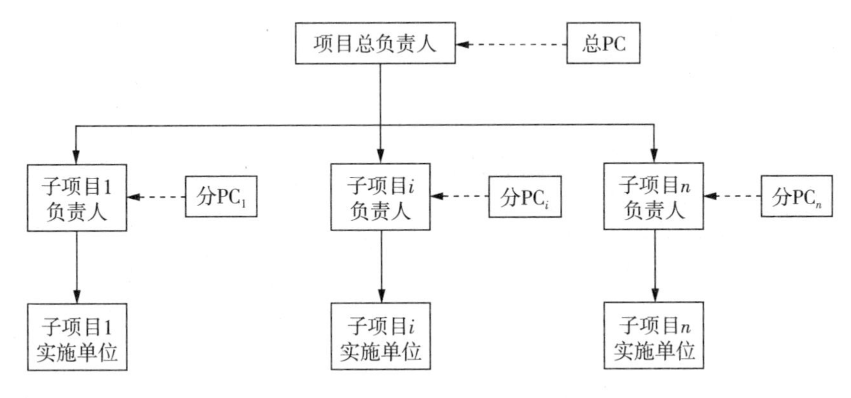

图 8－7　多平面 Project Controlling 模式的组织结构

对外服务于业主项目总负责人；对内则确定整个项目的信息规则，指导、规范并检查分 Project Controlling 机构的工作，同时还承担信息集中处理者的角色。分 Project Controlling 机构则服务于业主各子项目负责人，且必须按照总 Project Controlling 机构所确定的信息规则进行信息处理。

这里以德国统一铁路改造工程为例，说明多平面 Project Controlling 模式的具体应用。

德国统一铁路改造工程总投资高达 360 亿德国马克（已停止流通），工程内容包括铁轨的铺设、车站的新建和改建、公路和铁路桥的架设、隧道的贯通及电气设施的建设和安装等。该工程的子项目分布在数千公里的铁路线上，工地分散，最多有 60 多个不同的子项目同时在进行设计、施工，并且 80％的施工项目必须在不影响铁路正常运输的前提下进行施工，即采用边运行边施工的建设方式。

德国统一铁路改造工程由德国统一铁路交通工程规划公司承担业主角色，负责整个工程的统一管理和控制。鉴于该工程具有规模巨大、工程内容复杂和工地分散的特点，PBDE 设置了 12 个地方项目管理中心，形成两平面的项目管理组织结构。为了提高决策水平和对整个工程建设的控制效果，PBDE 委托德国 GIB 工程咨询公司担任 Project Controlling 方。针对业主方的项目管理组织结构，GIB 工程咨询公司设置了中央和地方两级 Project Controlling 机构，分别与业主项目管理组织机构相对应，如图 8－8 所示。GIB 工程咨询公司利用所建立的 GRANID 信息处理系统，进行该工程战略策划、投资、进度、合同付款和资源等方面的信息处理。根据处理结果进行分析和协调，在必要时还提出一些建议，最终形成一系列书面报告，满足了 PBDE 不同领导层项目管理工作的需要。

3. Project Controlling 模式与工程项目管理服务的比较

Project Controlling 模式与工程项目管理服务具有一些相同点，主要表现在：一是工作属性相同，即都属于工程咨询服务；二是控制目标相同，即都是控制建设工程质量、造价、进度三大目标；三是控制原理相同，即都是采用动态控制、

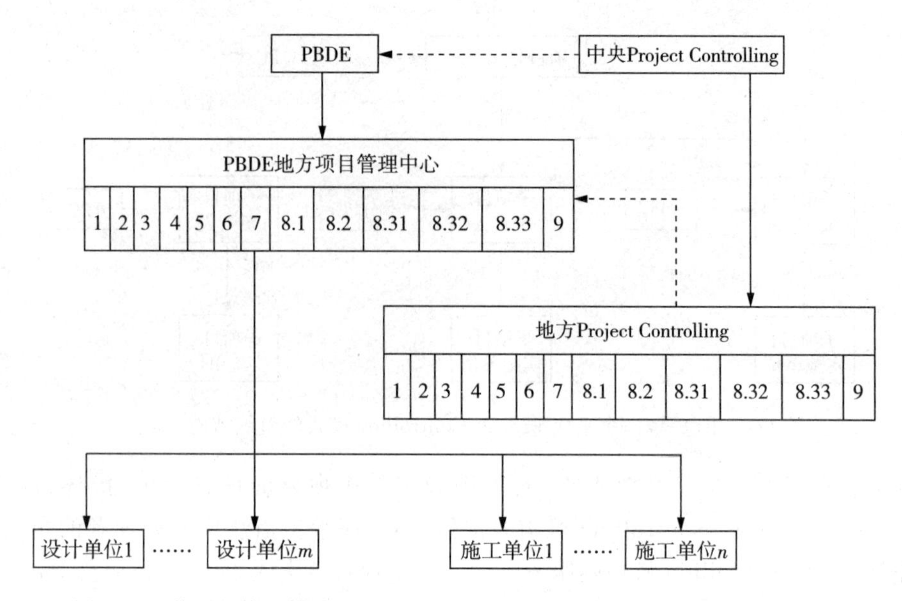

图 8-8 德国的统一铁路改造工程多平面 Project Controlling 模式组织结构

主动控制与被动控制相结合并尽可能采用主动控制。

Project Controlling 模式与工程项目管理服务的不同之处主要表现在以下几个方面。

(1)两者的地位不同。工程项目管理咨询单位是在业主或业主代表的直接领导下,具体负责工程项目建设过程的管理工作,业主或业主代表可在合同规定的范围内向工程项目管理咨询单位在该项目上的具体工作人员下达指令。Project Controlling 咨询单位直接向业主的决策层负责,相当于业主决策层的智囊,为其提供决策支持,业主不向 Project Controlling 咨询单位在该项目上的具体工作人员下达指令。

(2)两者的服务时间不尽相同。工程项目管理咨询单位可以为业主仅仅提供施工阶段的服务,也可以为业主提供实施阶段全过程乃至工程建设全过程的服务,其中以实施阶段全过程服务在国际上较普遍。Project Controlling 咨询单位一般不为业主仅仅提供施工阶段的服务,而是为业主提供实施阶段全过程和工程建设全过程的服务,甚至还可能提供项目策划阶段的服务。由于到目前为止 Project Controlling 模式在国际上的应用尚不普遍,已有的项目实践尚不具有统计学上的意义,因而还很难说以哪种情况为主。

(3)两者的工作内容不同。工程项目管理咨询单位围绕建设工程目标控制有许多具体工作,如设计和施工文件的审查、分部分项工程乃至工序的质量检查和验收、各施工单位施工进度的协调、工程结算和索赔报告的审查与签署等。Project Controlling 咨询单位不参与建设工程具体的实施过程和管理工作,其核心工作是信息处理,即收集信息、分析信息、出具有关的书面报告。可以说,工程项目管理咨询单位侧重于负责组织和管理建设工程物质流的活动,而 Project Controlling 咨询单位只负责组织和管理建设工程信息流的活动。

(4)两者的权力不同。由于工程项目管理咨询单位具体负责工程建设过程的管理工作，直接面对设计单位、施工单位及材料和设备供应单位，因而对这些单位具有相应的权力，如下达开工令、暂停施工令、工程变更令等指令权，对已实施工程的验收权、对工程结算和索赔报告的审核与签署权，对分包商的审批权等。Project Controlling 咨询单位不直接面对这些单位，对这些单位没有任何指令权和其他管理方面的权力。

4. 应用 Project Controlling 模式须注意的问题

应用 Project Controlling 模式须注意以下问题。

(1)Project Controlling 模式一般适用于大型和特大型建设工程。因为在这些工程中，即使委托多个工程项目管理咨询单位分别进行全过程、全方位的项目管理，业主仍然有数量众多、内容复杂的项目管理工作，往往涉及重大问题的决策，业主自己没有把握作出正确决策，而一般的工程项目管理咨询单位也不能提供这方面的服务，因而业主迫切需要高水平的 Project Controlling 咨询单位为其提供决策支持服务。对于中小型建设工程来说，常规的工程项目管理服务已能够满足业主需求，不必采用 Project Controlling 模式。

(2)Project Controlling 模式不能作为一种独立存在的模式。在这一点上，Project Controlling 模式与 Partnering 模式有共同之处。但是，Project Controlling 模式与 Partnering 模式仍有明显的区别。由于 Project Controlling 模式一般适用于大型和特大型建设工程，而在这些建设工程中往往同时采用多种组织管理模式，这表明，Project Controlling 模式往往是与建设工程组织管理模式中的多种模式同时并存的，并且对其他模式没有任何“选择性”和“排他性”。另外，采用 Project Controlling 模式时，仅在业主与 Project Controlling 咨询单位之间签订有关协议，该协议不涉及建设工程其他参与方。

(3)Project Controlling 模式不能取代工程项目管理服务。Project Controlling 与工程项目管理服务都是业主所需要的，在同一个建设工程中，两者是同时并存的，不存在相互替代、孰优孰劣的问题，也不存在领导与被领导的关系。实际上，应用 Project Controlling 模式能否取得预期效果，在很大程度上取决于业主是否得到高水平的工程项目管理服务。不难理解，在特定建设工程中，工程项目管理咨询单位的水平越高，业主负责的项目管理的工作就越少，面对的决策压力就越小，从而使 Project Controlling 咨询单位的工作较为简单，效果就较好。尤其要注意的是，不能因为有了 Project Controlling 咨询单位的信息处理工作，而淡化或弱化工程项目管理咨询单位常规的信息管理工作。

(4)Project Controlling 咨询单位需要工程参建各方的配合。Project Controlling 咨询单位的工作与工程参建各方有非常密切的联系。信息是 Project Controlling 咨询单位的工作对象和基础，而建设工程的各种有关信息都来源于工程参建各方；另外，为了能向业主决策层提供有效的、高水平的决策支持，必须保证信息的及时性、准确性和全面性。由此可见，如果没有工程参建各方的积极配合，Project Controlling 模式就难以取得预期效果。需要特别强调的是，在这一点上，工程参建各方也包括工程项目管理咨询单位或工程监理单位。而且，由于工程项目管理咨询单位直接面对工程其他参建方，因而其与 Project Controlling 咨询单位的配合显得尤为重要。

思 考 题

1. 全过程工程咨询服务的概念和特点是什么？
2. 全过程工程咨询服务的服务内容和实施方式是什么？
3. 咨询工程师应具备哪些素质？FIDIC 规定的咨询工程师道德准则有哪些？
4. 工程咨询公司的服务对象和内容有哪些？
5. CM 模式有哪几种？分别适用于哪些情形？
6. Partnering 模式的主要特征和组成要素有哪些？
7. Project Controlling 模式有哪几种？应用中须注意哪些问题？
8. Project Controlling 模式与工程项目管理服务的不同之处有哪些？

附　录

综合练习题

一、单项选择题（共 50 题，每题 1 分。每题的备选项中，只有一个最符合题意）

1. 对于采用（　　）方式建设的政府投资项目，政府要审批项目建议书、可行性研究报告、初步设计和概算。

A. 转贷　　　　B. 贷款贴息

C. 投资补助　　　　D. 资本金注入

2. 监理工程师的执业特点之一是执业范围广泛，该特点表现在（　　）。

A. 监理的工程类别方面

B. 监理的过程方面

C. 监理的工程类别或监理的过程方面

D. 监理的工程类别和监理的过程方面

3. 下列监理工程师的权利和义务中，属于监理工程师义务的是（　　）。

A. 使用注册监理工程师的称谓

B. 在本人执业活动所形成的工程监理文件上签字、加盖执业印章

C. 保管和使用本人的注册证书及执业印章

D. 依据本人能力从事相应的执业活动

4. 根据《建筑法》，建筑施工企业（　　）。

A. 必须为从事危险作业的职工办理意外伤害保险，支付保险费

B. 应当为从事危险作业的职工办理意外伤害保险，支付保险费

C. 必须为职工参加工伤保险，缴纳工伤保险费

D. 应当为职工参加工伤保险，缴纳工伤保险费

5. 根据《建设工程质量管理条例》，建设工程发包单位（　　）。

A. 不得迫使承包方以低于成本的价格竞标，不得压缩合同约定的工期

B. 不得迫使承包方以低于成本的价格竞标，不得任意压缩合理工期

C. 不得暗示承包方以低于成本的价格竞标，不得压缩合同约定的工期

D. 不得暗示承包方以低于成本的价格竞标，不得任意压缩合理工期

6. 监理工程师应严格遵守的职业道德守则是（　　）。

A. 接受继续教育，努力提高执业水准

B. 不以个人名义承揽监理业务

C. 在规定的执业范围和聘用单位业务范围内从事执业活动

D. 保证执业活动成果的质量

7. 下列内容中，属于 FIDIC 工程师职业道德的是(　　)。

A. 能力　　　　B. 科学

C. 守法　　　　D. 诚信

8. 办理工程质量监督手续时须提供的文件是(　　)。

A. 施工图设计文件　　　　B. 施工组织设计文件

C. 监理单位质量管理体系文件　　　　D. 建筑工程用地审批文件

9. 关于建设工程三大目标之间对立关系的说法，正确的是(　　)。

A. 提高项目功能，可能减少费用运行

B. 缩短建设工期，可能提早发挥投资效益

C. 提高工程质量，可能减少返工、保证建设工期

D. 减少工程投资，可能会降低项目功能

10. 关于目标控制效果的说法，错误的是(　　)。

A. 直接取决于目标控制人员对目标控制效果的评价

B. 直接取决于是否将主动控制与被动控制相结合

C. 直接取决于采取控制措施的时间是否及时

D. 直接取决于目标控制的措施是否得力

11. 关于目标分解结构与组织分解结构的说法，正确的是(　　)。

A. 目标分解结构较细、层次较少，而组织分解结构较粗、层次较多

B. 目标分解结构较粗、层次较少，而组织分解结构较细、层次较多

C. 目标分解结构较粗、层次较多，而组织分解结构较细、层次较少

D. 目标分解结构较细、层次较多，而组织分解结构较粗、层次较少

12. 对按工程内容分解的各项投资进行控制，这体现了建设工程投资控制的(　　)控制。

A. 全过程　　　　B. 全方位

C. 动态　　　　D. 目标

13. 招标文件中要求投标人招标后提交履约保证金，其金额不得超过中标合同金额的(　　)。

A. 5%　　　　B. 10%

C. 15%　　　　D. 20%

14. 确定管理组织的目标和大政方针及实施计划是(　　)的主要任务，其人员必须精干、高效。

A. 决策层　　　　B. 协调层

C. 执行层　　　　D. 操作层

15. 下列属于建设工程设计阶段监理单位进度控制的主要任务是(　　)。

A. 控制施工图预算

B. 利用竞争机制选择并确定设计单位

C. 提供设计所需要的基础资料和数据

D. 对设计进行技术经济评估

16. 目标计划与目标控制之间表现出的循环关系不是简单的重复，而是在(　　)上不断前进的循环。

A. 作用不同的主辅关系　　B. 不断的发展

C. 先后出现的流程关系　　D. 新的基础

17. 建设工程目标控制的合同措施不包括(　　)。

A. 拟定合同条款

B. 对每个合同进行总体和具体分析

C. 签订合同

D. 分析不同合同之间的相互联系和影响

18. 下列风险识别中，风险识别结果较粗的是(　　)。

A. 初始清单法　　B. 经验数据法

C. 风险调查法　　D. 流程图法

19. 由于建设工程风险的(　　)，只有对特定建设工程的风险进行定量评价，才能使目标规划的结果更合理、更可靠。

A. 个别性　　B. 主观性

C. 复杂性　　D. 不确定性

20. 建设工程风险损失不包括(　　)。

A. 进度风险　　B. 成本风险

C. 质量风险　　D. 投资风险

21. 目标分解结构与组织分解结构之间存在对应关系，因此目标分解结构(　　)。

A. 必须与组织分解结构完全一致

B. 在较粗的层次上应当与组织分解结构一致

C. 在较细的层次上应当与组织分解结构一致

D. 在各个层次上都与组织分解结构基本一致

22. 关于风险识别方法的说法，正确的是(　　)。

A. 流程图法不仅分析流程本身，还可显示发生问题的损失值或损失发生的概率

B. 初始清单法是指根据已建各类建设工程与风险有关的统计数据来识别拟建工程风险

C. 经验数据法根据已建各类建设工程与风险有关的统计数据来辨识拟建工程风险

D. 专家调查法从分析具体工程特点入手，对已经识别出的风险进行鉴别和确认

23. 组织内部各部分之间所确立的较为稳定的相互关系和联系方式为(　　)。

A. 组织行为　　B. 组织设计

C. 组织结构　　　　　　　　　　D. 组织模式

24. 根据《招标投标法》，依法必须招标的项目，招标人应当自确定中标人之日起(　　)日内，向有关行政监督部门提交招标投标情况的书面报告。

A. 7　　　　　　　　　　B. 15

C. 20　　　　　　　　　　D. 30

25. 在建设工程监理实施中，总监理工程师负责制的核心是(　　)。

A. 权利　　　　　　　　　　B. 责任

C. 服务　　　　　　　　　　D. 监督

26. 管理跨度的大小直接取决于这一级管理人员(　　)。

A. 所管辖的人数　　　　　　　　　　B. 所需要协调的工作量

C. 职权的大小　　　　　　　　　　D. 职位的高低

27. 下列项目监理机构内部协调工作中，属于内部组织关系协调的是(　　)。

A. 信息沟通上要建立制度　　　　　　B. 工作分工上要职责分明

C. 矛盾协调上要恰到好处　　　　　　D. 成绩评价上要实事求是

28. 监理规划编制完成后，应经(　　)审核批准后实施。

A. 监理单位负责人　　　　　　　　　　B. 监理单位技术负责人

C. 总监理工程师　　　　　　　　　　D. 项目监理机构技术负责人

29. 关于监理规划作用的说法，错误的是(　　)。

A. 监理规划的基本作用是指导项目监理机构全面开展监理工作

B. 监理规划是业主了解和确认监理单位全面履行监理合同的依据

C. 监理规划是政府建设主管部门对监理单位监理业绩考察的依据

D. 监理规划是监理单位和建设单位应长期保存的工程档案之一

30. 下列监理工程师质量控制措施中，属于技术措施的是(　　)。

A. 落实质量责任　　　　　　　　　　B. 制定协调程序

C. 组织平行检验　　　　　　　　　　D. 优化信息流程

31. 根据《建设工程监理合同(示范文本)》，工程监理单位需要更换总监理工程师时，应提前(　　)日书面报告建设单位。

A. 3　　　　　　　　　　B. 5

C. 7　　　　　　　　　　D. 14

32. 监理单位编写的监理细则是经总监理工程师批准实施的(　　)文件。

A. 指导性　　　　　　　　　　B. 操作性

C. 说明性　　　　　　　　　　D. 方案性

33. 建设工程采用平行承发包模式的优点是(　　)。

A. 有利于缩短建设工期　　　　　　　　　　B. 有利于合同方的合同管理

C. 有利于工程总价的确定　　　　　　　　　　D. 有利于减少工程招标任务量

34. 关于 Partnering 模式特征的说法，错误的是(　　)。

A. Partnering 模式要求各方高层管理者参与并达成共识

B. Partnering 协议规定了参与各方的目标、权利和义务

C. Partnering 模式的参与者出于自愿

D. Partnering 模式强调信息开放与资源共享

35. 下列关于开标、评标的说法，错误的是(　　)。

A. 投标人少于 3 个的，不得开标

B. 投标人对开标有异议的，应当在现场提出

C. 标底只能作为评标的参考

D. 可以邀请行政监督部门的工作人员担任本部门负责监督项目的评标委员会成员

36. 下列关于中标的说法，错误的是(　　)。

A. 依法必须招标的项目，中标公示期不得少于 3 日

B. 履约保证金不得超过中标合同金额的 10%

C. 招标人和中标人不得再行订立背离合同实质性内容的其他协议

D. 必须以排名第一的中标候选人为中标人

37. 工程监理企业需要继续从事工程监理活动的，应当在资质证书有效期届满(　　)日前，向企业所在地省级资质许可机关申请办理延续手续。

A. 60　　B. 30

C. 15　　D. 1

38. 建设工程监理信息的特征不包括(　　)。

A. 伸缩性　　B. 可识别性

C. 集中性和无序性　　D. 共享性

39. 只有通过(　　)的投标文件才能参加详细评审。

A. 初步评审　　B. 资格评审

C. 资格后审　　D. 开标

40. 下列工作用表中，属于监理单位用表的是(　　)。

A. 工程最终延期申请表　　B. 监理工程师通知回复单

C. 分包单位资格报审表　　D. 工程变更单

41. 根据《建筑法》，实施建设工程监理前，建设单位应当将(　　)书面通知被监理的建筑施工企业。

A. 监理范围　　B. 监理内容及监理权限

C. 监理目标　　D. 监理工作程序

42. 根据《建筑法》，建设单位应当自领取施工许可证之日起的(　　)个月内开工，因故不能按期开工的，应向发证机关申请延期。

A. 1　　B. 2

C. 3　　D. 6

43. 根据《建设工程质量管理条例》，隐蔽工程在隐蔽前，施工单位应当通知(　　)。

A. 建设单位和监理单位

B. 建设单位和建设工程质量监督机构

C. 监理单位和设计单位

D. 设计单位和建设工程质量监督机构

44. 根据《建设工程安全生产管理条例》,工程监理单位和监理工程师应当按照法律、法规和(　　)实施监理,并对建设工程的安全生产承担监理责任。

A. 工程监理合同　　B. 建设工程合同

C. 设计文件　　D. 工程建设强制性标准

45. 根据《建设工程安全生产管理条例》,针对(　　)编制的专项施工方案,施工单位还应组织专家进行论证、审查。

A. 起重吊装工程　　B. 脚手架工程

C. 高大模板工程　　D. 拆除、爆破工程

46. 根据《民法典(合同编)》,工程勘察合同属于(　　)。

A. 承揽合同　　B. 技术咨询合同

C. 委托合同　　D. 建设工程合同

47. 根据《建设工程监理规范》,不属于监理细则编写依据的是(　　)。

A. 已批准的监理规划

B. 施工组织设计,专项施工方案

C. 工程外部环境调查资料

D. 与专业工程相关的资料文件和技术资料

48. 在设计过程中,需要在不同设计阶段进行纵向的反复协调,这种协调(　　)。

A. 仅限于同一专业之间的协调

B. 仅限于不同专业之间的协调

C. 可能是同一专业之间的协调,也可能是不同专业之间的协调

D. 表现为不同设计深度的协调

49.《建筑法》规定,交付竣工验收的建筑工程,必须符合规定的建筑工程质量标准,有(　　),并具有国家规定的其他竣工条件。

A. 完整的工程技术经济资料和竣工文件

B. 完整的工程质量文件和经签署的工程保修书

C. 完整的工程技术经济资料和经签署的工程保修书

D. 经签署的工程保修书和完整的监理资料

50. 下列方法中,不可用于分析与评价建设工程风险的是(　　)。

A. 经验数据法　　B. 调查打分法

C. 计划评审技术法　　D. 敏感性分析法

二、多项选择题(共 30 题,每题 2 分。每题的备选项中,有两个或两个以上符合题意,至少有一个错项。错选,本题不得分;少选,所选的每个选项得 0.5 分)

51. 建设工程监理的作用主要表现为(　　)。

A. 有利于加强对监理企业资质和个人执业的市场准入实施双重控制

B. 有利于促使承建单位保证建设工程的质量和使用安全
C. 有利于规范工程建设参与各方的建设行为
D. 有利于实现建设工程投资决策科学化水平
E. 有利于实现建设工程投资效益最大化

52. 政府审核企业提交的项目申请报告主要从(　　)等方面进行核准。
A. 提高财务收益　　B. 保障公共利益
C. 保护生态环境　　D. 预测市场前景
E. 维护经济安全

53. 项目法人的工作内容包括(　　)。
A. 项目用地预审　　B. 项目资金筹措
C. 项目环评审查　　D. 项目建设实施
E. 项目债务偿还

54. 监理工程师的职业道德守则包括(　　)。
A. 不以个人名义承揽监理义务
B. 不收受被监理单位的任何礼金
C. 接受继续教育,努力提高执业水准
D. 不泄露监理工程各方认为需要保密的事项
E. 保证执业活动的质量,并承担相应责任

55. 守法是工程监理企业经营活动的基本准则之一,主要体现为(　　)。
A. 在核定的业务范围内开展经营活动
B. 以善良的心态行使民事权利、承担民事义务
C. 按照委托监理合同的约定认真履行职责
D. 承揽监理业务的总量要视本单位的力量而定
E. 不以其他工程监理企业的名义承揽监理业务

56. 实行监理工程师资格考试在(　　)方面具有重要意义。
A. 公正地确定监理工程师的资格　　B. 考核是否胜任岗位工作
C. 统一监理工程师的义务能力标准　　D. 合理建立工程监理人才库
E. 促进监理人员努力钻研监理业务,提高业务水平

57. 工程监理企业实施科学化管理主要体现在(　　)。
A. 科学的方案　　B. 科学的计划
C. 科学的手段　　D. 科学的决策
E. 科学的方法

58. 对建设工程投资进行全方位控制时,应注意的主要问题有(　　)。
A. 认真分析建设工程及其投资构成的特点
B. 根据各项费用的特点选择适当的控制方式
C. 对投资、进度、质量目标进行协同控制
D. 强调建设工程早期控制的重要性
E. 抓主要矛盾、对投资控制有所控制

59. 下列关于设计阶段特点的说法，正确的有(　　)。

A. 设计阶段是决定建设工程价值和使用价值的主要阶段

B. 设计阶段是影响建设工程投资的关键阶段

C. 设计阶段是资金投入量最大的阶段

D. 设计阶段合同关系复杂，合同争议多

E. 设计阶段持续时间长，风险因素最多

60. 风险识别的特点有(　　)。

A. 个别性　　B. 客观性

C. 复杂性　　D. 继承性

E. 确定性

61. 建设工程风险的分解途径包括(　　)。

A. 目标维　　B. 时间维

C. 结构维　　D. 因素维

E. 损失程度维

62. 关于建设工程进度控制的全过程控制，要注意的问题有(　　)。

A. 对影响进度的各种因素都要进行控制

B. 在编制进度计划时要充分考虑各阶段工作之间的合理搭接

C. 注意各方面工作进度对施工进度的影响

D. 在工程建设的早期就应当编制进度计划

E. 抓好关键线路的进度控制

63. 根据《建筑法》，工程监理人员认为工程施工不符合(　　)的，有权要求建筑施工企业改正。

A. 建设单位要求　　B. 工程设计要求

C. 施工技术标准　　D. 施工组织设计

E. 合同约定

64. 关于项目监理机构组织协调，下列说法正确的有(　　)。

A. 项目监理机构内部需求关系的协调可以从以下两个环节进行，即对监理设备、材料的平衡和对监理人员的平衡

B. 与业主协调时，监理工程师首先要理解建设工程总目标

C. 监理工程师与业主协调时，不必让业主投入建设工程中

D. 在发现质量缺陷并需要采取措施时，监理工程师必须立即通知承包商

E. 监理工作联系单、工程变更单要按规定的程序传递

65. 在风险识别过程中应遵循的原则有(　　)。

A. 必要时，可做试验论证

B. 严格界定风险内涵并考虑风险因素之间的相关性

C. 先怀疑，后排除

D. 排除与确认并重

E. 正确认识建设工程项目管理与风险管理的关系

66. 风险评价的作用具体表现为(　　)。

A. 仅在于找出风险因素和风险事件

B. 可确定风险的概率

C. 可确定各种风险的严重程度

D. 可准确度量投保工程险时的保险费

E. 可选择适宜的风险对策

67. 组织构成一般是上小下大的形式,构成的因素有(　　)。

A. 管理层次　　B. 管理跨度

C. 管理制度　　D. 管理职能

E. 管理部门

68. 建设工程组织管理的基本模式包括(　　)。

A. 单独承发包模式　　B. 项目总承包模式

C. 设计或施工总承包模式　　D. 平行承发包模式

E. 项目总承包管理模式

69. 对于项目监理机构来说,组织设计时要遵循作业分工与协调统一的原则,在分工中应注意(　　)。

A. 主动协调

B. 按照专业化的要求来设置组织机构

C. 工作上要严密分工

D. 分工的经济效益

E. 有具体可行的协调配合办法

70. 根据《建设工程质量管理条例》,建设单位的质量责任和义务有(　　)。

A. 不使用未经审查批准的施工图设计文件

B. 责令改正工程质量问题

C. 不得任意压缩合理工期

D. 签署工程质量保密书

E. 向有关部门移交建设项目档案

71. 下列建设工程组织管理模式中,不能独立存在的有(　　)。

A. 总承包模式　　B. 全过程咨询

C. CM 模式　　D. Partnering 模式

E. Project Controlling 模式

72. 下列资料管理职责中,属于监理单位管理职责的有(　　)。

A. 收集和整理工程准备阶段形成的工程文件

B. 设立专人负责监理资料的收集、整理和归档工作

C. 监督检查施工单位工程文件的形成、积累和立卷归档

D. 请当地城建档案管理部门对工程档案进行验收

E. 收集整理工程竣工验收阶段形成的工程文件

73. 下列工程文件中,建设单位和监理单位均应长期保存的监理文件

有(　　)。

A. 工程竣工报告　　　　　　　　B. 工程质量评估报告

C. 费用索赔报告及审批意见　　　D. 监理规划

E. 分包单位资质材料

74. 下列工作表格中,可由建设单位使用的有(　　)。

A. 工程变更单

B. 工程暂停令

C. 工程款支付证书

D. 承揽监理业务的总量要视本单位的力量而定

E. 不以其他工程监理企业的名义承揽监理业务

75. 下列选项中,属于公开招标的缺点的是(　　)。

A. 招标费用较高

B. 招标范围受到限制

C. 节约招标费用

D. 失去技术方面有竞争力的投标者

E. 招标时间长

76. 建设工程目标分解的原则包括(　　)。

A. 按工程部位分解,不按工种分解

B. 按工种分解,不按投资、进度、质量目标分解

C. 按投资、进度、质量目标分解,不按粗细程度分解

D. 按粗细程度分解,不按自上而下的顺序逐层分解

E. 按目标分解结构与按组织分解结构在较粗层次上的对应关系分解

77. 项目总承包模式的优点之一是有利于投资控制,主要表现在(　　)。

A. 承包范围大,竞争不激烈

B. 合同总价较低

C. 可以提高项目的经济性

D. 从价值工程角度可以取得明显的经济效果

E. 从全寿命费用的角度可以取得明显的经济效果

78. 监理工作完成后,项目监理机构向业主提交的监理工作总结内容包括(　　)。

A. 委托监理合同履行情况概述

B. 项目监理机构、人员和监理设施的投入情况

C. 监理任务或监理目标完成情况的评价

D. 工程实施过程中存在的问题和处理情况

E. 监理工作的经验

79. 根据《建设工程质量管理条例》,未经总监理工程师签字,不得进行的工作包括(　　)。

A. 建筑材料、建筑构配件在工程上使用

B. 设备在工程上安装

C. 施工单位进行下一道工序的施工

D. 建设单位拨付工程款

E. 建设单位进行竣工验收

80. 根据《建设工程安全生产管理条例》，施工单位对因建设工程施工可能造成损害的毗邻（　　），应当采取专项防护措施。

A. 施工现场临时设施

B. 建筑物

C. 构筑物

D. 地下管线

E. 施工现场道路

参考文献

[1] 中国建设监理协会．建设工程监理概论(2020)[M]. 北京:中国建筑工业出版社,2020.

[2] 陈月萍,孙桂良．建设工程监理概论[M]. 2版．合肥:合肥工业大学出版社,2013.

[3] 中华人民共和国住房和城乡建设部．建设工程监理规范:GB/T 50319—2013[S]. 北京:中国建筑工业出版社,2014.

[4] 全国人民代表大会．中华人民共和国民法典[EB/OL]. (2020-05-28)

[5] 全国人民代表大会常务委员会．中华人民共和国刑法修正案(十一)[EB/OL]. (2020-12-26)

[6] 全国人民代表大会常务委员会．中华人民共和国安全生产法[EB/OL]. (2021-06-10)

[7] 中华人民共和国住房和城乡建设部．建设工程文件归档规范(2019年版):GB/T 50328—2014[S]. 北京:中国建筑工业出版社,2015.

[8] 中华人民共和国住房和城乡建设部．建筑工程施工质量验收统一标准:GB/T 50300—2013[S]. 北京:中国建筑工业出版社,2014.